Asphodelus ramosus.

CAROLYN FRY • EMMA WAYLAND

Die Geschichte der Botanik

in 300 Büchern

Aus dem Englischen übersetzt von Claudia Buchholtz,
Susanne Warmuth und Coralie Wink

HAUPT VERLAG

1. Auflage: 2025

ISBN 978-3-258-08409-1

Aus dem Englischen übersetzt von Claudia Buchholtz, D-Rackwitz, Susanne Warmuth, D-Darmstadt, und Coralie Wink, D-Dossenheim
Umschlaggestaltung und Satz der deutschsprachigen Ausgabe: Die Werkstatt Medien-Produktion GmbH, D-Göttingen

Die englischsprachige Originalausgabe erschien 2024 unter dem Titel *The Botanists' Library* bei Ivy Press, einem Imprint der Quarto Group.
www.Quarto.com

Gedruckt in der Provinz Guangdong, China TT062025

MIX
Papier | Fördert gute Waldnutzung
FSC® C016973
www.fsc.org

Um lange Transportwege zu vermeiden, hätten wir dieses Buch gerne in Europa gedruckt. Bei Lizenzausgaben wie diesem Buch entscheidet jedoch der Originalverlag über den Druckort. Der Haupt Verlag kompensiert mit einem freiwilligen Beitrag zum Klimaschutz die durch den Transport verursachten CO_2-Emissionen. Dabei unterstützt der Verlag ein Projekt zur nachhaltigen Forstbewirtschaftung in der Zentralschweiz. Wir verwenden FSC®-zertifiziertes Papier. FSC® sichert die Nutzung der Wälder gemäß sozialen, ökonomischen und ökologischen Kriterien.

Diese Publikation ist in der Deutschen Nationalbibliografie verzeichnet.
Mehr Informationen dazu finden Sie unter http://dnb.dnb.de.

Der Haupt Verlag wird vom Bundesamt für Kultur für die Jahre 2021–2025 unterstützt.

© Shutterstock, Huza Studio

Sie möchten nichts mehr verpassen?

Folgen Sie uns auf unseren Social-Media-Kanälen und bleiben Sie via Newsletter auf dem neuesten Stand.

www.haupt.ch/informiert

Wir verlegen mit Freude und großem Engagement unsere Bücher. Daher freuen wir uns immer über Anregungen zum Programm und schätzen Hinweise auf Fehler im Buch, sollten uns welche unterlaufen sein.

Haupt Verlag AG
Falkenplatz 14
3012 Bern
SCHWEIZ
herstellung@haupt.ch
www.haupt.ch

Verantwortlich in der EU (GPSR):
Brockhaus Kommissionsgeschäft GmbH
Kreidlerstr. 9
70806 Kornwestheim
DEUTSCHLAND
haupt@brocom.de

INHALT

EINLEITUNG

Welche Bücher soll eine anspruchsvolle botanische Bibliothek umfassen? Schwierige Frage, denn einerseits beschäftigen wir uns seit Jahrtausenden mit Pflanzen, andererseits entwickelt sich die Botanik als Forschungsgebiet ständig weiter. Das Thema umfasst außerdem sehr unterschiedliche Bereiche, da die Fortschritte in der Pflanzenkunde immer mit Entwicklungen in Medizin, Mythologie, Religion, Landwirtschaft, Kunst, Forschungsreisen, Gartenbau, Politik, Kriegen, Umwelt und Technik zusammenhingen. Botanisches Wissen ist weltweit von Bedeutung. Seit eh und je sind wir alle auf die Pflanzen angewiesen – für unsere Nahrung, Rohstoffe und die «Ökosystemleistungen» (sauberes Wasser und die Luft, die wir atmen), die von der biologischen Vielfalt als Ganzes geliefert werden. Als «Botanik» definieren wir in diesem Buch grob die Pflanzenwissenschaften (schließen hier, taxonomisch inkorrekt, aber auch die Pilze ein) und konzentrieren uns weitgehend darauf, wie das Gebiet entstanden ist und sich schließlich zu den modernen Pflanzenwissenschaften («Plant Science») entwickelt hat.

Unsere Geschichte beginnt mit den frühesten Manuskripten, die Pflanzen zum Thema haben. Einige enthalten sogar Informationen, die noch weiter zurückreichen, sei es aus älteren Manuskripten, die inzwischen nicht mehr existieren, sei es aus Wissen, das über Generationen mündlich weitergegeben wurde. Die ältesten Erwerbungen unserer virtuellen Bibliothek sind zwar 3500 Jahre alt, doch sie sind nicht die frühesten Belege dafür, dass Menschen Aufzeichnungen über ihre Beziehung zu Pflanzen anfertigten: Im Serra da Capivara National Park (Brasilien) fand man 10 000 Jahre alte rote Piktogramme, auf denen Menschen dargestellt sind, die einen Baum verehren. Unsere Sammlung besteht überwiegend aus Manuskripten und Büchern, als Verweis auf die Zukunftsentwicklung der Pflanzenwissenschaften haben sich jedoch auch ein paar digitale Ressourcen eingeschlichen.

Bücher werden leicht durch Ungeziefer, Feuer, Feuchtigkeit oder andere unglückliche Umstände zerstört – dieses Schicksal haben im Lauf der Zeit viele Texte erlitten. Andere haben eher durch glücklichen Zufall überlebt, so wie *Historia plantarum* und *De causis plantarum* (deutsche Ausgabe beider Texte in einem Doppelband: *Theophrast's Naturgeschichte der Gewächse*); es handelt sich um wichtige Werke des antiken griechischen Botanikers Theophrast. Angeblich – so berichtete der Geschichtsschreiber und Geograf Strabon – vermachte Theophrast seine Bibliothek seinem Schüler Neleus, der sie nach Skepsis (in der heutigen Türkei) brachte. Neleus' Erben versteckten die Sammlung in einem Keller, damit sie nicht von marodierenden Königen beschlagnahmt wurden, doch stattdessen wurden sie durch Insekten und Feuchtigkeit beschädigt. Zum Glück blieben die Werke des Theophrast – so wie bei vielen antiken Dokumenten der Fall – durch nachfolgende Abschriften und Übersetzungen über die Jahrhunderte erhalten.

Immer wieder wurden komplette Bibliotheken durch Feuersbrünste zerstört, und so gingen viele Texte verloren, die unter anderen Umständen als künftige Informationsgrundlage hätten dienen können. Eine der schlimmsten Katastrophen dieser Art ereignete sich 1193 an der bedeutenden Universität von Nalanda (im heutigen Bihar, Indien). Turkoafghanische Eroberer waren dafür verantwortlich, dass fast die gesamte Bibliothek – 9 Millionen Palmblattmanuskripte – in Flammen aufging. Das unter der Gupta-Dynastie

LINKS

***De materia medica*, Dioskurides (60–70 n. Chr.), Übersetzung aus dem Griechischen (arabische Handschrift, Bagdad 1334)**

Seit Jahrtausenden werden Pflanzen zu medizinischen Zwecken eingesetzt. Dargestellt sind zwei Alraunen; wegen der menschähnlichen Gestalt ihrer Wurzel galten die halluzinogenen Alraunen früher als Zauberpflanze, Aphrodisiakum und fruchtbarkeitsfördernd.

RECHTS

***Les Vélins du Roi*,**
Nicolas Robert
(um 1665–1685)

Um die Wege nachzuvollziehen, auf denen Pflanzenarten weltweit verbreitet wurden, können die Darstellungen und Erwähnungen der jeweiligen Pflanzen in historischen Texten helfen. Abgebildet ist hier z. B. eine Sonnenblume aus Nordamerika; sie wurde im 16. Jh. von den Spaniern in Europa eingeführt.

gegründete buddhistische Kloster war seit 427 n. Chr. als Lehrzentrum aktiv. Dort wurde unter anderem die ganzheitliche Heilkunst des Ayurveda gelehrt, der auf natürlichen Prinzipien basiert. Nur wenige Manuskripte überlebten das Feuer. Wir können lediglich spekulieren, wie viel Wissen über Pflanzen und ihre Arzneiwirkung mit den zerstörten Texten verloren ging.

Heute gibt es generell strenge Regeln für Ausfuhr, Transport und Einfuhr von Pflanzen, und globale Abkommen sollen garantieren, dass alle Gewinne, die aus Forschung und Entwicklung von Pflanzen resultieren, in das Land zurückfließen, aus dem das Material ursprünglich stammt. Das war nicht immer so. Seit dem frühen Mittelalter gründeten europäische Länder auf allen Kontinenten Handelsniederlassungen, machten diese Länder zu Kolonien und beuteten häufig die lokalen natürlichen Ressourcen aus. Es entstanden viele botanische Texte, in denen die – aus der Sicht der europäischen Kolonialmächte – interessanten und potenziell nützlichen lokalen Pflanzen beschrieben wurden. Diese oft wunderschön illustrierten Werke sind auch heute noch wichtig: Einerseits liefern sie Belege für die Kolonialgeschichte und damit einhergehende Verbindungen zur Botanik, andererseits dokumentieren sie den damaligen Pflanzenreichtum. Doch sie vermitteln uns nur die koloniale Sichtweise, blenden gleichzeitig aber das indigene Wissen aus.

In die botanischen Bücher der Kolonialmächte floss – oft ohne weiteren Hinweis auf die Quellen – das Wissen der lokalen Experten ein, die teilweise sogar versklavt wurden. Wir haben derartige Fälle besonders herausgestellt und möglichst auf aktuelle Initiativen hingewiesen, die versuchen, Vergangenes wiedergutzumachen. So läuft zurzeit ein Projekt mit dem Ziel, die einzelnen indischen Künstler zu identifizieren, die von der Britischen Ostindien-Kompanie im 18. und 19. Jahrhundert mit der Anfertigung von Pflanzenbildern beauftragt wurden. Ihre Namen und ihr persönlicher Malstil wurden nämlich unter der pauschalen Angabe «Company School» oder «Kampani kalam» zusammengefasst und damit unkenntlich gemacht.

Carl von Linné gehört sicher zu den Persönlichkeiten, deren Name untertrennbar mit der Botanik verbunden ist. Der schwedische Naturforscher entwickelte im 18. Jahrhundert das erste Ordnungssystem für Pflanzen, das auf ihren Fortpflanzungsorganen beruhte, und führte die lateinische binäre Nomenklatur ein, die noch heute zur Benennung von biologischen Arten verwendet wird. Seine wissenschaftliche Arbeit wurde durch eine umfangreiche Korrespondenz (3000 Briefe von 60 Briefpartnern in Europa, Amerika, Asien und Afrika) beeinflusst und hatte weitreichende Folgen für die Botanik. Wir räumen aber ein, dass Linné, indem er die Menschen in vier Varietäten einteilte (Europäer/weiß, Amerikaner/rot, Asiate/dunkel und Afrikaner/schwarz), zu den Mitbegründern des «wissenschaftlichen Rassismus» gehörte – dieser legitimiert

UNTEN

***Codex Florentinus*, Bernardino de Sahagún (16. Jh.)**

Dieses Werk dokumentiert Lebensweise und Kultur der Azteken; der spanische Autor beschrieb auch die Nahrungspflanzen des Aztekenreichs.

Rassismus mithilfe von Pseudowissenschaft. Das Gebiet entwickelte sich weiter und lieferte später die Argumente für die angebliche Überlegenheit der Europäer gegenüber Nichteuropäern, was wiederum zur Rechtfertigung von Versklavung und Genozid diente.

Auch Vorurteile gegenüber Frauen spielen in der Geschichte der Botanik eine große Rolle. Wir haben uns zwar bemüht, die Werke von Frauen herauszustellen, doch die meisten Bücher, die in den folgenden sechs Kapiteln vorgestellt werden, stammen von Männern. Die Geschichte der britischen Autorin und Künstlerin Beatrix Potter gibt einen Eindruck von den Widrigkeiten, denen Frauen früher ausgesetzt waren, um sich einen Namen in der Naturkunde zu machen. Potter ist als Autorin und Illustratorin von Kinderbüchern weltberühmt. In einer früheren Lebensphase widmete sie sich jedoch intensiv der Naturkunde. Als sie 1897 bei der Linnean Society in London einen wissenschaftlichen Beitrag einreichte, durfte sie diesen bei der Versammlung nicht selbst präsentieren oder auch nur anwesend sein, da sie als Frau nicht Mitglied der Linnean Society sein durfte. Als ihre Arbeit bei den Mitgliedern der Gesellschaft nur auf wenig Interesse stieß, und sie überdies befürchtete, ihre Proben seien verunreinigt gewesen, zog sie ihren Beitrag zurück, und dieser ging verloren. Erst nach ihrem Tod (1943) erkannte man ihre wissenschaftliche Begabung, nachdem sie einem Museum im Lake District (Nordengland) Hunderte mykologischer Zeichnungen

UNTEN

***Specimens of the plants and fruits of the island of Cuba* («Die Früchte und Pflanzen der Insel Kuba»), Anne Wollstonecraft (19. Jh.)**

Frauen sind in der historischen botanischen Literatur nur selten vertreten, was die damaligen gesellschaftlichen Einstellungen widerspiegelt.

hinterlassen hatte. Schließlich formulierte die Linnean Society 1997 eine posthume Entschuldigung und räumte ihren Sexismus gegenüber Potter und anderen Frauen ein. Die präzisen und künstlerisch wertvollen Pilzdarstellungen von Beatrix Potter sind für heutige Mykologen eine Hilfe bei der Pilzbestimmung.

Die Bücher und Manuskripte, die wir in diesen Band aufgenommen haben, spiegeln wider, wie sich die Botanik im Lauf der Zeit inmitten von wechselnden Einstellungen, Ansätzen, Wissen und Ressourcen aus unserer Sicht entwickelt hat. Kapitel 1 reicht von der Antike bis 1450 und behandelt folgende Themen: das botanische Wissen im alten Ägypten, Indien und Griechenland; die Weitergabe des griechisch-römischen Wissens, das über Jahrhunderte in immer neuen Abschriften erhalten blieb; die traditionellen chinesischen Arzneibücher *(Bencao);* die Blüte der islamischen Wissenschaft zwischen dem 8. und 13. Jahrhundert und ihren Einfluss auf das neu erwachte Interesse an Botanik während der Renaissance. Kapitel 2 behandelt den Zeitraum von 1450 bis 1600 und folgende Themen: Ankunft des Buchdrucks in Europa; das Aufkommen bebilderter Kräuterbücher, botanischer Gärten und Herbarien (die dem Klassifizieren von Pflanzen dienten) in Europa; die frühe Klassifizierung von Pflanzen in der arabischen Welt; schließlich die ersten europäischen Kräuterbücher aus Südamerika, möglich gemacht durch spanische und portugiesische Forschungsreisen. Kapitel 3 folgt der Entwicklung der Botanik von 1600 bis 1750: Aufkommen von Florilegien (Blumenbüchern) und Florenwerken; botanische Werke der europäischen Kolonialmächte; frühe Abbildungen, die Pflanzen und Tiere gemeinsam darstellen; der Austausch von botanischem Wissen zwischen China, Japan und Europa; schließlich Linnés Klassifikation der Pflanzen nach ihren Fortpflanzungsorganen und sein Nomenklatursystem. In Kapitel 4 wird die Geschichte von 1750 bis 1830 weitererzählt: neue Ansätze der Klassifikation; die Entwicklung der Botanik in Europa und die Ausweitung der Kolonialherrschaft; die Etablierung der Botanik als eigenständiges Fach an Universitäten. Kapitel 5 behandelt die Jahre 1830 bis 1950: der Übergang von der Pflanzenkunde zu den Pflanzenwissenschaften; die Entwicklung der Evolutionstheorie; das Aufkommen der Umweltschutzbewegung. Zum guten Schluss führt Kapitel 6 die Geschichte bis in die Gegenwart fort: die bahnbrechende Entdeckung der DNA-Struktur; der Einsatz der Modellpflanze *Arabidopsis thaliana;* die Einführung der auf genetischer Verwandtschaft basierenden Klassifizierung; Sorgen um das ökologische Gleichgewicht des Planeten; die immer noch aktuelle Bedeutung der botanischen Illustration; schließlich Bücher, die die Wunder der Botanik für Wissenschaft und Allgemeinheit vermitteln.

Die Entwicklung der Botanik mit ihren Höhen und Tiefen lässt sich auf sehr unterschiedliche Weise erzählen – unsere Interpretation ist nur eine von vielen. Und die hier vorgestellten Bücher machen nur einen Bruchteil dessen aus, was im Lauf der Zeit in allen Teilen der Welt über Pflanzen geschrieben wurde. In den Bibliotheken der realen Welt kommen neue Bücher hinzu und alte verschwinden, daher ist unsere Textsammlung eine Momentaufnahme.

Vertiefen Sie sich in die lange Entwicklung, die aus der reinen Pflanzenkunde die heutigen Pflanzenwissenschaften entstehen ließ. Es ist eine turbulente Geschichte von Neugier, Macht und Gier – und von unserem hartnäckigen Bemühen, die Natur zu quantifizieren und zu klassifizieren, einem Bestreben, das heute noch andauert.

1

FRÜHE TEXTE: DAS WISSEN ÜBER PFLANZEN BEGINNT ZU WACHSEN
(ANTIKE–1450)

GEGENÜBER

***Papyrus Ebers*, Autor(en) unbekannt (um 1500 v. Chr.)**

In diesem Papyrus sind altägyptische Zubereitungen, Zaubersprüche und Beschwörungen festgehalten, mit denen Krankheiten geheilt werden sollen.

Menschen früherer Zeiten müssen Pflanzen als erstaunliche Alleskönner bestaunt haben. Sie boten nicht nur Nahrung, Medizin und Schutz, viele hatten auch wunderschöne Blüten und dufteten herrlich. Daher überrascht es nicht, dass Pflanzen zu den ersten Dingen gehörten, die thematisiert wurden, als vor etwa 3500 Jahren geschriebene Texte das mündlich überlieferte Wissen zu ergänzen begannen. Die Gelehrten jeder Zeit untersuchten die Vegetation, sinnierten über die Vielfalt der Pflanzen, versuchten zu verstehen, welche wohltuenden oder gefährlichen Eigenschaften Pflanzen hatten, bewunderten die Farben und Düfte von Blüten – und dann nahmen sie Griffel, Pinsel oder Federkiel zur Hand und hielten ihre Beobachtungen auf Palmblättern, Papyrus- oder Pergamentrollen fest. So wurde das Wissen ihrer Zeit über Generationen hinweg weitergegeben, und wir können daraus herauslesen, dass das Pflanzenverständnis unserer Vorfahren eng mit Nahrung, Religion, Mythen, Magie und Medizin verwoben war.

1 Heilpflanzen im alten Ägypten

Der *Papyrus Ebers* ist eine 18 Meter lange Schriftrolle, die heute in der Universitätsbibliothek von Leipzig aufbewahrt wird; er gewährt Einblicke in das botanische Wissen des alten Ägypten. Es handelt sich um die umfassendste und die am besten erhaltene Dokumentation altägyptischer Medizin, niedergeschrieben um 1500 v. Chr. In 110 Kolumnen, geschrieben mit schwarzer und roter Tinte, sind 877 Zubereitungen aus 328 Zutaten aufgeführt, von denen die meisten aus Pflanzen stammen. Wahrscheinlich handelt es sich um eine Zusammenstellung von Rezepturen aus älteren Dokumenten, die schon lange verloren sind und auf der mündlichen Überlieferung von Generationen von Ärzten beruhten.

Der Papyrus zeigt, dass die altägyptischen Ärzte wohl überlegte Vorstellungen davon hatten, wie der Körper funktioniert, was zu Funktionsstörungen führt und welche Pflanzen sie als Medizin verwenden konnten. Sie glaubten, dass der Körper *mtw* enthielt, unendlich viele untereinander verbundene Gefäße, die die Körperflüssigkeiten, zum Beispiel Blut und Urin, transportierten. Aus der Beobachtung, dass es in manchen Gebieten zu Überflutungen, in anderen zur Austrocknung kommt, wenn Hindernisse den Nil aufstauen, leiteten sie ab, dass Blockaden in den Körpergefäßen zu Krankheiten führen. Auch für die Behandlung dieser Krankheiten suchten sie in der Natur nach Anregungen: Sie verwendeten Honig und Zwiebeln, um Infektionen zu behandeln, sie verschrieben aus Weiden gewonnenes Salicin, um Schmerzen und Entzündungen zu lindern (aus diesem Stoff wurde später Aspirin entwickelt), und sie nutzen Pflanzen wie Schlafmohn, um Patienten zu betäuben. Opium, der getrocknete Milchsaft des Schlafmohns, könnte geholfen haben, Menschen ruhigzustellen, die sich einer Amputation unterziehen mussten; in einigen altägyptischen Gräbern wurden Mumien mit Zehenprothesen gefunden, die deutliche Abnutzungserscheinungen aufwiesen.

Die alten Ärzte kannten auch schon Krebserkrankungen. Im Abschnitt «Behandlung von Geschwüren» des *Papyrus Ebers* findet sich die erste Erwähnung eines Weichteiltumors, außerdem ist darin vermutlich auch von Haut-, Magen-, Darm- und Gebärmutterkrebs die Rede. Zur Behandlung wird unter anderem Weihrauch verwendet, das aromatische Harz von *Boswellia*-Bäumen, oder Gerste, die «in nicht kochendem Wasser erhitzt» und danach «mit Dattelkernen vermischt» werden soll. Während einige Rezepturen Patienten vielleicht geholfen haben mögen, finden sich in nicht einmal einem Drittel der 260 medizinischen

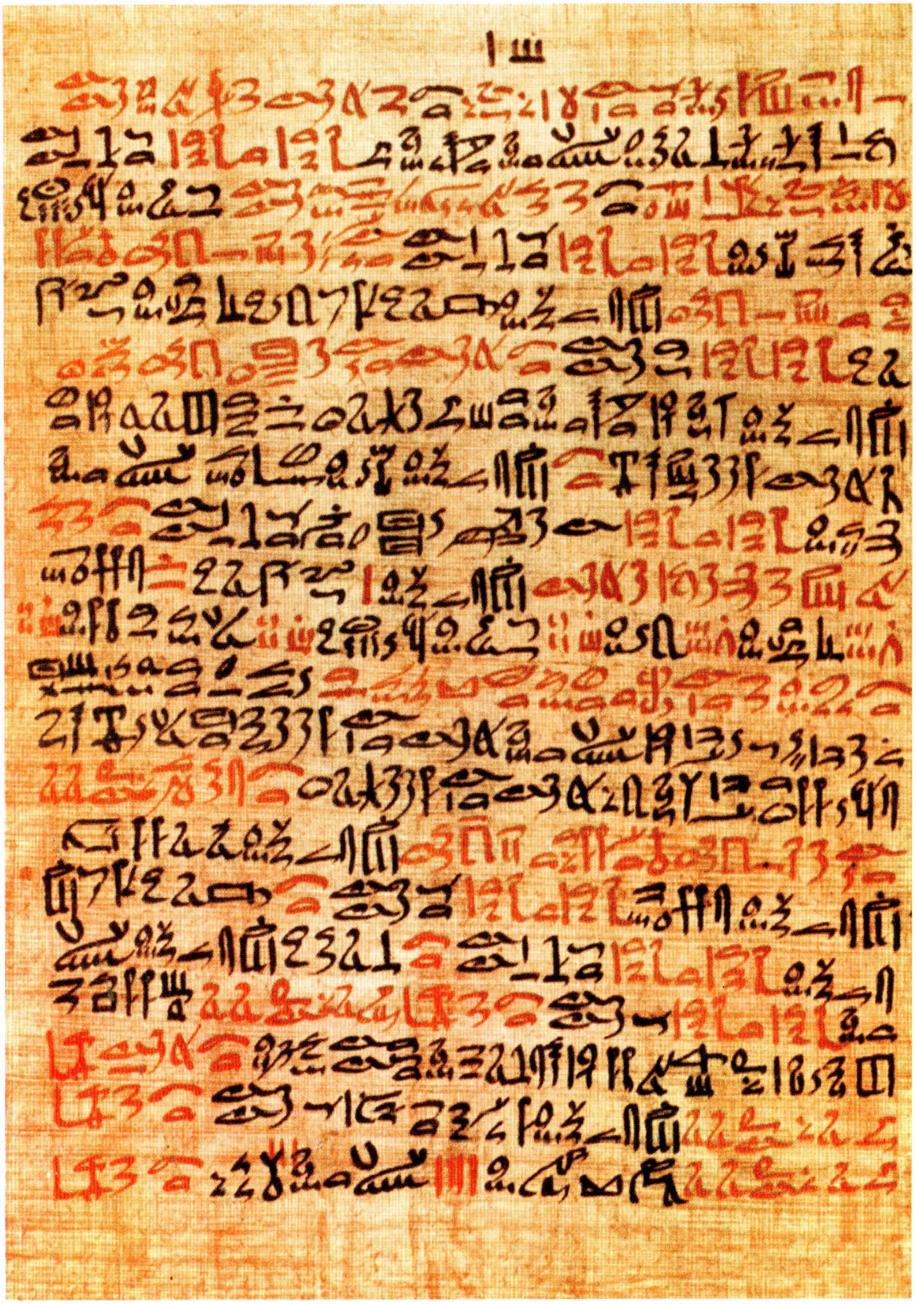

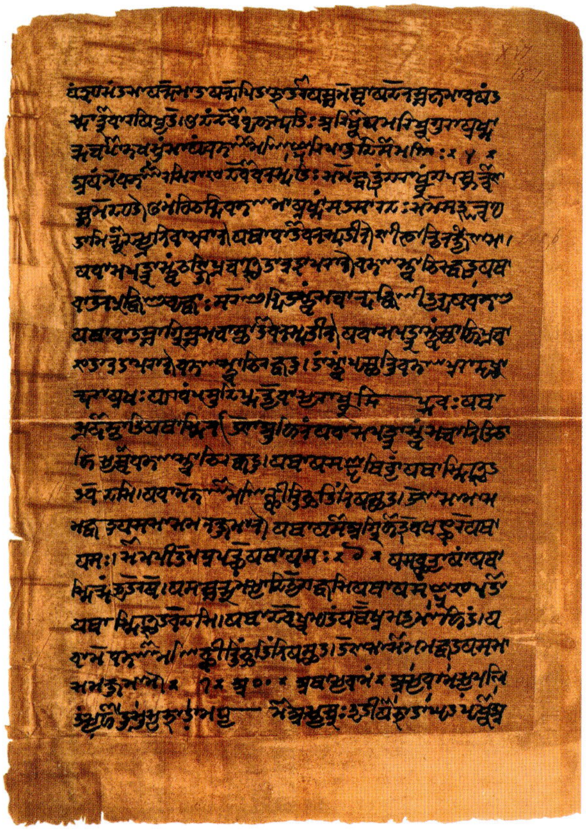

OBEN

Atharvaveda, Autor(en) unbekannt (um 1500–1200 v. Chr.)

Dieser altindische Text enthält neben Gebeten, um Feldfrüchte vor Blitzschlag und Dürre zu schützen, auch Lieder und Zaubersprüche.

Zubereitungen aus dem *Papyrus Hearst,* einer anderen medizinischen Schrift, die etwa zur selben Zeit verfasst wurde wie der *Papyrus Ebers,* Inhaltsstoffe, die zur Behandlung der Krankheit geeignet erscheinen. Hier wird zum Beispiel empfohlen, Rizinusöl zu verwenden, um «Flüssigkeit auszutreiben», und es gibt Beschwörungsformeln, mit denen sich Übel und Krankheit im Körper beseitigen lassen sollen. Religion und Zauberei waren eng mit der altägyptischen Medizin verflochten, und die Ärzte setzten parallel zu pflanzlichen Heilmitteln und chirurgischen Eingriffen regelmäßig Zaubersprüche und Beschwörungsformeln ein.

2 Die Wurzeln des Ayurveda in Indien

Die ältesten indischen Texte, die *Veden,* gehören zu einem großen Korpus *(samhitā)* auf Sanskrit verfasster Gedichte, philosophischer Dialoge, Mythen und ritueller Gesänge. Sie wurden zwischen 1500 und 1200 v. Chr. zusammengestellt und umfassen *Rigveda* (mit den ältesten Sanskrittexten), *Yajurveda* (zu Opferritualen gehörende Mantras und Gesänge), *Samaveda* (Melodien und Gesänge) und *Atharvaveda* (magische Lieder und Zauberformeln). Diese Dichtungen stellen die ältesten hinduistischen Schriften dar; geschaffen wurden sie in alter Zeit – entweder von Weisen nach eingehender Meditation oder von Brahma, einer der drei Hauptgottheiten des hinduistischen Glaubens. Die Texte zeigen, dass die Verknüpfung von Pflanzen und Religion zum Ziel hatte, die Natur zu schützen, dass die alten Inder die erste Systematik zur Klassifikation der Pflanzen entwickelt haben und dass sie, wie ihre ägyptischen Zeitgenossen, viel über den medizinischen Wert von Pflanzen wussten.

Ein Gesang aus dem *Yajurveda* ist ein an ein Kraut gerichtetes Gebet, das ausgegraben und einer medizinischen Verwendung zugeführt werden soll. In diesem Gesang fühlt sich der Mensch, der die Pflanze ausgräbt, schuldig und bittet das Kraut, ihn, seine Frau, seine Söhne und sein Vieh nicht mit Krankheit zu schlagen. In einem anderen Gesang im selben Zusammenhang erklärt der Mensch, dass er – aus Ehrfurcht vor Mutter Erde – genügend viele Pflanzen zurücklässt, damit sie sich erholen kann. Der *Rigveda* betrachtet Pflanzen als die «Beschützer der Menschheit» und bezeichnet mit dem Wort *soma* sowohl eine Pflanze (aus der ein berauschendes Getränk hergestellt werden konnte) als auch eine Gottheit. Um welche Pflanze es sich dabei handelt, ist noch nicht geklärt, zu den 26 Kandidaten, die bislang von Gelehrten vorgeschlagen wurden, gehören Arten der Gattungen *Ephedra* (Meerträubel) und *Cynanchum* (Hundsgiftgewächse) ebenso wie Fliegenpilze *(Amanita muscaria).*

Die Menschen der vedischen Zeit versuchten, die Pflanzen in ihrer Umgebung zu verstehen und einzuordnen. Der *Atharvaveda* sagt, dass der Himmel der Vater und die Erde die Mutter der Vegetation ist, dass Pflanzen im Meer entstanden und erst später zu einer terrestrischen Lebensweise übergingen. Der *Rigveda* benennt drei Pflanzengruppen: *vrksha* (Bäume), *osadhi* (Kräuter, insbesondere Heilkräuter) und *virudh* (Pflanzen, Gewächse), die noch weiter unterteilt werden in blühende, nicht blühende, fruchttragende und nicht fruchttragende Pflanzen. Für pflanzliche Heilmittel gebrauchte man im alten Indien das Wort *aushadhi.* Der *Atharvaveda* erwähnt etwa 50 Krankheiten und über 100 Pflanzen, daneben noch Mineralien und Tiere. Einige Hymnen dienen dem Lobpreis von Heilkräutern.

Der Text klassifiziert Heilpflanzen nach Merkmalen wie Farbe, Wuchs und Herkunft. *Ashvattha,* der Heilige Feigenbaum *(Ficus religiosa),* gilt als «hilfreich bei Krankheiten aller Art», *darbha* oder «Kusha-Gras» *(Demostachya bipinnata)* wird als Gegenmittel gegen Schlangengift beschrieben, und mit *rajani,* der Gelbwurz *(Curcuma longa),* soll man sowohl Lepra als auch Kahlköpfigkeit behandeln können. Um Krankheiten zu heilen, verfolgten die Menschen unterschiedliche Ansätze, neben der Verwendung von Heilkräutern unter anderem das Singen von Mantras, das Tragen von Amuletten, Berührung, rituelle Reinigung mit Wasser und Sonnenbaden. Wie ein Vers aus dem *Rigveda* zeigt, genossen Personen mit Heilwissen in der Gesellschaft hohes Ansehen: «Er, der über Kräuter ohne Zahl verfügt, wie ein König inmitten einer Schar von Menschen – Arzt ist der Name dieses Weisen, er vernichtet das Böse und vertreibt die Krankheiten.» Die *Veden* wurden für die mündliche Weitergabe geschrieben, die sogar heute noch praktiziert wird. Dennoch existieren Niederschriften von beträchtlichem Alter, unter anderem *Rigveda*-Manuskripte auf Birkenrinde und Papier aus dem Jahr 1464, die heute im Bhandarkar Oriental Research Institute in Pune (früher Puna) aufbewahrt werden.

Im *Ramayana* («Ramas Reise»), einem der beiden großen indischen Nationalepen, geschrieben vor etwa 2300 Jahren, spielen sich viele Szenen in Wäldern ab und manchmal

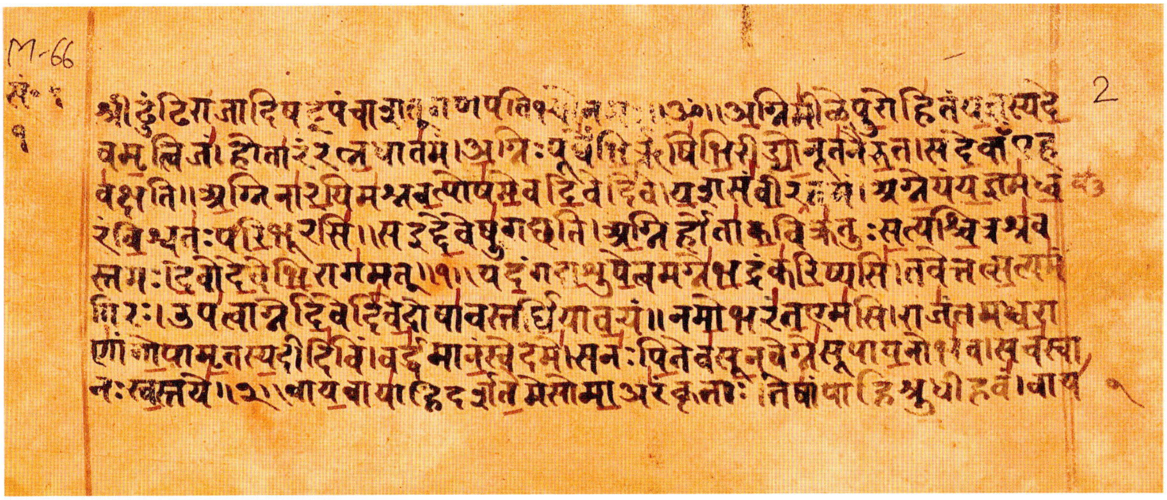

UNTEN

Rigveda,
Autor(en) unbekannt
(um 1500–1200 v. Chr.)

Der *Rigveda* ist der älteste der vier altindischen Texte, die sich häufig auf Pflanzen und ihre Verwendung beziehen.

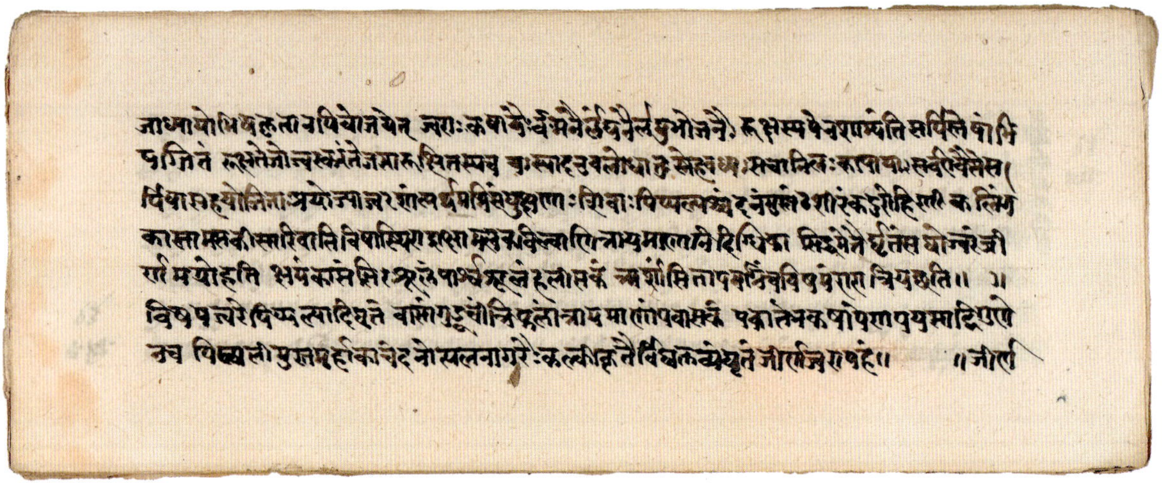

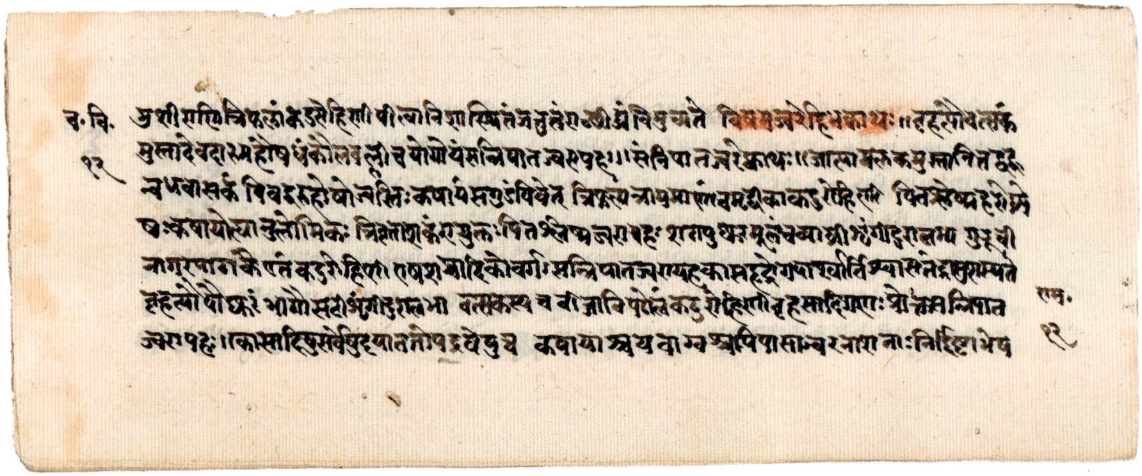

OBEN

Charaka Samhita, Charaka und andere (um 200 v. Chr.–200 n. Chr.)

Dieser Sanskrit-Text beinhaltet die älteste und authentischste Abhandlung über Ayurveda, die traditionelle indische Medizin.

werden Pflanzen zusammen mit ihrer medizinischen Verwendung erwähnt. Die größte Wertschätzung erhält *sanjivani,* die Ramas Bruder Lakshmana das Leben gerettet haben soll, nachdem er von einem Speer getroffen wurde. In diesem Gedicht heißt es, die Pflanze sei in der Lage, Menschen Leben zu spenden. Heute glaubt man, mit *Selaginella bryopteris,* einem Moosfarn, eine mögliche Kandidatin für die *Sanjivani*-Pflanze gefunden zu haben. Sie wird in Indien für Patienten verwendet, die das Bewusstsein verloren haben, aber auch zur Behandlung von Problemen mit dem Verdauungstrakt und den Harnwegen. Neuere Studien belegen, dass die Pflanze die Folgen von Hitzschlag lindern kann.

Die Wurzeln des Ayurveda, eines der ältesten traditionellen Medizinsysteme der Welt, liegen in den *Veden.* Der legendäre Weise Agnivesha soll das medizinische Wissen aus den

Veden zusammengetragen haben; von Charaka (übersetzt «Wanderer» oder «Wanderarzt») und anderen Gelehrten wurde es vor 2200 bis 1800 Jahren in einer Textsammlung herausgegeben, die heute *Charaka Samhita* genannt wird. Sie umfasst über 8400 Verse und konzentriert sich auf innere Medizin. Sie stellt Ayurveda (übersetzt «Wissen vom Leben») als umfassendes Gesundheitssystem vor, das Krankheiten sowohl verhindern als auch heilen soll. Die ältesten Versionen des Manuskripts, die bis heute überdauert haben, beruhen auf einem Text, der etwa 400 n. Chr. von Dridhabala vollendet worden sein soll.

Die *Sushruta Samhita,* geschaffen etwa 600 v. Chr., beschreibt die ayurvedische Chirurgie. Die älteste, heute noch existierende Version dieser Textsammlung ist ein Palmblatt-Manuskript aus dem Jahr 878 n. Chr., das in der Kaiser Library in Kathmandu, Nepal, aufbewahrt wird. Im *Charaka Samhita* und im *Sushruta Samhita* finden sich detaillierte Beschreibungen von 620 bzw. 775 Pflanzen. Sie bieten Informationen zu verschiedenen Aspekten der einzelnen Pflanzen, etwa wann und wo man sie sammeln sollte, wie man sie einteilen kann (zum Beispiel gemäß ihrer abführenden oder adstringierenden Wirkung), welche Teile genutzt werden können, wie man sie therapeutisch einsetzt und welches ihre pharmazeutische Wirkung ist. Diese beiden Werke stellen das Fundament des Ayurveda dar, sie werden auch heute noch von traditionell arbeitenden Ärzten genutzt.

3 Mit den Griechen beginnt die wissenschaftliche Pflanzenkunde

Die Fundamente der westlichen Wissenschaft wurden in Griechenland gelegt. Die hippokratischen Schriften, auch bekannt als *Corpus Hippocraticum,* gelten in dieser Hinsicht als

UNTEN

Sushruta Samhita,
Sushruta (600 v. Chr.)

Der Text belegt eingehende Kenntnisse der menschlichen Anatomie und enthält eine Pharmakopöe (amtliches Arzneibuch) mit 775 Heilpflanzen.

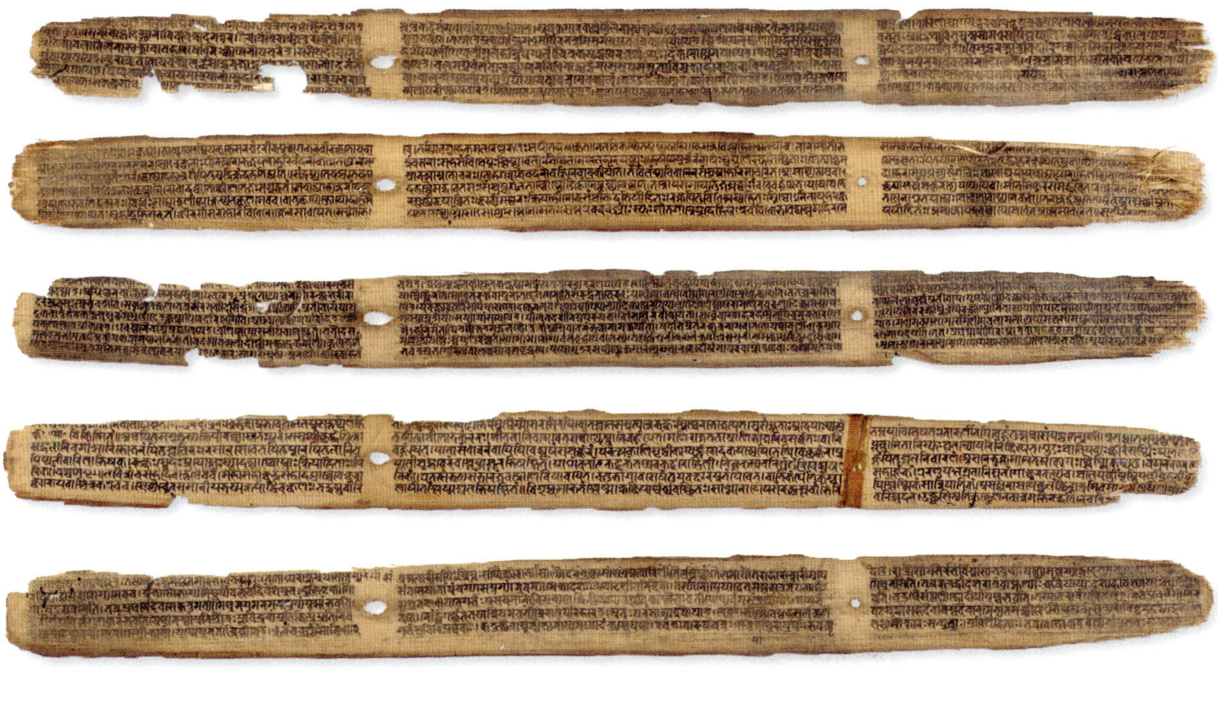

Schlüsselwerk. Der Name bezieht sich zwar auf den Arzt Hippokrates, der im 5. Jahrhundert v. Chr. lebte, doch es handelt sich um eine Sammlung von medizinischen Abhandlungen, die das sich wandelnde Wissen verschiedener Wanderärzte im Lauf von sieben Jahrhunderten seit den Tagen des Hippokrates beinhaltet. Zur damaligen Zeit gab es noch keine geregelte Medizin, das heißt, die Menschen im alten Griechenland waren für ihre Gesundheitsfürsorge auf Gedeih und Verderb einer bunten Schar von Knochensetzern, weisen Frauen, Laienbehandlern und religiösen Heilern ausgeliefert. Die Autoren des *Corpus Hippocraticum* dagegen stellten die rationalen und nicht die übernatürlichen Krankheitsursachen in den Mittelpunkt, sie setzten hohe moralische Standards und heilten ihre Patienten mit Zubereitungen, die nur einen medizinischen Bestandteil aus vor Ort gesammelten Pflanzen enthielten; solche Mittel werden daher auch als Simplicia oder Einzelmittel bezeichnet. Von den im *Corpus* dokumentierten 3480 Anwendungen mit pflanzlichen Bestandteilen beruht fast die Hälfte auf nur 44 Pflanzen, von denen 34 auch als Nahrungsmittel dienten. Zu den häufig erwähnten, medizinisch genutzten Nahrungspflanzen zählen zum Beispiel Staudensellerie, Kohl, Gerste, Linsen, Hirse, Salbei, Oregano, Granatapfel und Brombeeren.

Im Zentrum der Entwicklung neuer Denkrichtungen im alten Griechenland standen die Akademie – vom Philosophen Platon 387 v. Chr. gegründet – und die peripatetische Schule am Lykeion, die der Philosoph und Universalgelehrte Aristoteles um 335 v. Chr. etabliert hatte. Diese Zentren und ihre Studenten waren die Ausgangspunkte für Fortschrit-

LINKS

Historia plantarum, Theophrast (Ausgabe von 1644)

Der Text wurde zwischen 357 und 287 v. Chr. verfasst und danach häufig kopiert. Dieses Frontispiz stammt aus einer illustrierten Ausgabe des Werks, die 1644 gedruckt wurde.

RECHTS

Corpus Hippocraticum (Ausgabe von 1559)

Diese Sammlung von etwa 70 medizinischen Werken enthält Behandlungen, die mit lokal verfügbaren Pflanzen erfolgen können.

te in Philosophie, Physik, Astronomie, Metaphysik, Ethik, Chemie, Biologie, Zoologie – und Botanik. Zwei frühe Texte, die für die Entwicklung der Botanik zu einem eigenständigen Forschungsgebiet von Bedeutung waren, sind die neunbändige *Historia plantarum* und die sechs Bücher *De causis plantarum.* Sie waren Teil des umfangreichen Werks von Theophrastos von Eresos, das Natur- und Humanwissenschaften umfasste und von dem vieles verloren gegangen ist. Theophrast war ein Schüler und enger Freund von Aristoteles.

Theophrast sah sich Pflanzen ganz genau an: Er sammelte, zerlegte und zählte sie, und er trug Informationen über ihre Eigenschaften und Besonderheiten sowie die Einflüsse von Klima und Standort zusammen. Er sprach mit Fachleuten vor Ort – Landwirten, Fischern, Schiffsbauern, Kräutersammlern und -händlern – und korrespondierte mit anderen Gelehrten in der ganzen griechischsprachigen Welt. Für seine *Historia plantarum* nutzte er diese Informationen, um Pflanzen zu klassifizieren und zu beschreiben, er machte sich Gedanken zu Pflanzensäften und medizinischen Anwendungen. In *De causis plantarum* (wörtlich: «Von den Ursachen der Pflanzen») richtete er seine Aufmerksamkeit darauf, wie Pflanzen «funktionieren», und dachte darüber nach, wie sie keimen, blühen und fruchten. Theophrast folgte dabei den Einteilungen, die Aristoteles für seine zoologischen Werke entwickelt hatte, in denen aber auch oft Pflanzen erwähnt werden. Der Text *De plantis* («Über Pflanzen»), der ursprünglich Aristoteles zugeschrieben wurde, gilt heute als Werk des Gelehrten Nikolaos von Damaskus, der in großem Umfang auf Material von Aristoteles und Theophrast zurückgriff.

Ähnlich wie die Autoren des *Corpus Hippocraticum* versuchte Theophrast, rational zu sein und einen Weg zwischen Beobachtung, Aberglauben und praktischem Wissen zu finden. Beispielsweise warnte er, dass – obwohl so manche Information über das Ausgraben und Ernten von Wurzeln richtig sei – andere möglicherweise übertrieben seien. Zu der Anweisung, man solle sich für die Ernte von bestimmten Wurzeln, wie etwa jene von *Thapsia garganica* (Thapsie oder Gargano-Purgierdolde), auf die windzugewandte Seite stellen und «sich vorher mit Öl einschmieren, da der Körper sonst anschwillt», notierte er, das sei «nicht völlig falsch», da diese Pflanze «schädliche Eigenschaften besitzt», und er fügte hinzu: «Man sagt, es brennt wie Feuer.» Heute wissen wir, dass der Saft der Thapsie fototoxisch ist und rote Quaddeln hervorrufen kann, wenn die Haut der Sonne ausgesetzt wird.

Theophrast nahm auch Pflanzen in seine Werke auf, die nicht aus Griechenland stammten, sondern beispielsweise aus Ägypten, dem Sudan (damals Aithiopia) oder aus Indien. Die Griechen trieben schon vor Theophrasts Zeit Handel mit Ägypten, für griechischen Wein erhielten sie Getreide, Leinen und Papyrus. Das führte dazu, dass die Griechen eine recht gute Vorstellung von der Geografie und der Flora Ägyptens hatten. Indien dagegen befand sich am östlichen Ende der seinerzeit bekannten Welt, und die Griechen wussten wenig darüber, außer dass es als außerordentlich fruchtbar beschrieben wurde. Nähere Information über seine üppige Pflanzenwelt begann Griechenland erst zu erreichen, nachdem die Armee Alexander des Großen etwa 331 v. Chr. bis zum Indus vorgestoßen war. Zu dieser Zeit arbeitete Theophrast an seiner *Historia plantarum.* Dass die indische Flora völlig neu für ihn war, zeigt sich daran, dass er für die indischen Pflanzen entweder griechische Entsprechungen suchte oder sie unbenannt ließ.

Griechische Autoren der Antike schrieben oft in Versform, ein Nachhall der mündlichen Überlieferungstradition. Ein bemerkenswerter dichtender Arzt war Nikandros von

OBEN

Aristoteles (384–322 v. Chr.)

Der griechische Philosoph teilte Organismen ein in solche, die sich bewegen (Tiere), und solche, die sich nicht bewegen (Pflanzen).

UNTEN

Theophrast (um 371–um 287 v. Chr.)

Theophrast war ein Schüler von Aristoteles und unterteilte Pflanzen in Bäume, Sträucher, Kräuter und Gräser.

Kolophon, der im 2. Jahrhundert v. Chr. lebte. Er hatte ein besonderes Interesse an Pflanzen, Giften und Gegengiften. In seinem Werk *Alexipharmaka* beschreibt er 22 giftige Pflanzen, Tiere und Mineralien, unter anderem die Gifte von Eisenhut und Schierling sowie Opium. Die leicht zu merkenden Verse der *Alexipharmaka* wurden noch bis in die Zeit der Renaissance von Studenten der Toxikologie verwendet. Andere von Nikandros verfasste Gedichte gingen verloren, doch einige Verse seiner *Georgika* wurden durch Athenaios von Naukratis, einen zu Beginn des 3. Jahrhunderts lebenden Schriftsteller, bewahrt. Sie geben Nikandros' Beobachtung wieder, dass Maulbeeren vor anderen Früchten reif werden, dass nur einige wenige Pilze essbar sind und dass unreife Trauben adstringierend wirken und «die Lippen kräuseln». Das Werk des Nikandros beeinflusste wahrscheinlich auch den römischen Dichter Virgil (70–19 v. Chr.), als er sein Lehrgedicht *Georgica (Vom Leben auf dem Lande)* schrieb. Es ist in lateinischer Sprache verfasst und benennt 164 Pflanzen, thematisiert werden unter anderem Getreide und Wetter, Reben und Obstbäume sowie Gartenbau.

4 Das Wissen der griechisch-römischen Welt vereint

Seit 1200 v. Chr. hatten die Griechen im Mittelmeerraum die Vormachtstellung innegehabt. Doch als Virgil noch in der Blüte seines Lebens stand, begann der Aufstieg der Römer, die alle Teile Europas eroberten, die vorher unter griechischer Herrschaft gestanden hatten. Gleichzeitig übernahmen sie jedoch viele Aspekte der griechischen Kultur und Lebensweise – angefangen von deren Gottheiten über Kunst, Literatur und Architektur bis hin zu Philosophie, Religion und Militärstrategien. Diese Phase griechisch-römischer Kultur sollte fast 500 Jahre andauern. Im 1. Jahrhundert n. Chr. erschienen zwei bedeutende botanische Werke. Das erste über die Zubereitung, die Eigenschaften und das Testen von Arzneimitteln, bekannt unter seinem lateinischen Titel *De materia medica* (deutsch: *Arzneimittellehre*), wurde zwischen 60 und 70 n. Chr. vom griechischen Arzt Pedanios Dioskuri-

UNTEN

Alexander der Große (356–323 v. Chr.)

Alexander der Große, hier dargestellt in einem römischen Mosaik aus dem 1. Jh. v. Chr., brachte Theophrast neue Erkenntnisse über Pflanzen aus weit von Griechenland entfernten Gefilden.

des verfasst und dient heute als Quelle erster Güte für Informationen über die von Griechen, Römern und anderen damaligen Kulturen praktizierte Medizin. Das zweite Buch trägt den Titel *Historia naturalis (Naturgeschichte)*, es wurde zwischen 77 und 79 n. Chr. geschrieben und präsentiert das damalige Wissen zu vielen verschiedenen Themen, unter anderem Pflanzen.

Dioskurides bereiste, möglicherweise als Militärarzt, Griechenland, Italien, Kleinasien (das heutige Anatolien) und die Provence im heutigen Frankreich. Seine Reisen boten ihm Gelegenheit, Krankheiten zu studieren und medizinisch nutzbare Pflanzen und andere Substanzen zu bestimmen und zu sammeln. Viele Pflanzen aus *De materia medica* waren griechischen und römischen Ärzten zuvor nicht bekannt; der Autor fügte den rund 500 in Theophrasts *Historia plantarum* aufgeführten Pflanzen etwa 100 neue hinzu. Dioskurides hielt es für wesentlich, Pflanzen an ihren natürlichen Standorten und in verschiedenen Phasen ihres Lebenszyklus zu beobachten; er kritisierte zeitgenössische Autoren, die lediglich auf älteres Wissen zurückgriffen und deren Informationen in zumindest einem Fall «auf irreführendem Tratsch» beruhten. Seiner Meinung nach waren Feldstudien wichtig, da die Bedingungen der natürlichen Standorte von Pflanzen deren medizinische Wirkung beeinflussen konnten.

Dioskurides teilte die Pflanzen, über die er schrieb, ganz pragmatisch nach ihren Eigenschaften und Anwendungsmöglichkeiten ein. Die fünf Bücher von *De materia medica* decken unter anderem folgende Themen ab: aromatische Pflanzen; Gewächse, aus denen sich Öl, Gummi oder Harz für Salben gewinnen lässt; fleischige Früchte; Getreide; Wurzeln, Säfte, Kräuter und Samen, die als Nahrung oder Medizin genutzt werden können; giftige und betäubende Pflanzen; verschiedene Weine und Rebsorten. Beschrieben werden rund 1000 Heilmittel für Anwendungen, die vom Herbeiführen eines Aborts und der Behandlung von Bauchschmerzen über die Heilung von Haut- und Augenkrankheiten bis hin zur Beseitigung von Zahnschmerzen reichen. Damals wie heute war das Fälschen und Strecken von Arzneimitteln ein Problem: Dioskurides berichtet zum Beispiel, dass Weihrauch mit Pinienharz und Gummi verfälscht wurde.

Mythen stehen in *De materia medica* neben rationalen Betrachtungen. Beim Ausgraben von Schwarzer Nieswurz musste man Vorsicht walten lassen, denn wurde man dabei von einem Adler beobachtet, drohte der Tod. Der Schwerttanz, zu Theophrasts Zeit noch unerlässlich, wenn man Alraunen ernten wollte, war inzwischen überholt: Jetzt mussten Hunde die – kreischende – Wurzel aus dem Boden ziehen. Das Buch hatte sofort großen Einfluss, so wurde es etwa 180 n. Chr. vom griechischen Arzt Galenos von Pergamon in dessen Werk *De simplicium medicamentorum temperamentis ac facultatibus* («Über die Eigenschaften und Wirkungen der einfachen [gemeint ist der «nicht zusammengesetzten»] Heilmittel») zitiert, das die Bereiche Medizin, Pharmazie und Drogen abdeckt und ausführlich auf in Arzneimitteln verwendete Pflanzen eingeht.

Plinius der Ältere wählte einen sehr viel breiteren Ansatz, als er sein aus 37 Bänden bestehendes enzyklopädisches Werk *Historia naturalis (Naturgeschichte)* in Angriff nahm, das unter anderem Informationen über Kosmologie, Tiere, Zauberei, Botanik, Arzneimittellehre, Bergbau und Mineralien umfasste. Plinius kam in Como in *Gallia cisalpina*, der heutigen Lombardei, zur Welt, diente im Militär und war unter anderem Prokurator in *Gallia Narbonensis* (heute Okzitanien und Provence in Südfrankreich), daneben schrieb er zahlrei-

RECHTS

***Historia naturalis*, Plinius der Ältere (Ausgabe von 1472)**

Frontispiz eines der ältesten Drucke dieses enzyklopädischen Werks, das zu den wichtigsten Schriften der Antike zählt, die noch heute zugänglich sind.

GEGENÜBER

Plinius der Ältere (23–79 n. Chr.)

Plinius der Ältere war Offizier, Autor und Naturforscher in den frühen Jahren der Römischen Kaiserzeit.

C·PLINII SECVNDI NOVOCOMENSIS NATVR
ALIS HISTORIE LIBER PRIMVS

C·PLINIVS DOMITIANO·IMP·S·

IBROS NATVRALIS HISTORIAE NO/
uitium camœnis quiritium tuorum opus natum
apud me proxima fœtura licentiore epiſtola nar/
rare conſtitui tibi iucundiſſime imperator. Sit.n.
hæc tui præfatio ueriſſima: dum maxio cõſeneſcit
in patre. Nãq; tu ſolebas putare eſſe aliqd meas
nugas: ut obiicere moliar Catullum conterraneũ
meum. Agnoſcis & hoc caſtrẽſe uerbum. Ille enĩ
ut ſcis: permutatis prioribus ſyllabis duriuſculũ
ſe fecit: q̃ uolebat exiſtimari a uernaculis tuis: &
famulis. Simul ut hac mea petulãtia fiat: quod
proxime nõ fieri queſtus es: ĩ alia procaci epiſto/
la noſtra: ut in quædam acta exeãt. Sciantq; omnes: q̃ ex æquo tecum uiuat impium.
Triumphalis & cenſorius tu ſextumque conſul ac tribuniciæ poteſtatis particeps. Et
quod iis nobilius feciſti: dũ illud patri pariter & equeſtri ordini præſtas præfectus præ/
torii eius: omniaq; hæc reipub. Et nobis quidem qualis in caſtrẽſi contubernio? Nec
quicq̃ mutauit in te fortunæ amplitudo in iis: niſi ut prodeſſe tantundem poſſes: &
uelles. Itaq; cum cæteris in ueneratione tui pateant omnia illa: nobis ad colendum te
familiarius audacia ſola supereſt. Hanc igitur tibi imputabis: & in noſtra culpa tibi
ignoſces. Perfricui faciem: nec tamen profeci. Quando alia uia occurris ingens. Et
longius etiam ſubmoues ingenii facibus. Fulgurat in nullo unq̃ uerius dicta uis elo/
quentiæ. Tibi tribunitiæ poteſtatis facũdia. Quãto tu ore patris laudes tonas? Quã/
to fratris amas? Quantus in poetica es? O magna fœcunditas animi. Queãdmodũ
fratrem quoq; imitareris: excogitaſti. Sed hæc quis poſſet intrepidus æſtimare? ſubi/
turus ingenii tui iudicium: præſertim laceſſitum? Neque enim ſimilis eſt conditio
publicantium: & nominatim tibi dicantium. Tum poſſem dicere: quid iſta legis im/
perator? Humili uulgo ſcripta ſunt: agricolarum: opificum turbæ: deniq; ſtudiorũ
ocioſis. Quid te iudicem facis? Cum hanc operam condicerem: non eras in hoc albo.
Maiorem te ſciebam: q̃ ut deſcenſurum huc putarem. Præterea eſt quædam publica
etiam eruditorum reiectio. Vtitur illa &.M. Tullius extra omnem ingenii aleam po/
ſitus. Et quod miremur: per aduocatum defẽditur. Hæc doctiſſimum omniũ Perſiũ
legere nolo. Lælium Decimum uolo. Quod ſi hoc Lucilius qui primus cõdidit ſtili
naſum: dicẽdum ſibi putauit. Si Cicero mutuandũ: præſertim cum de repub. ſcribe/
ret: quanto nos cauſatius ab aliquo iudice diffidimus? Sed hæc ego mihi nunc patro/
cinia ademi nuncupatione. Quãplurimũ refert: ſortiatur ne aliquis iudicẽ: an eligat.
Multumque apparatus intereſt apud inuitatum hoſpitem & oblatum. Cum apud
Catonem illum ambitus hoſtem: & repulſis tanquam honoribus ineptis gaudentem:
flagrantibus comitiis pecunias deponerent candidati: hoc ſe facere: pro ĩnocẽtia: quod
in rebus humanis ſummũ eſſet: profitebãt. Inde illa nobilis. M. Ciceronis ſuſpiratio.
O te fœlicem. M. Porti a quo rem improbam petere nemo audet. Cum tribunos ap/
pellaret. L. Scipio Aſiaticus: ĩter quos erat Gracchus: hoc atteſtabat: uel inimico iudici
ſe approbare poſſe. Adeo ſummum quiſq; cauſæ ſuæ iudicem facit: quẽcunq; eligit:
Vnde prouocatio appellatur. Te quidem in excelſiſſimo humani generis faſtigio po/
ſitum ſumma eloquentia ſumma eruditione præditum religioſe adiri etiam a ſalutã/
tibus ſcio. Et ideo immenſa præter cæteras ſubit cura ut quæ tibi dicãtur: cum digna

che Bücher, von denen lediglich die *Historia naturalis* überdauert hat. Von seinem Neffen, Plinius dem Jüngeren, wissen wir, dass der Ältere «einen messerscharfen Verstand und eine erstaunliche Konzentrationsfähigkeit in sich vereinte», dass er «von allem, was er las», Auszüge erstellte und dass er zu sagen pflegte: «Kein Buch ist so schlecht, dass man nicht noch etwas Gutes daraus ziehen kann.» Diese Herangehensweise führte dazu, dass die Informationen der *Historia naturalis* ziemlich uneinheitlich sind: Einiges beruht auf direkter Beobachtung und wird akkurat beschrieben, doch ein großer Teil ist Sekundärquellen entnommen und war bereits zu seiner Zeit veraltet.

Plinius zitierte viele solcher Quellen, darunter berühmte Autoren, weniger bekannte Autoritäten und namenlose Mitbürger. Für Pflanzenbeschreibungen griff er ausgiebig auf Theophrast zurück, für seine *materia medica* auf das Werk von Sextius Niger, einen römischen Autor, der pharmakologische Themen behandelte. Ihn interessierte, welchen Nutzen Pflanzen für die Menschheit haben können, darum schrieb Plinius über Papyrus und die Erfindung des Papiers, über Parfüme und wie man sie herstellt, über Wein und Weinbau, inklusive der physiologischen Wirkungen von Wein (zum Beispiel, dass Alexander der Große volltrunken zwei seiner Freunde erschlug), über den Olivenbaum und die Herstellung von Olivenöl, über Getreide, Brot und das Backen. Für diese Abschnitte konsultierte er die Werke von Virgil, Marcus Terentius Varro (der über viele Themen schrieb, unter anderem über *Res rusticae/Über die Landwirtschaft*), Marcus Porcius Cato (Cato der Ältere, Autor von *De agri cultura/Über den Ackerbau*) und von Marcus Columella (Autor von *De re rustica/Über die Landwirtschaft* und *De arboribus/Über Baumzüchtung*). Aber Plinius hielt auch eigene Beobachtungen fest, insbesondere untersuchte er fast alle Pflanzen im Garten des römischen Gartenbauexperten Antonius Castor.

Plinius starb im Jahr 79 n. Chr., seine unbezwingbare Neugierde hatte ihn zu lange in der Bucht von Neapel verweilen lassen, wo er den Ausbruch des Vesuvs beobachtete. Doch drei Jahrhunderte später trug ein unbekannter Autor Teile seines Werks zu einem Text zusammen, der heute als *Pseudo-Apuleius Herbarius* («Kräuterbuch des Pseudo-Apuleius») bezeichnet wird. Obwohl das Buch Apuleius zugeschrieben wird, einem Philosophen und Wissenschaftsautor im römisch regierten Algerien des 2. Jahrhunderts, sollte das dem Text vermutlich nur mehr Autorität verleihen, daher die Vorsilbe «Pseudo-». Das Kräuterbuch widmet jeder der 131 Pflanzen ein eigenes Kapitel, nennt Synonyme, Vorkommen und Rezepturen zur Behandlung verschiedener Krankheiten. Es spricht einiges dafür, dass dieses Werk auf Informationen beruht, die aus der *Historia naturalis* oder der *Medicina Plinii* (einer Kompilation pflanzlicher Heilmittel aus der *Historia naturalis,* die im frühen 4. Jahrhundert entstand) stammen. Das Kräuterbuch empfiehlt, den Saft von Blättern von *Ruscus hypophyllum* (Westmediterraner Mäusedorn) mit Honig zu mischen und auf leeren Magen zu trinken, um Phlegma zu vertreiben; Entzündungen und Schmerzen am Auge sollen sich lindern lassen, indem man es mit einem aus gemahlenen Orchideenknollen *(priapiscus)* hergestellten Saft bestreicht; *Artemisia*-Saft soll zusammen mit Rosenöl Fieber vertreiben.

5 Mittelalterliche Klöster als Kopierstuben des alten Wissens

Der Zerfall des Weströmischen Reiches läutete Ende des 5. Jahrhunderts die Zeit ein, die wir als Mittelalter bezeichnen. Die Praxis, Pflanzen direkt zu beobachten, ging verloren, je mehr das Interesse an der Welt um uns herum schwand und die katholische Kirche an Bedeutung und Einfluss gewann. Während der nächsten 1000 Jahre beschäftigten sich die meisten botanischen Texte ausschließlich mit der Verwendung von Pflanzen für medizinische Zwecke – und sie fußten auf den Werken der alten Griechen und Römer.

Dioskurides' *De materia medica* gehört zu den am häufigsten kopierten Texten der Antike. Die schönste, heute noch erhaltene Kopie, der sogenannte *Wiener Dioskurides (Codex Vindobonensis),* ist in Griechisch verfasst und mit 400 herrlichen ganzseitigen Pflanzenillustrationen ausgestattet. Hergestellt wurde sie um 512 in Konstantinopel (dem heutigen Istanbul), das zu dieser Zeit die Hauptstadt des Byzantinischen Reichs war. Der *Codex* war ein Geschenk an die Patrizierin Anicia Juliana. Die Handschrift tauchte 1406 wieder auf, als sie neu gebunden wurde. Später fiel sie den Türken in die Hände, als Konstantinopel 1453 erobert und Teil des Osmanischen Reichs geworden war. Dort wurde sie im 16. Jahrhundert von einem österreichischen Diplomaten erworben und der Wiener Hofbibliothek geschenkt, wo sie sich auch heute noch befindet. Elf der Illustrationen könnten Kopien von Zeichnungen sein, die der Arzt und Pharmakologe Krateuas um 100 v. Chr. angefertigt hat.

Kräuterbücher mit Illustrationen auszustatten, um die Pflanzen leichter bestimmen zu können, war eine relativ neue Idee. Plinius hatte entsprechende Versuche von Krateuas und seinen Künstlerkollegen Dionysius und Metrodorus mit den Worten abgetan: «Bilder sind nicht nur deshalb irreführend, weil es so viele Farben gibt, insbesondere wenn es darum geht, die Natur zu kopieren, sondern auch wegen der vielen Unvollkommenheiten, die sich aus der nicht abwägbaren Genauigkeit der Kopisten ergeben.» In einem Punkt hat er recht: Die Bilder des *Codex* sind ziemlich sicher Kopien, und obwohl sie naturalistisch aussehen, entsprechen sie nicht ganz der Natur. Als eine der ältesten, heute noch erhaltenen, relativ vollständigen und illustrierten Handschriften zu einem medizinischen oder naturwissenschaftlichen Thema gewährt der *Wiener Dioskurides* einzigartige Einblicke in die Anfänge der Botanik und die Kunst der Pflanzendarstellung.

UNTEN

***De materia medica,* Dioskurides (60–70 n. Chr.), in der Version des *Codex Vindobonensis* (um 512 n. Chr.)**

Heuresis, die Personifikation der Erfindung, präsentiert Dioskurides eine Alraune, die – wie damals üblich – von einem Hund aus der Erde gezogen wurde.

Schon bald darauf lag die vollständige Übersetzung ins Lateinische vor. Etwa zur selben Zeit entstand *Ex herbis femininis* («Von weiblichen Kräutern»), das 71 Pflanzen vorstellte und stark auf eine lateinische Übersetzung von *De materia medica* zurückgriff und möglicherweise auch auf das Kräuterbuch des Pseudo-Apuleius. Der Titel ist etwas mysteriös, denn obwohl es damals durchaus üblich war, von «männlichen» und «weiblichen» Pflanzen zu sprechen, geht es in dem Text nicht um weibliche Pflanzen. Denkbar wäre, dass das Buch als Abhandlung über Pflanzen gedacht war, mit denen sich spezifische Frauenkrankheiten behandeln lassen, dass der Kopist das jedoch falsch verstanden hat. *Ex herbis femininis* war in den darauf folgenden Jahrhundert sehr viel populärer als *De materia medica,* wie Fachleute glauben, weil es kürzer war, mehr Information über die südeuropäische Flora bot und ausführlichere Angaben zum medizinischen Gebrauch enthielt.

LINKS

***De materia medica*, Dioskurides (60–70 n. Chr.) (in der Version von 1460)**

Die menschenähnliche Wurzel der Alraune soll einen Schrei ausstoßen, der den Menschen tötet, der sie aus der Erde zieht, deshalb verwendete man Hunde für diese Arbeit.

DIESE UND FOLGENDE DOPPELSEITE

***De materia medica*, Dioskurides (60–70 n. Chr.), in der Version des *Codex Vindobonensis* (um 512 n. Chr.)**

Manche Pflanzen auf den Bildern lassen sich leicht bestimmen. Diese Doppelseite zeigt Brennnesseln (links) und einen Affodill (rechts). Auf den Seiten 30/31 sind eine Rose (links) und ein Hirtentäschel (rechts) zu sehen.

ΑCΦΟ ΔΕΛΟC

282

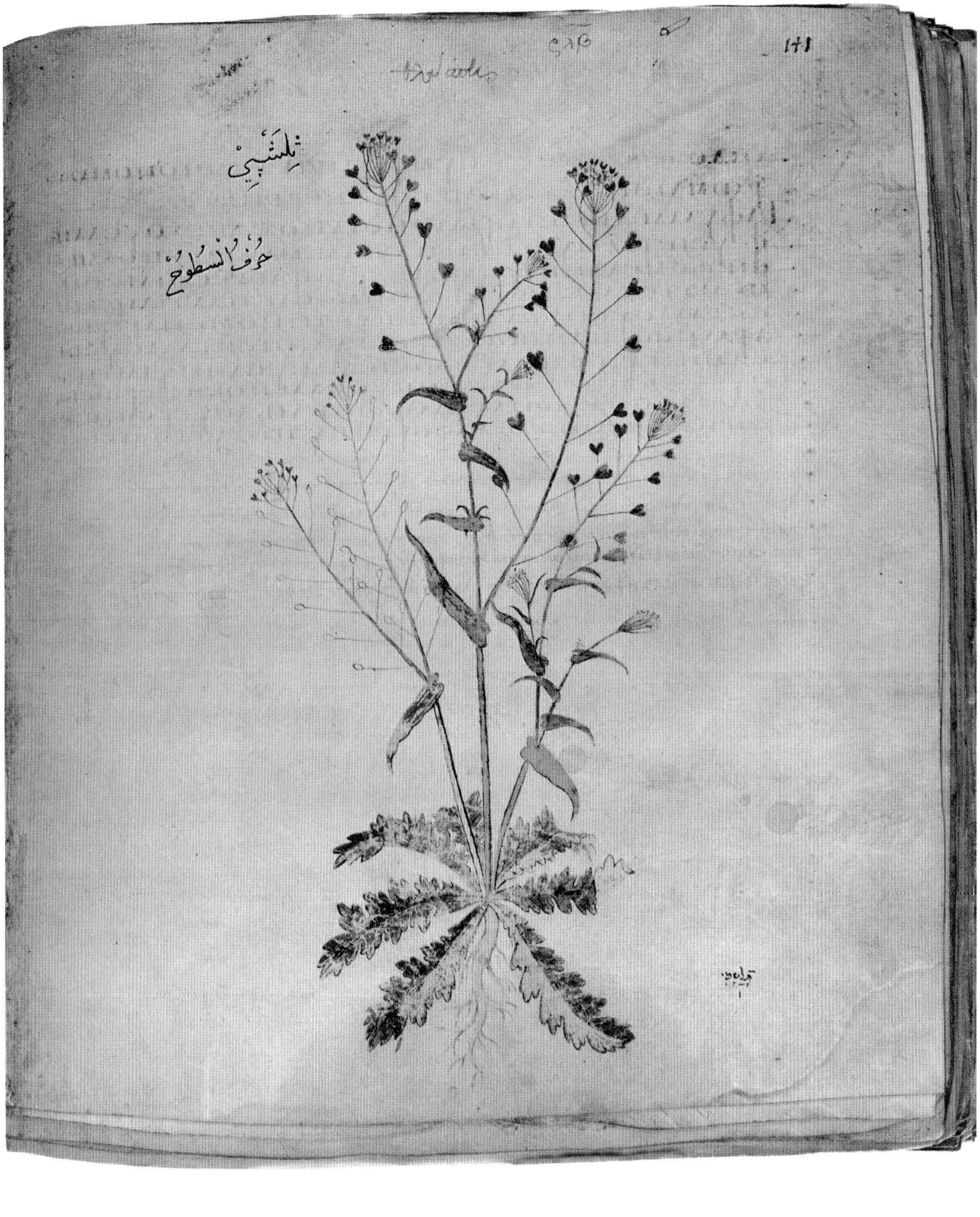

UNTEN

Herbarius, Pseudo-Apuleius (6. Jh.)

«Arnoglossa» (links) trägt inzwischen den botanischen Namen *Plantago major* (Breit-Wegerich); die fruchtende «Dragontea» (rechts) hieß schon damals auch Schlangenkraut, heute meist Gemeine Drachenwurz *(Dracunculus vulgaris).*

Während des Frühmittelalters (800–1000 n. Chr.) war die Kräutermedizin eng mit dem Christentum verbunden, und Mönche verfügten quer durch Europa über das größte medizinische Wissen. Die antiken Texte wurden von gelehrten Klosterbrüdern nicht nur übersetzt und kopiert, sondern auch mit Angaben ergänzt, die aus ihrem eigenen Erfahrungsschatz bei der Behandlung von Kranken stammten. Die Bibel wurde möglicherweise ebenfalls als Informationsquelle über die Heilpflanzen jener Zeit herangezogen: Die Alraune beispielsweise wird in der Genesis als Mittel zur Steigerung der Fruchtbarkeit erwähnt, Ysop kommt im Dritten Buch Mose (Levitikus) im Zusammenhang mit Reinigungsritualen vor.

Ein in England entstandenes Werk, *Bald's Leechbook* («Balds Arzneibuch»), auch *Medicinale Anglicum* genannt, wirft ein Licht auf den Umfang des Medizinwissens des Mittelalters. Verfasst in Altenglisch, enthält der dreiteilige Text alte englische Zaubersprüche und Heilmittel, die das mediterrane medizinische Wissen des 3. bis 9. Jahrhunderts mit lokalen Praktiken kombinieren. Der Text macht deutlich, dass spirituelle und magische Elemente in dieser Zeit integrale Bestandteile des Heilens waren, es finden sich darin aber auch möglicherweise wirksame Heilmittel. Eine 2015 von der University of Nottingham (GB) durchgeführte Studie zeigte, dass die Augensalbe aus «Balds Arzneibuch» multiresistente Keime (MRSA) bekämpfen kann. Die Originalsalbe wurde aus Porree, Knoblauch, Wein und Ochsengalle hergestellt und zur Behandlung von Gerstenkörnern verwendet. Anmerkungen in dem Manuskript belegen, dass die Kapitel über Krankheiten des Auges und vor allem über nachlassende Sehkraft bis ins späte Mittelalter hinein (1300–1500) für die Leserschaft interessant blieben.

UNTEN

Hebräische Bibel (um 1300)

In der Bibel finden Fachleute Hinweise darauf, welche Pflanzen im Nahen Osten seit etwa 1200 v. Chr. in Gebrauch waren.

6 Wachsendes Pflanzenwissen in China

Während botanisches Wissen und Forschungstätigkeit nach dem Zerfall des Weströmischen Reiches in Europa für Jahrhunderte mehr oder weniger stagnierten, wuchs in Asien das Interesse an Pflanzen und ihren Anwendungsmöglichkeiten. Das mutmaßlich älteste Werk über tropische und subtropische Pflanzen ist das *Nanfang caomu zhuang* («Pflanzen der südlichen Regionen»), das 304 n. Chr. von Ji Han (263–307 n. Chr.) verfasst wurde. Geografisch deckt es Südchina und Teile Vietnams ab und beschreibt 80 Pflanzen, die als Kräuter, Bäume, Früchte und Bambusse klassifiziert werden. Zu der Zeit, als der Text entstand, tobten in vielen Teilen Nordchinas Bürgerkriege, während im Süden relativer Friede und Wohlstand herrschten, außerdem gab es dort Schifffahrtsverbindungen in den Westen. Das Buch enthält auch einige aus Indien oder Westasien stammende Pflanzen, wie Schwarzen Pfeffer oder Jasmin. Es gewährt zudem interessante ethnobotanische Einblicke, unter anderem, dass Wasserspinat *(Ipomoea aquatica)* auf treibenden Schilfflößen kultiviert wird und dass man aus den Fasern von Bananenpflanzen feine Stoffe herstellen kann.

Über das, was sich in den Jahrhunderten nach Ji Hans Zeit in China abspielte, haben wir sehr viel mehr Informationen, seitdem zu Beginn des 20. Jahrhunderts in einem verborgenen Höhlensystem Zehntausende von Manuskripten gefunden wurden. Buddhistische Mönche hatten die Mogao-Grotten in der Nähe der Stadt Dunhuang (Provinz Gansu) in die Felsen geschlagen. Die Sammlung umfasst Werke von großer historischer, religiöser, naturwissenschaftlicher, künstlerischer und linguistischer Bedeutung, darunter zum Beispiel Vorwort und Fragmente eines Texts, der als *Bencaojing jizhu* («Kommentarsammlung zur klassischen Materia medica») bekannt ist und im Jahr 500 von dem chinesischen Alchemisten und Pharmakologen Tao Hongjing (456–536) verfasst wurde. Darin bewahrte und kommentierte Tao Hongjing einen älteren Text, *Shen Nong Bencaojing* («Die klassische Materia medica des göttlichen Landmanns»), der zwischen 25 und 220 n. Chr. niedergeschrieben worden war.

Der ältere Text stellte eine Zusammenfassung der Geschichte der Pflanzenheilkunde in China bis zur Han-Dynastie dar; ursprünglich wurde der Inhalt wohl mündlich weitergegeben. Er dokumentiert 365 Heilpflanzen, die zu dieser Zeit allgemein medizinisch in Gebrauch waren, und teilt sie nach Stärke ihrer Heilwirkung und Giftigkeit in drei Stufen ein. Das Werk wird Shen Nong zugeschrieben, dem mythischen «göttlichen Landmann», einer im Volk verehrten Gottheit, doch es handelt sich um eine Kompilation, die von verschiedenen Autoren über einen längeren Zeitraum zusammengetragen wurde. Shen Nong soll vor etwa 5000 Jahren die Landwirtschaft in China eingeführt und dabei fasziniert die Heilwirkungen von Pflanzen beobachtet haben. Er testete Kräuter im Selbstversuch, um ihre Wirkungen zu erkennen, dann wählte er die mit medizinischer Wirkung aus und beschrieb ihre Eigenschaften. Eine dieser Pflanzen war der Hanf *(Cannabis)* – das ist die erste Erwähnung seiner medizinischen Verwendung –, den Shen Nong als magischen Verstärker von Stimmung und Gedächtnis erachtete.

UNTEN

***Bencao mengquan*, chinesischer Holzschnitt (1573–1620)**

Der mythische chinesische Kaiser Shen Nong soll den Kopf eines Stiers und den Körper eines Mannes gehabt haben.

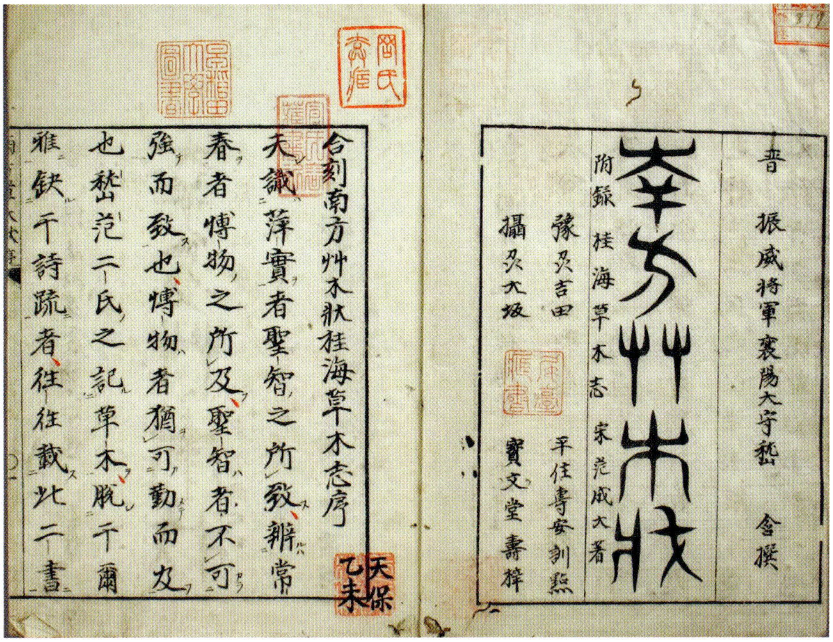

LINKS

***Nanfang caomu zhuang* («Pflanzen der südlichen Regionen»), Ji Han (Ausgabe von 1726)**

In diesem Buch sind Pflanzen wie Jasmin und Seerosen beschrieben.

Als Tao Hongjing diesen Text überarbeitete, verdoppelte er die Anzahl der medizinisch wirksamen Substanzen auf 730, wobei er auf einen Corpus von Schriften zurückgriff, die er als «Einzelwerke herausragender Ärzte» bezeichnete. Diese Substanzen teilte er in sieben Kategorien ein: Jade/Steine, Kräuter, Bäume, Insekten/Tiere, Früchte/Gemüse, Getreide, dazu noch die mit Namen, aber ohne Anwendungsgebiete, wobei er die frühere Abstufung in Form von Unterüberschriften beibehielt. Er entwickelte auch Behandlungsmethoden weiter. Das *Shen Nong Bencaojing* hatte dafür geworben, für Patienten mit Fieber kühlende Mittel zu verwenden und für Menschen mit Erkältungssymptomen solche, die wärmende Eigenschaften haben. Das findet sich auch in der heutigen Traditionellen Chinesischen Medizin (TCM) wieder: Ein typisches kühlendes Mittel zur Behandlung von Hitzesymptomen ist Zhimu, das getrocknete Rhizom von *Anemarrhena asphodeloides* (eine Pflanze aus der Familie Spargelgewächse); bei Schüttelfrost dagegen gibt man Fuzi, ein wärmendes Mittel, das aus der verarbeiteten Seitenwurzel des Chinesischen Eisenhuts *(Aconitum carmichaelii)* hergestellt wird. Trotzdem hatte Tao Hongjing den Eindruck, Shen Nongs Herangehensweise an die Symptome von Patienten könnte breiter angelegt sein. Er überlegte, dass eine ganzheitlichere Beurteilung, die neben der Art der Erkrankung der Patienten auch deren Alter, Geschlecht, körperlichen Gesamtzustand und die klimatischen Gegebenheiten ihres Wohnorts umfasst, sinnvoll wäre, um ihnen die angemessene Dosis der richtigen Medizin zu verabreichen.

Tao Hongjing lebte zur Zeit der Liang-Dynastie in Südchina, gleichzeitig regierte im Norden die Nördliche Wei-Dynastie. Aus diesem Grund konnte er keine Informationen über Substanzen aufnehmen, die in den nördlichen Landesteilen als Heilmittel verwendet werden. Trotzdem begründete er eine «wichtige Tradition» für umfassende Arzneibücher *(Bencao)*, die von verschiedenen Autoren über weitere sechs Jahrhunderte fortgeführt wurde. In jedem dieser Werke wurde der originale, klassische Text erweitert und mit neuen Daten über die Herkunft, die medizinischen Wirkungen und die erforderliche Verarbeitung der jeweils dargestellten Pflanzen präsentiert. Oft enthielten diese Werke Informationen, die über dieses grundlegende Werk hinausgingen, zum Beispiel Wissen über regional vorkommende Pflanzen oder Pflanzen, die der Bevölkerung in Hungerzeiten von Nutzen sein konnten. Das erste Buch nach dem von Tao Hongjing war *Xinxiu Bencao* («Neues überarbeitetes Arzneibuch»), das von der Regierung der Tang-Dynastie in Auftrag gegeben worden war und im Jahr 659 erschien. Hier sind 850 Arzneimittel aus Süd- und Nordchina aufgeführt, es gilt daher als erste Pharmakopöe Chinas.

Abgelöst wurde dieses Werk von *Zhenglei Bencao* («Kompiliertes und klassifiziertes Arzneibuch»), einem 1476 Heilmittel umfassenden Kompendium, das von Tang Shenwei (um 1056–1093) zusammengetragen und 1108 während der Song-Dynastie neu aufgelegt wurde. Es ist bis heute vollständig erhalten und damit eine wichtige Quelle über medizini-

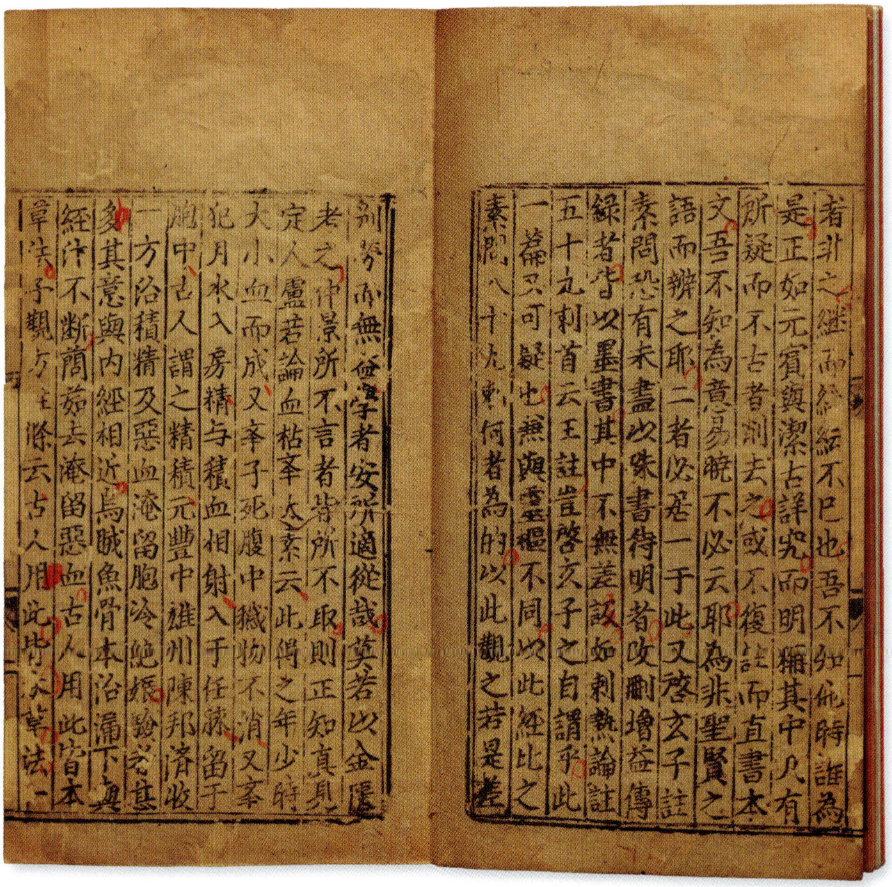

UNTEN

***Tangye Bencao* («Materia medica der Dekokte»), Wang Haogu (1298–1308)**

Der Text beschreibt, wie Abkochungen, Pulver und Pillen angewendet werden, wenn man eine schnelle oder eine langsame Wirkung erzielen will.

sche Praktiken jener Zeit. Allerdings hatte der Ansatz, dem alten Material einfach nur neues hinzuzufügen, dazu geführt, dass das Ganze immer unübersichtlicher wurde, deshalb wurde er bald aufgegeben. Stattdessen kam eine neue Art von Materia-medica-Texten auf, die sich auf einzelne Aspekte der Pflanzenheilkunde konzentrierte, statt alles abdecken zu wollen. Ein Beispiel dafür ist das *Tangye Bencao* von Wang Haogu («Materia medica der Dekokte» oder «Arzneibuch der Abkochungen») aus dem 13. Jahrhundert. Etwa zu dieser Zeit wurden die pharmakologischen Heilverfahren mit der Akupunktur, dem Setzen von Nadeln, zusammengeführt, nachdem diese in den vorausgegangenen 1000 Jahren ein isolierter Bestandteil der chinesischen Medizin gewesen war.

7 In Indien wird Pflanzenkunde zur wissenschaftlichen Disziplin

In Indien war das Mittelalter ebenso wie in China eine Zeit des wissenschaftlichen Fortschritts – in Mathematik, Astronomie, Chemie, Metallurgie, Botanik und Medizin. In der alten Literatur bezeichnete das Wort *Vrksāyurvēda* die Wissenschaft vom Leben und die Fürsorge für Pflanzen. Ein Text mit diesem Titel, geschrieben zwischen dem 1. Jahrhundert v. Chr. und dem 4. Jahrhundert n. Chr., wird im Zusammenhang mit dem großen Weisen Parasara genannt. Er ist nicht der Verfasser, ihm werden die Worte in den Mund gelegt, so als spreche er zu Schülern. Es hat sechs Teile, und anders als die auf Heilmittel beschränkten europäischen Texte dieser Zeit beschäftigt es sich mit dem Ursprung des Lebens, mit Ökologie, mit der Verbreitung der Wälder, mit den Formen, der Klassifizierung und den Namen von Pflanzen.

Im 11. Jahrhundert wurde noch ein anderes Werk mit dem Titel *Vrksāyurvēda* geschaffen, von einem Autor namens Surapala. Er erklärt darin, dass *Vrksāyurvēda* für Pflanzen den gleichen Prinzipien folgt wie Ayurveda für Menschen, das heißt, es geht darum, das Gleichgewicht der drei *Doshas* zu erhalten oder wiederherzustellen. Die drei Doshas sind *Vata* (Luft und Raum), *Pitta* (Feuer) und *Kapha* (Wasser und Erde). Surapala hatte die Idee, dass Praktiker auch Pflanzen unter ayurvedischen Gesichtspunkten betrachten sollten, und sprach sich für einen ganzheitlichen Ansatz im Landbau aus. Er schrieb über die Bedeutung geeigneter Böden, hochwertiges Saatgut, die Behandlung von Samen vor der Aussaat, Zwischenfruchtanbau, rechtzeitiges Jäten, optimale Wasserversorgung und die Verwendung pflanzlicher Produkte oder der Überreste toter Tiere, um Pflanzen vor Krankheiten zu schützen. So lehrte er beispielsweise: «Wenn Bäume von der Hitze, die ein Feuer verursacht, ausgetrocknet sind, heilt man sie, indem man sie mit einer Mischung aus Zucker, Milch und Sesam gießt und salbt und indem man sie ganz und gar mit dem Schlamm einschmiert, in dem die Lotusblume wurzelt.»

8 Das goldene Zeitalter der Botanik in den islamischen Wissenschaften

Zwischen dem 8. und dem 13. Jahrhundert florierten die Wissenschaften in der islamischen Welt. Der Islam entstand 610 n. Chr. nach den ersten Offenbarungserlebnissen des 41-jährigen Propheten Mohammed. Diesen folgten im Lauf der Jahre weitere Offenbarungen, die zunächst mündlich, später in schriftlicher Form weitergegeben und als *Qur'ān* (eingedeutscht: Koran) bezeichnet wurden. Der Koran erwähnt etwa 30 bedeutsame Pflanzen, außerdem rät er dazu, die Natur zu erhalten, indem man Bäume etwa nur dann fällt, wenn es unbedingt sein muss. Zum Thema Fällen sagt Sure 59, Vers 5 beispielsweise: «Was ihr an

OBEN

Ibn al-Baiṭār (1197–1248)

An den mittelalterlichen Botaniker Ibn al-Baiṭār erinnert diese Statue an seinem Geburtsort Benalmádena, nahe Malaga.

Palmen umgehauen habt oder auf ihren Wurzeln habt stehenlassen, so geschah es mit Allahs Erlaubnis, und damit er die Frevler in Schande stürze.» Im Jahr 622 hatte der Prophet den ersten islamischen Staat gegründet, der sich unter den Omaijaden-Kalifen bis nach Afrika, Asien und Europa ausdehnte. 750 kam es zu einem Umsturz, und das Omaijaden-Kalifat wurde von dem der Abbasiden abgelöst. Abbasiden gründeten im Jahr 762 Bagdad und machten es zur Hauptstadt ihres Reiches. Unter der Regentschaft von Hārūn ar-Rašīd (786–809) entwickelte sich Bagdad zu einem herausragenden Zentrum für Wissenschaft, Kultur und Handel. Das Wissen über Pflanzen erhielt in dieser Zeit enormen Zuwachs, weil dort antike Texte übersetzt und neue Bücher geschrieben wurden.

Noch unter dem Kalifat der Omaijaden hatte der Arzt Māsarǧawayh Teile von Galens Buch *De simplicium medicamentorum* ins Arabische übersetzt. Die Abbasiden-Kalifen sandten Gelehrte mit dem Auftrag in ferne Länder, von dort weitere Manuskripte herbeizuschaffen. Einem Historiker zufolge «reisten Männer auf der Suche nach Wissen durch drei Kontinente und kehrten nach Hause zurück, beladen wie Bienen mit Honig, um die kostbare Fracht, die sie gesammelt hatten, einer großen Schar eifriger Schüler zu übergeben». Die wissenschaftlichen Werke, die sie aus Griechenland, Ägypten, dem Römischen Reich, Indien, Persien (dem heutigen Iran) mitgebracht hatten, wurden ins Arabische übersetzt; dadurch blieben viele für die Nachwelt erhalten. Ḥunain ibn Isḥāq (809–873) und sein Schüler Iṣṭifan ibn Basīl übersetzten Dioskurides' *De materia medica* ins Arabische und ins Syrische, und dies bildete später die Grundlage für die arabischen Pharmakopöen. Ḥunain nahm sich auch einige von Galens Abhandlungen über Medizin und Philosophie vor, außerdem die *Historia naturalis* von Plinius, während sich Ṯābit ibn Qurra mit *De plantis* von Nikolaos von Damaskus beschäftigte. Anhand der Übersetzungen von Theophrasts *Historia plantarum* und *De causis plantarum* erkannten die Araber, wie weit dieser Grieche seiner Zeit voraus gewesen war.

Die muslimischen Gelehrten schrieben eigene Bücher und erweiterten das Pflanzenwissen quer durch das islamische Großreich jener Zeit. Einer von ihnen war ad-Dīnawarī (828–895), der im 9. Jahrhundert das *Kitāb an-nabāt* («Buch der Pflanzen») verfasste und sich dafür auf mündliche und schriftliche Quellen stützte, Gedichte von Beduinen eingeschlossen. Das Buch enthält detaillierte Beschreibungen von etwa 1120 Pflanzen – unterteilt in kultivierte Nahrungspflanzen, fruchttragende Pflanzen und wilde Pflanzen –, von denen die meisten auf der Arabischen Halbinsel heimisch waren, einige aber auch aus anderen Regionen stammten. Ad-Dīnawarī behandelte neben Böden und natürlichen Wasserquellen auch den Himmel, die Wolken, den Mond, die Sonne, den Regen und die Winde. Er sprach von männlichen und weiblichen Pflanzen und schreibt zum Beispiel: «Die Dattelpalme ist den Tieren und sogar den Menschen so ähnlich, dass es manchmal zu Liebesbeziehungen kommt: Manchmal verliebt sich eine weibliche Dattelpalme in eine bestimmte männliche Dattelpalme. Der weibliche Baum neigt sich dann sogar körperlich hin zu dem Geliebten.»

Zwischen 711 und 1492 standen große Teile der Iberischen Halbinsel unter islamischer Herrschaft. Der in der historischen Region Granada geborene Ibn al-Baiṭār (1197–1248) gilt als einer der größten Botaniker der islamischen Welt des Mittelalters. Nach seinem Studium in Sevilla verbrachte er 24 Jahre mit Expeditionen, auf denen er Pflanzen sammelte; dafür bereiste er Nordafrika, Griechenland, Kleinasien, Persien, den heutigen Irak,

LINKS

Seite aus dem Oppenheim-Koran (14. oder 15. Jh.)

Der Koran erwähnt Pflanzen, die im 7. Jh. genutzt wurden, z. B. Datteln, Knoblauch, Trauben und Oliven.

UNTEN

Ibn Sīnā, auch Avicenna genannt (980–1037)

Das im 11. Jh. entstandene Werk des persischen Arztes Ibn Sīnā diente Ibn al-Baiṭār als Inspiration für sein eigenes botanisches Opus magnum.

RECHTS

***De materia medica*, Dioskurides (60–70 n. Chr.) (Übersetzung aus dem 13. Jh.)**

Ein Arzt bereitet ein Elixier zu. Illustration in einer im 13. Jh. angefertigten arabischen Übersetzung des Werks aus dem 1. Jh.

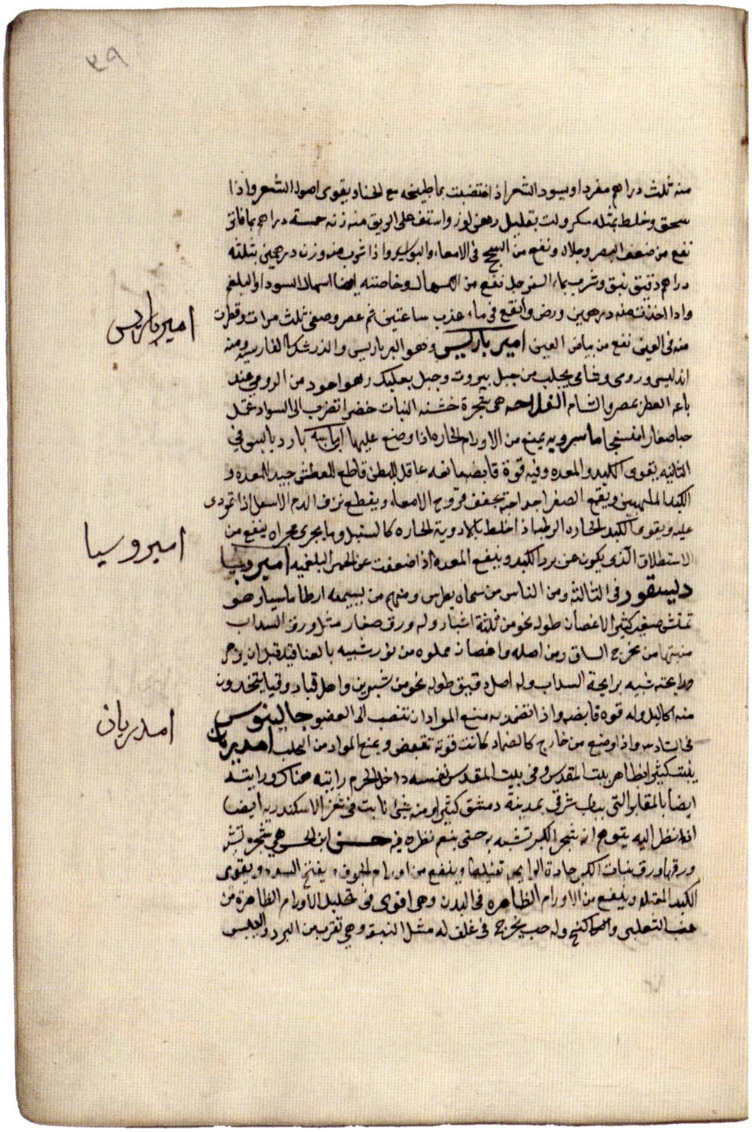

LINKS

Kitāb al-ǧāmiʿ li-mufradāt al-adwiya wa l-aġḏiya
(«Buch der Fachbegriffe für Heil- und Nahrungsmittel»), Ibn al-Baiṭār (13. Jh.)

Der Autor dieses Werks gilt als einer der größten Botaniker der islamischen Welt des Mittelalters.

RECHTS

Kitāb fi al-adwiya al-mufradāt **(«Buch der Einzelmittel»), Abū Ğaʿfar Aḥmad ibn Muḥammad al-Ġāfiqī (12. Jh.)**

Dieses Buch kombiniert die Werke früherer Autoren, unter anderem Dioskurides, Ibn Sīnā und Ibn al-Baiṭār.

Ägypten und Syrien. Er lebte unter anderem in Ägypten und in Syrien. Im 13. Jahrhundert trug er das Werk *Kitāb al-ǧāmiʿ li-mufradāt al-adwiya wa l-aġḏiya* («Buch der Fachbegriffe für Heil- und Nahrungsmittel»), ein enzyklopädisches Werk, zusammen, das das botanische Wissen der arabischen Welt resümierte. Es griff auf Werke von ar-Rāzī, auch bekannt als Rhazes (865–925; ein Arzt, der Opium als Schmerz- und Betäubungsmittel befürwortete), Ibn Sīnā, auch Avicenna genannt (980–1037; ein Philosoph, Arzt und Autor des «Kanons der Medizin»), sowie Dioskurides, Galen und andere zurück und stellte einen alphabetischen Führer zu 1400 Heilmitteln dar. Ibn al-Baiṭār nahm 200 zuvor unbekannte Pflanzen auf und verwendete persische, berberische und lateinische Namen, was den Wissenstransfer anregte und half, die Eigenschaften und die korrekte Anwendung der Pflanzen zu klären. Eine weitere wichtige Materia medica dieser Zeit war das *Kitāb al-ṣaydanah fī al-ṭibb* («Buch der Arzneimittel») von al-Bīrūnī, das auch indische Heilmittel enthielt.

9 Arabisches Wissen gibt neue Impulse für die Pflanzenkunde in Europa

Ab dem frühen 11. Jahrhundert wurde eine Reihe religiös motivierter Kriege ausgetragen, in denen europäische Christen versuchten, die Länder der Bibel von islamischer Herrschaft zu befreien. Nachdem sie den ersten Kreuzzug, der von 1096 bis 1099 stattfand, siegreich beendet hatten, sickerten die Erfindungen und das Wissen des arabischen Morgenlands – inklusive der Übersetzungen antiker griechischer Texte – ins christliche Abendland ein und lieferten den europäischen Intellektuellen jener Zeit neue Denkanstöße. Die deutsche Benediktinerin, Äbtissin, Mystikerin und Visionärin Hildegard von Bingen (1098–1179) propagierte ein spirituelles Konzept, das sie als *viriditas* («Grünkraft») bezeichnete, durch die sich das Göttliche in der Natur manifestierte. Das stand in krassem Gegensatz zu bisherigen Ansichten, die Natur eher mit dem Bösen assoziierten. Hildegard von Bingen gilt vielen als erste Frau, die über Pflanzen schrieb. Sie konnte dafür ihre persönlichen Erfahrungen mit Klostergärten und Krankenversorgung heranziehen. In ihrem Werk *Physica* (auch *Liber simplicis medicinae,* «Buch der Einzelmittel») beschreibt sie 500 Kräuter, Pflanzen, Tiere, Edelsteine und Metalle sowie 2000 Rezepturen.

Im 13. Jahrhundert vertrat der Theologe und Naturwissenschaftler Albertus Magnus (um 1200–1280) die Auffassung, Theologie und Philosophie seien verschiedene intellektuelle Disziplinen, und strebte danach, Dominikanermönche in beiden auszubilden. Bei seinem Text *De vegetabilibus et plantis* («Über Gemüse und Pflanzen») handelt es sich im Wesentlichen um einen Kommentar zu *De plantis* von Nikolaos von Damaskus, doch er beinhaltet auch genaue Pflanzenbeobachtungen und Informationen über ihren inneren und äußeren Bau. Das zeigt, dass Albertus' Interesse an Pflanzen weit über ihren praktischen Nutzen hinausging. Er verfasste auch Kommentare zu den Lehren muslimischer Wissenschaftler, unter anderem denen von Ibn Sīnā.

UNTEN

Hildegard von Bingen (1098–1179)

Hildegard von Bingen war eine Universalgelehrte und eine der ersten Frauen, die über die vielen medizinischen Anwendungsmöglichkeiten von Pflanzen schrieb.

Einzelne Zentren hatten großen Anteil an der Verbreitung des neuen Denkens, darunter die Mittelmeerinsel Sizilien und die italienische Stadt Salerno, wo bereits im 10. Jahrhundert eine Medizinschule entstanden war. Für die Ausbildung der Ärzte wurden auch Ressourcen genutzt, die aus der Benediktinerabtei von Monte Cassino stammten. Nachdem Sizilien und Süditalien gegen Ende des 11. Jahrhunderts unter normannische Herrschaft gefallen waren, wuchs die Handschriftensammlung, die lediglich aus einer Handvoll klassischer hippokratischer Texte und Galens Werken bestanden hatte, durch das Wirken von Constantinus Africanus (gest. um 1089) gewaltig an, denn dieser übersetzte arabische Texte (von denen ebenfalls einige aus griechischen Quellen stammten) ins Lateinische. Danach kombinierten die Lehrenden an der Medizinschule den praktischen Ansatz der salernischen Ärzte, begründet in den altgriechischen Traditionen, mit dem arabischen Blick auf das Detail und deren Achtung der Autoritäten.

Viele Lehrer an der Medizinschule von Salerno schrieben ebenfalls medizinische Traktate, die zum Ruf der Einrichtung beitrugen. Ein Schlüsselwerk aus dem 12. oder 13. Jahrhundert war *Regimen sanitatis Salernitanum* («Salernische Gesundheitsregeln»), ein Gedicht, das manchmal einem Johannes Mediolanensis zugeschrieben wird; es enthielt Informationen über Ernährung, Hygiene, Arzneimittel, Aufbau und Funktionen des Körpers sowie mögliche Behandlungen. Es gibt zum Beispiel den Rat: «Wenn du bei stürmischer See nicht seekrank werden willst, trinke Salbeiwasser, bevor du an Bord gehst.» Aus der Mitte des 12. Jahrhunderts stammt ein anderes Werk, *Practica secundum Trota* («Praktische Medizin nach Trota»), das von einer Ärztin namens Trota von Salerno geschrieben wurde. Trota verfasste auch Texte zu frauenspezifischen Erkrankungen; diese Werke widersetzten sich der Kirche, indem sie beispielsweise die Verwendung von pflanzlichen Schmerzmitteln unter der Geburt befürworteten. Matthaeus Platearius, wahrscheinlich ein Sohn Trotas, erstellte auf der Grundlage von Dioskurides' Werk ein Buch mit dem Titel *Circa instans* oder *Liber de simplici medicina* («Buch von den Einzelmitteln»).

Während der Einfluss von Salerno als Zentrum der Verbreitung neuen medizinischen Denkens abnahm, gewann der des spanischen Toledo an Bedeutung. Im 13. Jahrhundert entwickelte sich diese Stadt zu einer Hochburg für Übersetzungen, wo Gelehrte arabische oder hebräische Texte ins Kastilische oder ins Lateinische übertrugen. Diese Texte wurden zur geistigen Nahrung für die Studierenden an den neuen Zentren des Lernens, wie den ersten Universitäten in Bologna, Paris, Oxford, Cambridge, Salamanca, Montpellier und Padua. Die danach verfassten Kräuterbücher enthielten Informationen aus verschiedenen Quellen und einige darüber hinaus wunderschöne Illustrationen. Das *Erbario Carrarese* («Carrara-Kräuterbuch») ist eine im späten 14. Jahrhundert entstandene italienische Übersetzung eines lateinischen Werks, das ursprünglich auf Arabisch geschrieben war und von Serapion dem Jüngeren verfasst worden sein soll. Es enthält außerordentlich realistische Darstellungen von Pflanzen. Die Zeit war nun reif für Gelehrte, sich von ihren tief sitzenden Gewohnheiten zu verabschieden, immer nur alte Texte wiederzukäuen, und sich stattdessen neues Pflanzenwissen anzueignen und ihre Erkenntnisse über die Natur mit Zeichenstift und Pinsel zu illustrieren. Eine neue Technologie, die die Welt der Manuskripte und der Bücher für immer verändern sollte, stand bereits in den Startlöchern.

UNTEN

Trota von Salerno (12./13. Jh.)

Trota von Salerno war Ärztin und Buchautorin, sie lebte im 12. Jh. in Süditalien.

LINKS UND FOLGENDE DOPPELSEITEN

***Erbario Carrarese* (um 1390–1400)**

Das im Dialekt der italienischen Stadt Padua geschriebene Kräuterbuch beruht auf früheren, in lateinischer und arabischer Sprache verfassten Werken und behandelt medizinische Einzelmittel (Simplicia).

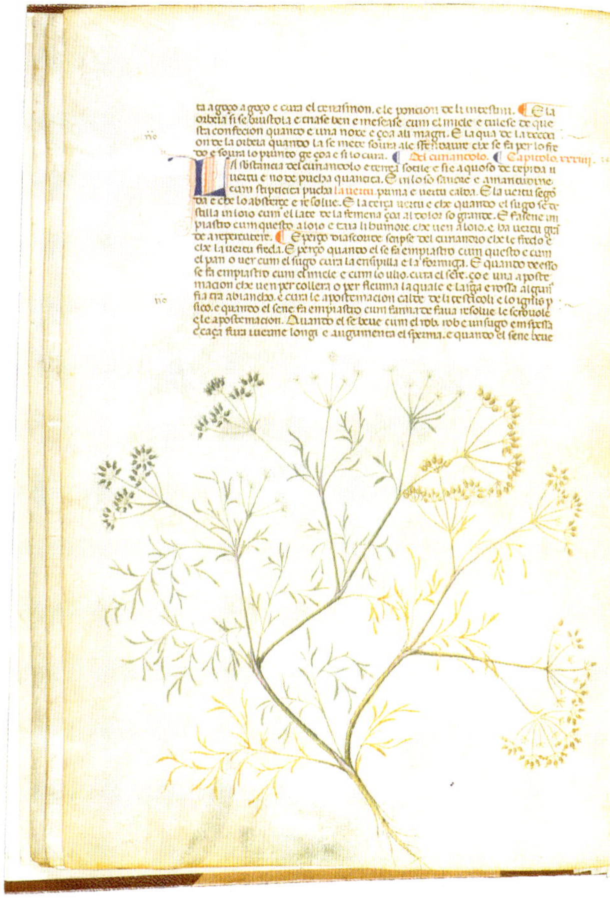

La uertu de le fiore.
La uertu del uino.

De la camomilla.

2

AUFKOMMEN DES BUCHDRUCKS (1450–1600)

Das Aufkommen gedruckter Bücher veränderte die Art und Weise, wie Wissen erworben, verbreitet und genutzt wurde. Alle Elemente des Buchdrucks mit beweglichen Lettern waren in China und Japan bereits seit dem 9. Jahrhundert vorhanden, doch erst Johannes Gutenberg (um 1400–1468) entwickelte ein komplettes Produktionsverfahren zum Drucken von Büchern, das sich rasch in alle Welt verbreitete. Statt jede Seite einzeln zu gießen, in Holz zu schneiden oder mit der Hand zu schreiben, konnten Wörter und Buchstaben nun gesetzt, gedruckt, wieder auseinandergenommen und erneut verwendet werden – und das mit ungeheurer Geschwindigkeit.

Selbst ein aufwendig gedrucktes Buch kostete nur den Bruchteil einer Handschrift. Bereits im Jahr 1500, nur wenige Jahrzehnte nach der Einführung des Buchdrucks, existierten in Europa 10 Millionen gedruckte Bücher, etwa 40 000 verschiedene Titel. Zunächst konzentrierte sich der Buchdruck auf einige wenige Städte: Mainz, Antwerpen, Paris und London. Diese Städte boten häufig bestimmten Personen Druckprivilegien an, ein Überbleibsel des mittelalterlichen Zunftsystems zum Schutz für Handwerker. Zudem stellten religiöse Autoritäten wie der Papst strenge Regeln auf, um zu verhindern, dass religiöse Texte ohne kirchliche Genehmigung verlegt wurden. Nachdem Gottes Schöpfung alles umfasst, was auf der Erde existiert, überprüfte die Kirche selbst nichtreligiöse Werke, wie der Theologe und Botaniker Otto Brunfels (1488–1534) erfahren musste, als all seine Bücher, einschließlich derjenigen rein botanischen Inhalts, vom Vatikan verboten wurden, weil er Lutheraner war.

Bis zum Jahr 1600 existierten nur wenige Druckereien außerhalb größerer Städte. Aber die Technologie und die notwendigen Fertigkeiten verbreiteten sich auf allen möglichen Wegen: Die ersten Druckerpressen erreichten Afrika im Jahr 1516, als portugiesische Juden, die das Handwerk gelernt hatten, nach Marokko flohen, weil sie aufgrund ihres Glaubens verfolgt wurden. Druckerpressen wurden auf portugiesische Schiffe verladen, die anschließend Kurs auf Indien, Macao und ab 1590 auch Nagasaki nahmen.

Die Verbreitung des Buchdrucks spiegelt nicht nur die Erkundungs- und Forschungsreisen wider, die die Europäer ab dem 15. Jahrhundert durchführten, sie wirft auch dunkle Schatten darauf. Einige dieser Reisen wurden aus Interesse an Pflanzenmaterial unternommen – nachdem stark nachgefragte Gewürze schon seit Langem auf dem Landweg transportiert und gehandelt worden waren, suchten europäische Nationen nun nach neuen Seewegen zu deren Herkunftsländern. Längere Expeditionen, zuerst von Portugal und Spanien aus organisiert, erreichten Afrika und den amerikanischen (Doppel-)Kontinent, wo schnell Fragen der kolonialen Vorherrschaft in den Vordergrund rückten.

Die Handelsrouten entwickelten sich zu einem Hauptbetätigungsfeld rivalisierender europäischer Herrscher, die hofften, sich gegenseitig auszustechen. Viele waren getrieben von den Aussichten auf unermessliche Reichtümer, insbesondere Gewürze, aus einer neuen Welt. Die Reisenden kamen mit botanischem Gold in Gestalt von neuen Feldfrüchten und Heilpflanzen zurück. Die Expedition von Francisco Hernandez in den Jahren 1571–1577 beispielsweise brachte die ersten Tomaten und den Kakao (siehe S. 115). Daheim in Europa wetteiferten Autoren und Drucker darum, als Erste die Neuentdeckungen zu präsentieren. Druckerzeugnisse – auch in Form von Land- und Weltkarten – waren ein Weg für ehrgeizige Nationen und Individuen, der Welt ihren Stempel aufzudrücken und Ansprüche auf Wissen und Territorien anzumelden.

PLINIVS ſecundus nouocomenſis equeſtribus militiis induſtrię functus: procurationes quoq; ſplendidiſſimas atq; continuas ſumma integritate adminiſtrauit. Et tamen liberalibus ſtudiis tantam operam dedit: ut non temere qs plura inotio ſcripſerit. Itaq; bella omnia quę undiq; cum romanis geſta ſunt .xxxvii. uoluíbus comprębendit. Itẽ naturalis hiſtorię .xxxvii. libros abſoluit. Periit gadis campanię. Nam cum miſenẽſi claſſi prę eſſet & flagrante Veſeuo: ad explorandas propius cauſas liburnicas prętendiſſet: neq; aduerſantibus uentis remeare poſſet: ui pulueris ac fauillę oppreſſus eſt: uel ut quidam exiſtimant a ſeruo ſuo occiſus: quẽ deficiens ęſtu ut necem ſibi maturaret orauerat hic in his libris .xx. milia rerum dignarum ex lectione uoluminũ circiter duum milium cõplexus eſt. Primus aũt liber quaſi index .xxxvi. librorum ſequentium conſumationem totius operis & ſpecies continet titulorum.

CAIVS PLINIVS SECVNDVS DOMICIANO IMPERATORI SALVTEM PLVRIMAM DICIT:

LIBROS NATVRALIS HISTORIAE nouitiũ camęnis qritiũ tuorum opus natũ apud me proxima fętura licentiore epiſtola narrare cõſtitui tibi iocũdiſſime imperator. Sit enim hęc tui pręfatio ueriſſima: dum maxime conſeneſcit i patre. Namq; tu ſolebas putare eſſe aliqd meas nugas: ut obicere moliar Catullum conterraneũ meum agnoſcis & hoc caſtrẽſe uerbum: ille enim ut ſcis pmutatis prioribus ſyllabis duriuſculum ſe fecit q̃ uolebat exiſtimari a uernaculis tuis & famulis. Simul ut hac mea petulantia fiat ꝙ proxime non fieri queſtuſes in alia procaci epiſtola noſtra ut in quędam acta exeant. Sciantq; omnes q̃m exęquo tecum uiuat íperium triumphalis & cenſorius tu ſexieſq; cõſul ac tribunitię poteſtatis particeps: et ꝙ iis nobilius feciſti: dũ illud patri pariter & equeſtri ordini pręſtas pręfectus prętorii eius omniaq; hęc rei publicę: et nobis quidẽ qualis incaſtrẽſi contubernio. Nec qcq̃ mutauit íte fortunę amplitudo in his: niſi ut prodeſſe tantundẽ poſſes ut uelles. Itaq; cũ cęteris íueneratione tui pateant omnia illa: nobis adcolẽdum te familiarius audatia ſola ſupeſt. Hanc igit̃ tibi imputabis: et in noſtra culpa tibi ignoſces. Perfricui faciẽ: nec tamẽ profeci quoniam alia uia occurris: ígens & longius etiam ſummoues ígẽtibus faſcibus fulgorat in nullo unq̃ uerius dicta uis ęloquẽtię tribunitię poteſtatis facundię: q̃to tu ore patris laudes tonas: q̃to fratris amas: q̃tus ípoetica es. O magna fęcunditas animi queadmodum frẽm quoq; ímitareris excogitaſti: ſed hęc quis poſſęt ítrepidus extimare ſubiturus ígenii tui iuditiũ pręſertim laceſſitum. Neq; eím ſimilis ẽ conditio publicantium & noíatim tibi dicantiũ. Tum poſſem dicere qd iſta legis íperator humili uulgo ſcripta ſunt agricolarum opificum turbę deniq; ſtudiorum ocioſis quid te iudicẽ facis: quia hanc operam cum dicerẽ nõ eras in hoc albo: maiorem te ſciebam quam ut deſcenſurum huc putarem. Pręterea eſt quędam publica etiam eruditorum reiectio: utitur illa: et M. Tullius extra oẽm íngẽs italiam poſitus etꝙ miremur per aduocatum defendit̃ nec doctiſſimum õnium Perſium hoc legere uolo Lelium Congium uolo. Q; ſi hoc Lucilius qui primus condidit ſtili naſum legerit quaſi abuſionem & uituperationẽ reputabit: primus enim ſatyricum carmen conſcripſit í quo utiq; uituperatio uniuſcuiuſq; continet̃. Naſum autẽ dixit quaſi uituperationis ſignũ uel maxime naſo declarandum dicendumq; ẽ: ſi aduocatum ſibi putauit Cicero mutuandum pręſertim cum de re publica ſcriberet quanto nos cautius ab aliquo iudice defendimur.

LINKS

***Historia naturalis*, Plinius (Ausgabe von 1469)**

Dies ist die erste gedruckte Ausgabe von Plinius' enzyklopädischer Naturgeschichte; sie wurde von Johannes de Spira in Venedig hergestellt (siehe folgende Seite).

1 Frühe Ausgaben von Plinius' *Historia naturalis* durch die Brüder de Spira und Nicolas Jenson

Das erste gedruckte botanische Werk, von dem wir wissen, datiert aus dem Jahr 1469: Es handelt sich um die *Historia naturalis* von Plinius dem Älteren (siehe auch S. 23–25). Kulturgeschichtlich befand sich Europa am Übergang zur Renaissance, und die klassischen Quellen genossen hohe Wertschätzung. Die *Historia naturalis* war eines der ersten klassischen Werke der Antike, das im Druck erschien, und wegen ihrer großen Bedeutung als Quelle wird sie sogar heute noch nachgedruckt.

Johannes und Wendelinus de Spira (latinisiert für: von Speyer) stellten diese erste gedruckte Ausgabe, den sogenannten Urdruck, her. Die beiden Brüder waren von Speyer nach Venedig emigriert, daher ihr Beiname; dort erhielten sie vom Rat der Stadt mit Datum vom 18. September 1469 für fünf Jahre das Exklusivrecht für Buchdruck in der Lagunenstadt. Sie waren die ersten Drucker, die die Buchseiten mit arabischen Zahlen nummerierten, eine Konvention, die uns heute ganz selbstverständlich erscheint.

Obwohl der Text selbst gedruckt wurde, erfolgte die Illuminierung (Ausschmückung) von Hand. Mit seinen Vergoldungen, Rahmen, historisierten Initialen (Anfangsbuchstaben), Bordüren im sogenannten Weißranken-Stil *(bianchi girari)* erweckt dieses gedruckte Buch den Eindruck, es sei eine Handschrift.

Eine weitere frühe Ausgabe der *Historia naturalis* wurde 1472 von Nicolas Jenson (um 1420–1480), einem Drucker, Graveur und Verleger, in Venedig gedruckt. Jenson wurde in Frankreich geboren und war als königlicher Münzmeister tätig, bis ihn der König nach Deutschland schickte, um dort das neue Druckerhandwerk zu erlernen. Jenson arbeitete vermutlich 1469–1475 als Werkmeister für die Brüder de Spira. Jenson und die Brüder de Spira entwickelten zusammen mit anderen eine sehr gut lesbare Schrift, die Antiqua.

Die frühesten gedruckten Bücher werden als Wiegendrucke oder Inkunabeln bezeichnet und erinnern stark an illuminierte Handschriften. Der Text wurde in der Werkstatt auf Papier gedruckt, dann übernahmen andere Handwerker und fügten die Schmuckelemente von Hand ein, etwa die herrlichen Einfassungen oder die besonders großen und ausgeschmückten Initialen, jeweils abgestimmt auf den Geschmack des Käufers.

Selbst das bescheidene Brescia, eine in der heutigen Lombardei gelegene italienische Stadt, wagte bis zum Ende des 15. Jahrhunderts sechs verschiedene Editionen. Nach 1500 wurden immer noch mehr Ausgaben gedruckt: dreizehn in Paris, neun in Lyon, davon eine im Jahr 1562 auf Französisch, Köln und London brachten es auf je drei. Die erste englische Plinius-Ausgabe wurde nach der französischen übersetzt. Mit der Zeit wurden die Buchformate immer kleiner: Statt großer Folianten entstanden kleinere Quart- und Oktavformate und sogar die nur handgroßen Duodezformate.

Doch so schön sie auch ausgeschmückt waren, die ersten gedruckten Bücher enthielten keine Illustrationen. Aber die Verleger waren sich der Möglichkeiten, Bild und Text zu kombinieren, durchaus bewusst. Zuvor mussten Abbildungen fein säuberlich von Hand kopiert werden, was ihre Verfügbarkeit einschränkte und auf Kosten der Genauigkeit ging. Eine Zeit lang wurden noch Bücher gedruckt und nachträglich mit handgemalten Bildern ausgestattet, doch die Drucker erkannten schnell, dass die Mechanisierung der Illustration einen weiteren großen Fortschritt bedeuten würde. Sie begannen mit Holzschnitten, die ihnen eine schnellere Reproduktion botanischer Darstellungen ermöglichten. Doch krankte diese Kunstform an einem Problem: die zweifelhafte Genauigkeit der Pflanzendarstellungen, wenn diejenigen, die sie anfertigten, die Pflanzen nie selbst gesehen hatten, sondern immer nur von einer Vorlage kopierten.

2 Die ersten botanischen Holzschnitte

Im Jahr 1471 verwendete der Bamberger Albrecht Pfister (um 1420–1466) zum ersten Mal einen gedruckten Holzschnitt in einem Buch – einen Dialog zwischen einem pflügenden Bauern und seiner Frau –, und diese Methode wurde schnell übernommen, sowohl für religiöse wie auch für naturkundliche Bilder. Pflanzendarstellungen begannen nur so zu sprießen: In den gedruckten Initialen der Bibel, die Günther Zainer (gest. 1478) um 1475 in Augsburg druckte, sind Blumen zu sehen. Im selben Jahr tauchte die erste richtige botanische Illustration auf, ebenfalls in Augsburg, in einer Ausgabe von *Das Buch der Natur* des Autors Konrad von Megenberg (1309–1374), ein Werk, das von sich behauptete, eine vollständige Naturgeschichte zu sein, und das von Johannes Bäumler (1430–1503) gedruckt wurde.

Diese Neuerung war von großer Bedeutung, doch die neue Technik hatte ihre Verheißungen noch nicht ganz erfüllt: Im *Buch der Natur* kann man zwar Pfauen und Störche

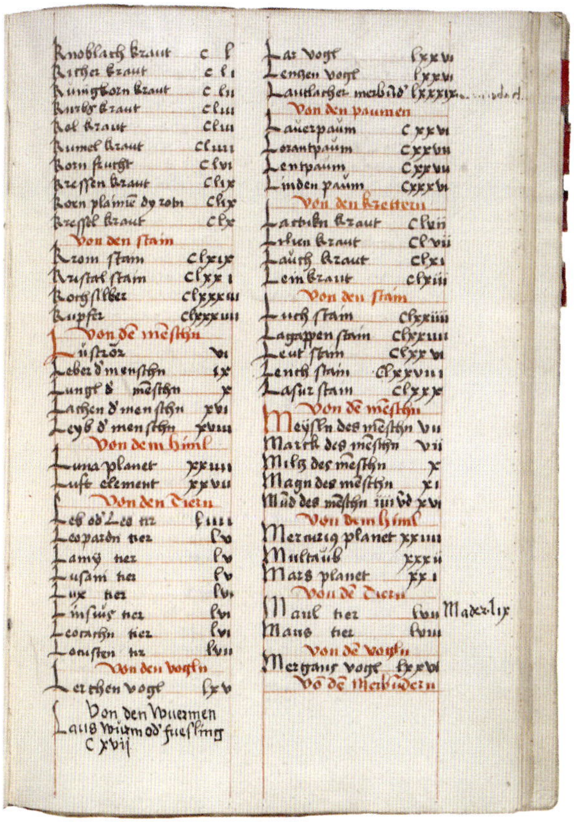

UNTEN

Das Buch der Natur, Konrad von Megenberg (1481)

Konrad von Megenbergs enzyklopädisches Werk über die Natur war das erste Buch, das gedruckte botanische Abbildungen enthielt. Diese Seite aus dem Register zeigt, welch unterschiedlichen Dinge darin behandelt wurden.

UNTEN

***Ortus sanitatis / Gart der Gesundheit*, verfasst von Johann von Cube, gedruckt von Peter Schöffer (1485)**

Das erste Kräuterbuch, das in einer modernen Sprache (Deutsch) gedruckt wurde. Das Bild zeigt die Heilpflanze Borretsch *(Borago officinalis)* mit ihren typischen sternförmigen Blüten. Dass das Buch viel benutzt wurde, ist an den Anmerkungen auf den Seiten rechts zu erkennen.

UNTEN

***Ortus sanitatis / Gart der Gesundheit*, verfasst von Johann von Cube, gedruckt von Peter Schöffer (1485)**

Bei diesem Wurzelgemüse handelt es sich vermutlich um den Gemeinen Rettich *(Raphanus sativus)*.

RECHTS

***Das Buch der Natur,* Konrad von Megenberg (1481)**

Dieser kolorierte Holzschnitt steht auf der Eingangsseite zum Kapitel über Bäume; deutlich ist in der Mitte ein Rebstock mit Trauben zu erkennen.

GEGENÜBER LINKS

***Ortus sanitatis / Gart der Gesundheit,* verfasst von Johann von Cube, gedruckt von Peter Schöffer (1485)**

Die Zaunrübe (*Bryonia* spec.) ist eine Pflanze aus der Familie Kürbisgewächse; sie hat stark gedrehte Ranken und wurde in den frühen Kräuterbüchern als Mittel zur Schmerzlinderung empfohlen.

GEGENÜBER RECHTS

***Ortus sanitatis / Gart der Gesundheit,* verfasst von Johann von Cube, gedruckt von Peter Schöffer (1485)**

Die Alraune *(Mandragora offincialis)* wird mit Wurzeln dargestellt, die wie ein Menschlein (lateinisch *homunculus*) aussehen; daher rührt der Mythos, dass die Pflanze schreit, wenn man sie aus der Erde zieht.

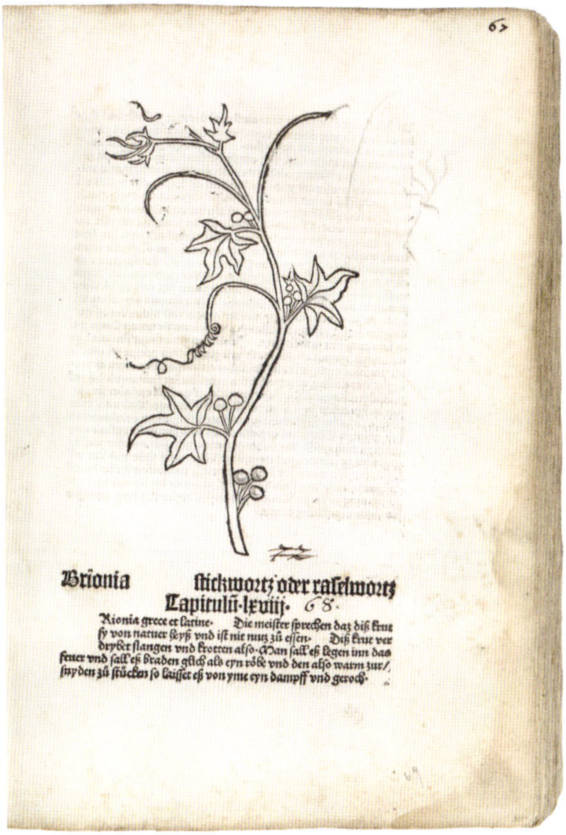

67

Brïonia stickwortz oder raselwortz
Capitulū·lxviij· 68·
Rionia grece et latine· Die meister sprechen daz diß krut
sy von natuer heyß vnd ist nit nutz zů essen· Diß krut ver
drybet slangen vnd krotten also·Man sall eß legen inn das
feuer vnd sall eß braden glich als eyn röbe vnd den also warm zur/
snyden zů stücken so laisset eß von yme eyn dampff vnd geroch·

Platearius disser rynden als groiß als dry heller gewicht gebak
ten fur die schemde der frauwen brenget menstruū vn̄ drybet vß das
dot kynt· Diß rynden gestoissen zů pulůer vnd genutzet mit ey
nem clistier machet slaiffen vnd růwen fur alle ander kunst·
Item diß würtzel gesotten in wyn vn̄ vff das gegicht geleyt der
gliedder ist den werdum stillen·

·Mādragora· Capitulum
Andrago Die mei stchen daz selbe dogent mit vmb beschribē ich wan als du geho pitel fur dissem·

·alrun·Fraw· ·ccxlviij·
ra mulier latine· ster sprechen gemey diß allrun habe die der ersten vnd dar nit meen dar von ver haist in dem ca

erkennen, aber die Pflanzenbilder sind weniger gut gelungen, nur ein Maiglöckchen und ein Weinstock lassen sich eindeutig bestimmen. Dafür gab es mehrere Gründe: Zum einen nutzten sich Holzschnitte durch das Drucken ab, zum anderen war die Nachfrage nach gedruckten Texten so groß, dass die Drucker jeden beauftragten, der gerade Zeit hatte, egal ob der Betreffende wusste, was er da in Holz schnitt oder nicht. Vielleicht lässt sich anhand dieser Bilder ermessen, wie groß der Wissensdurst war – so groß, dass die Druckereien mit ihrer Produktion nicht hinterherkamen.

Die Probleme der frühen Holzschnitte in den Druckwerkstätten stehen in starkem Gegensatz zur Schönheit der Pflanzen, die Renaissance-Künstler zur selben Zeit in natürlichen Details darstellten. Die Maler von Stundenbüchern beispielsweise erfassten die Blumen am Wegesrand detailreich und naturgetreu. So zeigt das Pariser *Horae beatae Mariae ad usum romanum* (etwa «Stundenbuch der heiligen Jungfrau Maria nach dem römischen Ritus») aus dem Jahr 1524 äußerst naturgetreu dargestellte Kornblumen, Glockenblumen, Veilchen und Wald-Erdbeeren. Schon bald nachdem der Buchdruck 1470 Paris erreicht hatte, wurden die dortigen Werkstätten zu Spezialisten für gedruckte Stundenbücher, mit den charakteristischen üppigen Blumenschmuckelementen der gemalten Originale.

UNTEN

Grimani-Brevier, unbekannter Künstler (um 1490–1510)

Diese feine, detailreiche Abbildung zeigt, gut zu erkennen, einen Rosenstrauch in voller sommerlicher Blüte sowie weiße Lilien, die Symbole der Reinheit.

3 Kräuterbücher: Medizin für jedermann

Der Buchdruck verlieh dem Genre der Kräuterbücher – Bücher, die medizinisch wirksame Pflanzen und deren Anwendung vorstellten – starken Auftrieb. Davor waren Kräuterbücher die Domäne der Klöster und Zusammenstellungen aus bereits existierenden, zumeist antiken und oft über die arabische Welt erhaltenen Quellen, wie zum Beispiel Galen, Hippokrates und Dioskurides (siehe Kapitel 1). Dieser unsystematische Zugang wurde nur langsam aufgegeben. Die antiken Autoren blieben noch lange die wichtigsten Quellen, wobei die einzelnen Drucker auswählten, was ihnen für ihre Leser- und Käuferschaft geeignet erschien. Oft waren diese Bücher für Menschen ohne universitäre Bildung gedacht, vermutlich ist das der Grund, weshalb sie zu den ersten gehörten, die in die jeweilige Landessprache übersetzt wurden. Dennoch war auch die überwiegende Zahl der frühen Kräuterbücher nicht bebildert, sondern enthielt lediglich Beschreibungen von nützlichen Pflanzen, die Heilkundigen helfen sollten, die richtige Behandlung zu finden.

Das erste gedruckte Kräuterbuch erschien 1477 in Neapel. Es handelt sich um das Lehrgedicht *De viribus herbarum carmen* («Über die Kraft der Kräuter») oder auch *Macer floridus,* das von Arnaldus de Bruxella gedruckt wurde und die medizinischen Eigenschaften von 77 Kräutern enthält. Viele Details lassen sich jedoch auf muslimische Gelehrte der Schule von Salerno (siehe Kapitel 1) zurückführen, die arabische Texte ins Lateinische übersetzt hatten. Das Reimschema sollte es Ärzten, Hebammen und Apothekern erleichtern, sich die aufgeführten Rezepturen und Behandlungen zu merken. Illustrationen erhielt das Buch aber erst in einer 1495 in Genf hergestellten Ausgabe. Einen Wegerich kann man klar an seiner Blattrosette und dem «haarigen» Blütenköpfchen erkennen, doch andere Pflanzen sind nicht so eindeutig dargestellt. Wer Pflanzen anhand von Bildern bestimmen wollte, musste noch länger warten.

Im Jahr 1481 wurde in Rom das erste Kräuterbuch mit eingedruckten Pflanzendarstellungen hergestellt; es war eine Neuausgabe des schon oft kopierten *Pseudo-Apuleius Herbarius* (siehe S. 25). Den Druck erledigte der erste italienische Buchdrucker, Johannes Philippus de Lignamine (geb. 1420). Der Aufbau des Buches legt nahe, dass es für den praktischen Gebrauch gedacht war. Dioskurides hatte die Einträge alphabetisch sortiert, doch hier wurden die Kräuter in der Reihenfolge der Erkrankungen angeführt, die sie behandeln sollten. Die Pflanzendarstellungen waren noch stark vereinfacht. Es waren Holzschnitte der vielfach kopierten Zeichnungen in den Originaltexten, die ihrerseits wieder und wieder abgeschrieben worden waren. Kleine Ungenauigkeiten hatten sich eingeschlichen und wurden ebenfalls wiederholt. Doch trotzdem war dieses Buch ein Meilenstein, wegweisend für den sich abzeichnenden Wandel.

Zu dieser Zeit konnten sich Leserinnen und Leser sicher nicht auf das Buch verlassen, wenn sie Pflanzen bestimmen wollten. Trotz der unbefriedigenden Abbildungsqualität fand das Konzept gedruckter und bebilderter Kräuterbücher schnell Anklang, und dieses Genre wurde zum Verkaufsschlager unter den frühen Druckerzeugnissen: Mit botanischem Wissen konnte man nun gutes Geld verdienen.

4 Die Werkstatt von Peter Schöffer und das blühende Geschäft mit Raubkopien – der Markt wächst

Der deutsche Drucker Peter Schöffer (um 1425–um 1503), der zunächst in Paris als Kalligraf tätig gewesen war, ehe er als Mitarbeiter in Gutenbergs Mainzer Werkstatt eintrat, war ein findiger Neuerer im Bereich illustrierter Bücher. Nach Gutenbergs Bankrott übernahm Schöffer die Werkstatt von ihrem neuen Besitzer, dem Goldschmied und Geldverleiher Johann Fust, und betrieb sie weiter. Schöffer wird immer als «geschickter Geschäftsmann» beschrieben, und Forscher vermuten anhand verschiedener schriftlicher Quellen, dass er selbst eine große Manuskriptsammlung besaß – ein Schatz für einen Drucker , aus der er schöpfen konnte, wenn es um das Zusammenstellen von Druckwerken ging.

Das erste botanische Buch, das Schöffer veröffentlichte, war im Jahr 1484 der *Herbarius latinus* (auch *Herbarius Moguntinus*, das heißt «Mainzer Kräuterbuch»). Er war in lateinischer Sprache verfasst, aber mit den deutschen Pflanzennamen am Ende jedes Eintrags. Insgesamt wurden 150 Pflanzen aus dem mitteleuropäischen Raum aufgeführt, obwohl die dafür angefertigten Holzschnitte wenig geeignet waren, um wirklich Pflanzen zu bestimmen. Das Buch enthielt auch Informationen über mineralische und tierische Quellen für Heilmittel, zeigt eindeutig die medizinische Verwendung von Cannabis und lässt Rückschlüsse auf das wichtigste Gesundheitsthema dieser Zeit zu, da es ein ganzes Kapitel zu Abführmitteln enthält. Trotz seiner Schwächen war das Buch äußerst beliebt: Es wurde schon bald ins Niederländische und ins Italienische übersetzt und erlebte bis zum Jahr 1501 elf Auflagen.

xxxj

Brionia Brionich oder wilde weinreben.

Brionia est calide et sicce complexionis scz tota her-
ba scz folia fruct9 z radix z habent virtutem abster-
gendi et subtiliandi z dissoluendi ideo valent in duri-
cie splenis faciendo emplastrū ex eo et radice altee et
ficubus cū aqua decoquendo cum axungia porci z lo-
co indurato ipsius splenis applicando vel alio mē-
bro indurato z valebit. Itē cū succo brionie abradunt

Außerdem gab es zahlreiche Raubkopien, zum Beispiel das «Passauer Kräuterbuch» (Originaltitel: *Herbarius*), das um 1486 von Johann Petri gedruckt wurde, wobei dieser die deutschen Namen um die in der Region Passau gebräuchlichen ergänzte. Als das seltenste aller Kräuterbücher gilt das der Speyrer Brüder Johann und Conrad Hist aus dem Jahr 1484: Es handelt sich um eine exakte Kopie von Schöffers *Herbarius latinus,* außer dass darin – wie auch in der von Johann Petri – sämtliche Abbildungen spiegelverkehrt sind, was darauf zurückzuführen ist, dass sie für die Herstellung der Druckstöcke abgepaust werden mussten.

Schöffers nächste Veröffentlichung war *Ortus sanitatis* oder *Gart der Gesundheit,* die 1485 entstand. Sie ist insofern bedeutend, als es sich um das allererste Botanikbuch in einer modernen Sprache handelt. Wieder bewies Schöffer ein geschicktes Händchen für den Text, denn der wurde von einem Magister der Medizin verfasst: Johann Wonnecke von Kaub, der sich kurz Johann von Cube nannte und als Arzt in Mainz tätig war.

Von den etwa 400 Pflanzen, die im Text besprochen werden, sind 370 abgebildet. Zum ersten Mal lassen sich beispielsweise Akelei, Bartiris oder Hafer problemlos in den linienhaften Darstellungen erkennen. Manche Bilder im *Ortus sanitatis* sind weniger gut gelungen, trotzdem wurde das Buch zu einem solchen Erfolg, dass bis zum Jahr 1500 insgesamt

38 Versionen auf den Markt kamen, darunter Übersetzungen ins Flämische, ins Französische und ins Niederdeutsche.

Wenn man die Texte zum Maßstab nimmt, die sich in der Frühzeit des Buchdrucks am besten verkauften, dann hatte Europa einen beachtlichen Wissensdurst, was Heilpflanzen angeht. Ärzte, Apotheker, Hebammen, Kräuterfrauen und Bader – sie alle waren mögliche Kaufinteressenten für ein solches Buch. Die Summe dieser Faktoren, zusammen mit der Erfindung der Druckerpresse und dem gestiegenen Interesse an der Natur, befeuerten die wachsende Zahl botanischer Druckerzeugnisse. Mit der Druckerpresse konnten botanische Darstellungen, theoretisch, mit größerer Präzision reproduziert und weiterverbreitet werden. Bücher waren nicht mehr länger Ressourcen, auf die nur wohlhabende Kaufleute, Mönche oder Studierende an Universitäten Zugriff hatten. Wissen stand nun viel mehr Menschen zur Verfügung. Je stärker der Markt wuchs, desto größer wurde auch die Erwartungshaltung der Käufer, und die Holzschnitte nahmen im Vergleich zum Text immer mehr Raum ein. Die Abrechnungen des in Antwerpen ansässigen Druckers Christophe Plantin zeigen, dass in den 1560er-Jahren die Illustrationen für ein Buch etwa zwei Drittel der Gesamtkosten ausmachten.

Aus dem wachen, scharfen Blick der Renaissance nördlich der Alpen und dem gestiegenen Bedürfnis nach mehr Wissen über die Natur begann sich ein sehr viel stärkeres Interesse zu entwickeln, wie Pflanzen tatsächlich aussehen. Drucker merkten, dass sich die Verkaufschancen für ein Buch deutlich verbesserten, wenn es Bilder enthielt, die ihre Leserschaft in die Lage versetzten, ein Heilmittel zu finden.

Der Zeitaufwand für die Herstellung von Druckstöcken mit präzisen Pflanzendarstellungen war beträchtlich; das konnte unter Umständen Monate und Jahre dauern, denn manchmal mussten Pflanzen an unterschiedlichen Orten und in verschiedenen Regionen gesammelt werden. Dieses boomende Geschäft lässt sich auch an der Bandbreite der produzierten Bücher ablesen: von bleibenden Beiträgen zur wissenschaftlichen Botanik bis hinunter zu den Raubkopien von Büchern und Bildern, die von gewissenlosen Druckern viel billiger verkauft wurden, um aus einem wachsenden, profitablen Markt Kapital zu schlagen. Doch gebildete Menschen waren in der Lage, schnell zu entscheiden, ob es sich bei einem dieser frühen Druckerzeugnisse um eine Raubkopie handelte – sie mussten sich nur die Bildtafeln ansehen. Die Drucker kopierten Illustrationen, indem sie sie abpausten und dann auf einen hölzernen Druckstock übertrugen, was im Endergebnis zu spiegelverkehrten Bildern führte, die sie als Raubkopierer entlarvten. Doch Druckereien kauften und verkauften auch selbst Druckstöcke; aus Hartholz geschnitzt, oft aus dem Holz von Obstbäumen wie Apfel und Birne, konnten diese selbst dann noch zum Drucken verwendet werden, wenn sie bereits abgenutzt waren.

Es fällt auf, dass die Maler dieser Epoche auch stärker auf Details im Bau von Pflanzen und Blüten achteten. Die Ränder von fein und teuer illustrierten Manuskripten, wie dem *Breviarium Grimani* (um 1515) und in den *Grandes Heures d'Anne de Bretagne* («Stundenbuch der Anne de Bretagne»; 1477–1514), lassen das Bestreben der Künstler erkennen, Pflanzen möglichst naturgetreu darzustellen, und belegen ihr großes Wissen über die Natur. Pflanzen und Blüten werden in solchen Manuskripten auch wegen ihrer symbolischen Bedeutung abgebildet, als Verkörperung von Tugenden oder religiösen Motiven, wie Reinheit oder Bescheidenheit.

GEGENÜBER LINKS

Bryonia aus dem «Passauer Kräuterbuch» (1486)

Raubkopie von Schöffers *Herbarius latinus*, zum Vergleich siehe die Originalabbildung auf S. 59.

GEGENÜBER RECHTS

***Ortus sanitatis* / *Gart der Gesundheit* (1485)**

Frontispiz des *Ortus sanitatis / Gart der Gesundheit*, verfasst von Johann von Cube, gedruckt von Peter Schöffer (1485)

5 Otto Brunfels, Hans Weiditz und der Trend zu Bildern «nach der Natur»

Der in der ersten Buchdruckerstadt Mainz geborene Otto Brunfels (1488–1534) leistete einen bedeutenden Beitrag für die Botanik, insbesondere mit seinem *Herbarum vivae eicones* (wörtlich: «Lebende Bilder der Kräuter»). Brunfels hatte Theologie studiert und auch die Priesterweihe empfangen, doch er geriet sowohl mit Erasmus von Rotterdam wie auch mit Luther und Zwingli in Konflikt, studierte schließlich Medizin in Basel und wirkte dort als Stadtarzt.

Sein Beitrag lässt sich einfach beschreiben: Er notierte seine eigenen Beobachtungen und betrachtete die überkommenen Weisheiten von Dioskurides und Plinius kritisch; er versuchte, sie zu korrigieren oder, falls möglich, zu bestätigen. Er wollte die Welt in einer Art und Weise darstellen, die das Wissen der Gegenwart über das der Vergangenheit stellte. In seinen Büchern sind ganz natürlich wirkende Bilder zu sehen, Bilder, die echte Pflanzen in ihrer vollen Schönheit wiedergeben.

Brunfels war der Erste, der lateinische Fachbegriffe für Pflanzenteile verwendete, damit schenkte er der Pflanzenbestimmung und der Pflanzensystematik eine offizielle Sprache. Sein Hauptbetätigungsfeld war die Verifizierung. Er hatte sich die Mühe gemacht, die volkstümlichen Namen für Heilpflanzen zusammenzutragen, und dann mit Fleiß und Sorgfalt die lateinischen und griechischen Quellen gesucht, in denen sie beschrieben waren.

Noch größere Bedeutung erhält sein Werk durch die Zusammenarbeit mit Hans Weiditz (1495–1537), der die Holzschnitte für seine Bücher anfertigte. Vermutlich brachte der Straßburger Verleger Johann Schott die beiden zusammen. Weiditz stammte aus einer Künstlerfamilie, sein Vater wird im Freiburger Zunftbuch als Bildhauer beschrieben; dort ist auch Hans Baldung genannt, der bei Albrecht Dürer, dem berühmten deutschen Maler und Grafiker, studiert hatte. Weiditz sollte ebenfalls Teil dieser blühenden Kunstszene werden, zu der auch Hans Holbein gehörte, bevor er nach England ging und bei Heinrich VIII. Hofmaler wurde. Weiditz lebte später in Augsburg, wo die mächtige Bankiersfamilie Fugger zu Hause war und die Familie de Tassis (später von Taxis) eine der wichtigsten Poststationen im Heiligen Römischen Reich betrieb.

RECHTS

Otto Brunfels, Hans Baldung (um 1534)

Dieses Brunfels-Porträt stammt von Hans Baldung, einem Freund und Kollegen von Albrecht Dürer. Baldung ist bekannt für seine ausdrucksstarken Porträts und seine Holzschnitte für Bücher.

Weiditz' Bilder belegen, dass er genau wusste, wie Pflanzen an ihrem natürlichen Standort aussehen. Bei seiner Küchenschelle (*Pulsatilla* spec.) hat er die zarte, fedrige Behaarung der Pflanze eingefangen, er zeigt ihre weit geöffneten, leuchtenden Blüten ebenso wie ihre Knospen. Seine Narzissenknollen sind dick und ihre Wurzeln gehen in den Boden, um die Pflanze zu stabilisieren und Wasser aufzunehmen.

6 Leonhart Fuchs und der erste botanische Bestseller

Leonhart Fuchs (1501–1566), geboren im bayrischen Wemding bei Donauwörth, war Arzt und Botaniker. Er veröffentlichte 1542 *De historia stirpium commen-*

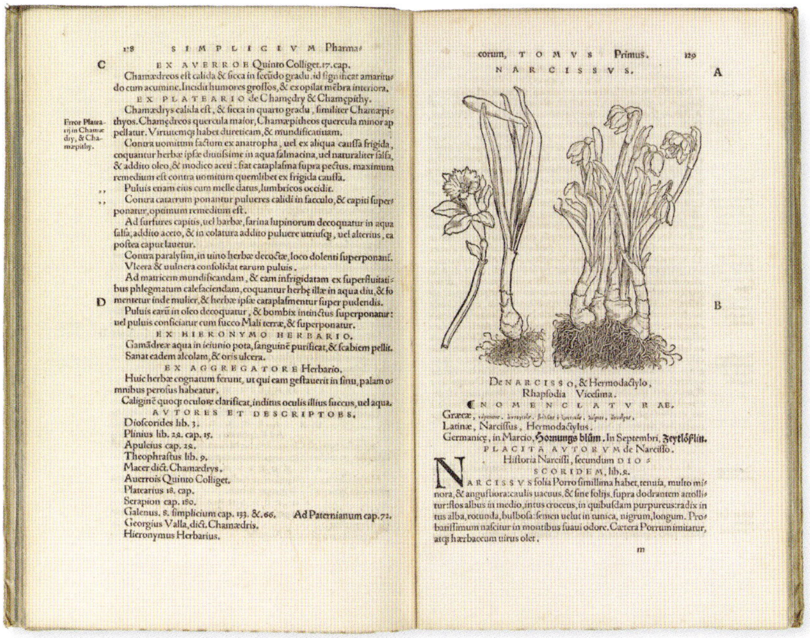

128 SIMPLICIVM Pharma-

C EX AVERROE Quinto Colliget. 17. cap.

Chamædreos est calida & sicca in secūdo gradu, id significat amaritudo cum acumine. Incidit humores grossos, & exopilat mēbra interiora.

EX PLATEARIO de Chamędry & Chamępithy.

Error Plateari in Chamædry, & Chamæpithy.

Chamædrys calida est, & sicca in quarto gradu, similiter Chamæpithyos. Chamędreos quercula maior, Chamæpitheos quercula minor appellatur. Virtutemq; habet dureticam, & mundificatiuam.

Contra uomitum factum ex anatropha, uel ex aliqua caussa frigida, coquantur herbæ ipsæ diutissime in aqua salmacina, uel naturaliter salsa, & addito oleo, & modico aceti: fiat cataplasma supra pectus. maximum remedium est contra uomitum quemlibet ex frigida caussa.

" Puluis etiam eius cum melle datus, lumbricos occidit.

" Contra catarrum ponantur pulueres calidi in sacculo, & capiti superponatur, optimum remedium est.

Ad surfures capitis, uel barbæ, farina lupinorum decoquatur in aqua salsa, addito aceto, & in colatura addito puluere utriusq;, uel alterius, ea postea caput lauetur.

Contra paralysim, in uino herbæ decoctæ, loco dolenti superponatur.

Vlcera & uulnera consolidat earum puluis.

Ad matricem mundificandam, & eam infrigidatam ex superfluitatibus phlegmatum calefaciendam, coquantur herbę illæ in aqua diu, & fomentetur inde mulier, & herbæ ipsæ cataplasmentur super pudendis.

D Puluis earū in oleo decoquatur, & bombix intinctus superponatur: uel puluis conficiatur cum succo Mali terræ, & superponatur.

EX HIERONYMO HERBARIO.

Gamādreæ aqua in ieiunio pota, sanguinē purificat, & scabiem pellit. Sanat eadem alcolam, & oris ulcera.

EX AGGREGATORE Herbario.

Huic herbæ cognatum ferunt, ut qui eam gestauerit in sinu, palam omnibus perosus habeatur.

Caliginē quoq; oculorū clarificat, inditus oculis illius succus, uel aqua.

AVTORES ET DESCRIPTORES.

Dioscorides lib. 3.
Plinius lib. 22. cap. 15.
Apuleius cap. 22.
Theophrastus lib. 9.
Macer dict. Chamædrys.
Auerrois Quinto Colliget.
Platearius 18. cap.
Serapion cap. 180.
Galenus. 8. simplicium cap. 133. &. 66. Ad Paternianum cap. 72.
Georgius Valla, dict. Chamædris.
Hieronymus Herbarius.

corum, TOMVS Primus. 129

NARCISSVS.

A

B

De NARCISSO, & Hermodactylo, Rhapsodia Vicesima.

NOMENCLATVRAE.

Græcæ,
Latinæ, Narcissus, Hermodactylus.
Germanicę, in Marcio, Hornungs blům. In Septembri, Zeytlöflin.

PLACITA AVTORVM de Narcisso.

Historia Narcissi, secundum DIOSCORIDEM, lib. 8.

NARCISSVS folia Porro simillima habet, tenuia, multo minora, & angustiora: caulis uacuus, & sine folijs, supra dodrantem attollitur: flos albus in medio, intus croceus, in quibusdam purpureus: radix intus alba, rotunda, bulbosa: semen uelut in tunica, nigrum, longum. Probatissimum nascitur in montibus suaui odore. Cætera Porrum imitatur, atq; hærbaceum uirus olet.

m

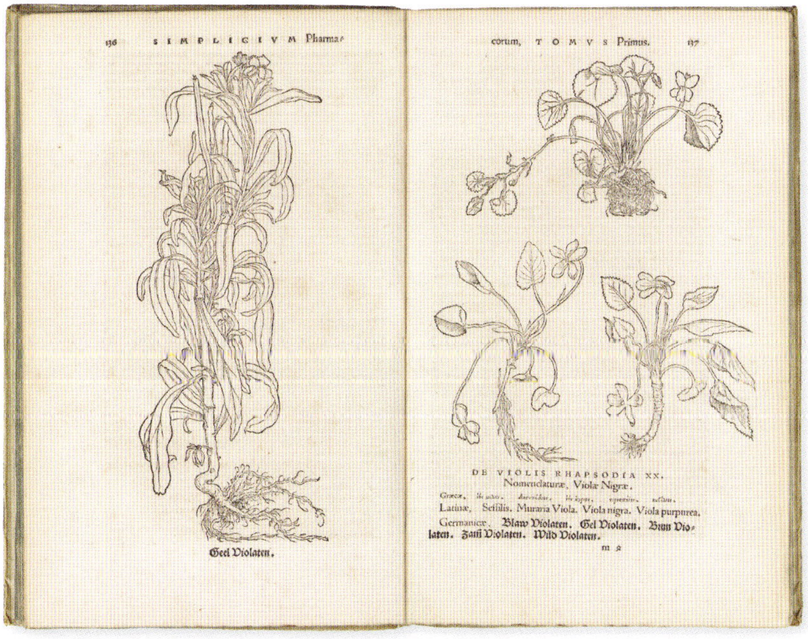

136 SIMPLICIVM Pharma-

Gel Violaten.

corum, TOMVS Primus. 137

DE VIOLIS RHAPSODIA XX.
Nomenclaturæ, Violæ Nigræ.

Græcæ,
Latinæ, Sessilis. Muraria Viola. Viola nigra. Viola purpurea.
Germanicæ. Blaw Violaten. Gel Violaten. Brun Violaten. Zam Violaten. Wild Violaten.

m 2

DIESE SEITE

***Herbarum viva eicones*, Otto Brunfels (1530)**

Narzissen (oben links) und Veilchen (unten, rechte Seite), detailreich, mit Blüten und in natürlichem Habitus (Wuchs) dargestellt in den Holzschnitten von Hans Weiditz dem Jüngeren. Der Text gibt die Pflanzennamen in verschiedenen Sprachen an.

tarii insignes (etwa «Anmerkungen zur Geschichte der Pflanzen») und ein Jahr später die deutsche Fassung davon mit dem Titel *New Kreüterbuch.* Fuchs erhielt eine Medizin-Professur in Tübingen, wo er nicht nur Studenten unterrichtete, sondern auch einen botanischen Garten zur praktischen Anschauung anlegte. Er war ein streitbarer Charakter: Sein erstes Buch, erschienen 1530, hieß *Errata recentiorum medicorum* («Irrtümer der heutigen Ärzte»). Fuchs opponierte gegen den Hang zur arabisierten Medizin, die auf den Ideen der Schule von Salerno beruhte, und wollte zurück zur klassischen griechischen Lehre. Er korrespondierte mit botanischen Fachleuten, wie dem Pisaner Luca Ghini (siehe auch S. 74), doch mit Pietro Andrea Mattioli überwarf er sich völlig und nannte ihn einen «aufgeblasenen Italiener» (siehe auch S. 76).

GEGENÜBER

***Das große Rasenstück*, Albrecht Dürer (1503)**

Das Aquarell ist so detailreich, dass die abgebildeten Arten leicht bestimmt werden können, z. B. Löwenzahn, Knäuelgras, Breit-Wegerich und Gamander-Ehrenpreis. Alle erscheinen ganz natürlich in ihrem Wuchs.

De historia stirpium war bemerkenswert wegen seiner detailreichen und naturgetreuen Holzschnitte von fast 500 verschiedenen Pflanzen. Die Zeichnungen nach der Natur hatte Albrecht Mayer angefertigt, von Heinrich Füllmaurer wurden sie auf die Druckplatten kopiert und von Vitus Rudolph Speckle in Holz geschnitten; die Künstler wurden zusammen auf einem Frontispiz dargestellt. Es war auch das erste Mal, dass ein Buch ein Porträt der Künstler enthielt, die die Bilder geschaffen hatten.

Fuchs hatte zumeist die Texte von Dioskurides wiederverwendet, aber die Bilder, die er in Auftrag gab, bestätigen, welch hohen Wert präzise und repräsentative Darstellungen besaßen. Sein Buch enthielt mehr als doppelt so viele Abbildungen wie das von Brunfels, es war auf wesentlich besserem Papier gedruckt, hatte ein größeres Format und ein sehr viel großzügigeres Layout. Ein herrlicher Dorniger Akanthus *(Acanthus spinosus)* nimmt eine ganze Seite ein. Das *New Kreüterbuch* zeigt außerdem erstmals mehrere Arten, die Europäer aus der Neuen Welt mitgebracht hatten, wie Mais- und Paprika-Pflanzen. Auf dem Titelblatt ist die Druckmarke von Michael Isingrin zu sehen, dem Basler Verleger, der das Werk gedruckt hat: eine Palme mit der lateinischen Beschriftung «Palma Ising». Das Fuchs'sche Werk, man kann es nicht anders sagen, wurde zum Bestseller: Noch während seiner Lebenszeit erfuhr es 39 Auflagen bzw. Ausgaben in Latein, Deutsch, Spanisch, Französisch und Niederländisch, und die Holzschnitte waren von solcher Qualität, dass sie noch weitere 300 Jahre in Büchern auftauchten. Dabei wurden die Druckstöcke wiederverwendet und irgendwann von Isingrin an andere Drucker in Paris, London und Antwerpen weiterverkauft.

UNTEN

***Lilie*, Albrecht Dürer (1526)**

Diese Aquarellstudie zeigt eine Lilienblüte, in der Stempel und die Staubgefäße mit dem rostroten Pollen schwer herabhängen.

Aber *De historia stirpium* war keineswegs das Ende von Fuchs' wissenschaftlicher Arbeit, er hatte sich vorgenommen, eine noch wesentlich umfangreichere Enzyklopädie zusammenzustellen. Die wurde allerdings nie gedruckt, doch das vollständige Manuskript des sogenannten *Codex Fuchs* befindet sich heute in der Österreichischen Nationalbibliothek. Darin werden erstmals eine ganze Reihe von Pflanzen dargestellt, die frisch aus der Neuen Welt in Europa eingetroffen

waren, wie zum Beispiel Studentenblumen *(Tagetes),* Kürbisse und Tabak, dem Fuchs den Namen *Nicotiana* verlieh. Der nannte seine Kritiker «elende Korinthenkacker», obwohl die meisten ihn drängten, die Neuheiten zu drucken, die er als Erster hätte zeigen können. Schließlich wurde die Fuchsie nach ihm benannt, um ihn zu ehren.

Diese Art von Kräuterbüchern waren Arbeitsmittel, oft mit Anmerkungen versehen, gelegentlich mit einem zwischen die Seiten gelegten und gepressten Pflanzenexemplar bestückt. Solche stark be- und abgenutzten Bücher wurden von Bibliothekaren und Antiquaren früher als «beschädigt» und «in schlechtem Zustand» eingestuft; in den letzten Jahren allerdings kam es zu einem Umdenken in dem Sinn, dass der Zustand Auskunft darüber gibt, wie die Bücher benutzt wurden und wie der Wissensstand auf diesem Gebiet war. In einem Exemplar von Fuchs' *De hiſtoria ſtirpium,* das einst Lord Fauconberg gehörte und das sich heute in der Glasgow University befindet, beispielsweise wurden die englischen Trivialnamen eingetragen, Blätter von Pflanzen zwischen die betreffenden Seiten gelegt und Verweise auf das *Herball, or Generall Hiſtorie of Plantes* des berühmten englischen Kräuterkundlers John Gerard (1545–1612) eingefügt. Ein anderes Beispiel ist ein venezianisches Skizzenbuch aus dem 16. Jahrhundert, das der anglo-irische Naturforscher und Sammler Hans Sloane dem British Museum überlassen hat: Hier können wir sehen, wie der Künstler die Umrisse eines Salomonssiegels sorgfältig ganz genau so zeichnete wie in Fuchs' Buch und dann ein paar eigens gepresste Blätter der gleichen Pflanze hinzufügte, um das Bild zu vervollständigen; Blätter, die selbst nach 500 Jahren noch schön anzusehen sind.

Etwa 650 botanische Werke wurden im 16. Jahrhundert in Europa veröffentlicht, sie vermitteln uns, welch reiche Kultur und welche Begeisterung ihr Gebrauch mit sich brachte. Die zunehmende Verstädterung und Krankheiten, die sich aufgrund der hohen Bevölkerungsdichte leicht verbreiteten, wie Cholera und die Pest, brachten den Kräuterkundigen mehr Zulauf; andererseits könnte man sich auch vorstellen, dass wachsender Wohlstand bedeutete, dass die neuen Kunden höhere Erwartungen an den Behandlungserfolg hatten. William Turner (1508–1568) war insofern ein typischer Vertreter des 16. Jahrhunderts, als er sich um eine gewisse Standardisierung bemühte: Wenn er Pflanzen auflistete, nannte er die griechischen, englischen, französischen und niederländischen Namen, außerdem oft noch eine Reihe von volkstümlichen Bezeichnungen; damit hoffte er, Apothekern beim Bestimmen einer Pflanze zu helfen.

Bücher dieser Art gaben ihren Besitzern das Gefühl, an einer neuen Kultur teilzuhaben, das Gefühl, kostbares, von Autoritäten der Antike zusammengetragenes Wissen im Gewand der neuen Zeit zu erleben. Die Leserschaft solcher Bücher fühlte sich als Teil einer Gemeinschaft, die danach strebte, bestehende Kontakte, Methoden und Fachwissen zu mehren, indem sie solche Bücher für Studium und Lehre verwendete, vielleicht in Verbindung mit der Untersuchung lebender Exemplare in der realen Welt – zum Beispiel in einem anderen, sich gerade herausbildenden Bereich: dem botanischen Garten.

GEGENÜBER

De historia stirpium, Leonhart Fuchs (1542)

Papaver rhoeas, der Klatsch-Mohn, hier als *Papaver erraticum* bzw. «Klapperrose» bezeichnet, mit seinen roten Blüten auf langen Stängeln in einem handkolorierten Holzschnitt, links daneben der lateinische Text.

UNTEN

Leonhart Fuchs in einem Porträt von Heinrich Füllmaurer (1541)

Fuchs wird in diesem Ölgemälde mit einem Pelzkragen über dem schlichten Gewand eines protestantischen Gelehrten dargestellt; in der Hand hält er wahrscheinlich Gamander-Ehrenpreis *(Veronica chamaedrys).*

514 PLANTARVM HISTORIAE CAP. CCXIII.
EX GALENO.
EX PLINIO.
DE MECONE RHOEADE. CAP. CCXIIII.
NOMINA.
FORMA.
PAPAVER ERRATICVM PRIMVM.
Klapperrosen.
Poppy.

UNTEN

***De historia stirpium*,**
Leonhart Fuchs (1542)

Eine frischgrüne Hanfpflanze *(Cannabis sativa);* dieser elegante Holzschnitt weist den klaren Stil auf, den Fuchs von seinen Illustratoren forderte.

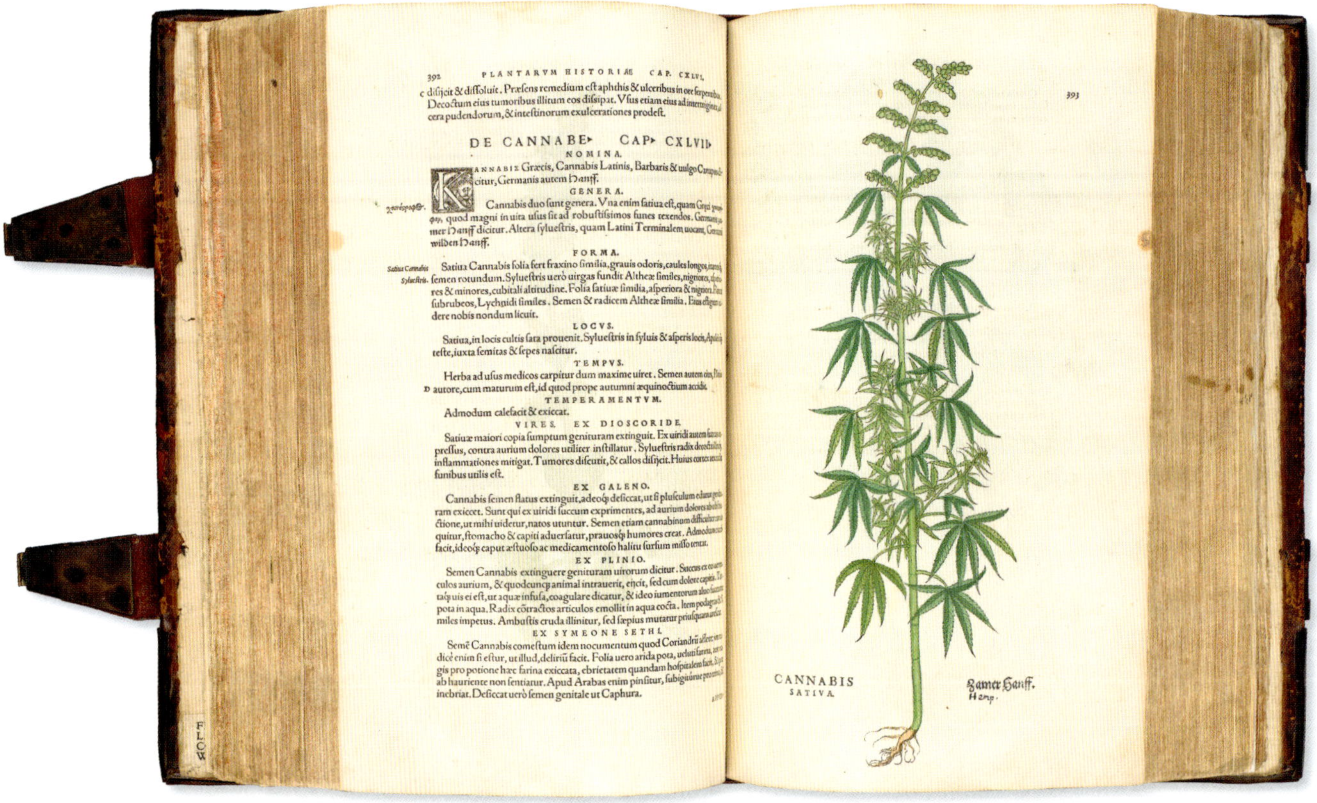

UNTEN

***De historia stirpium*, Leonhart Fuchs (1542)**

Diese Ausgabe von Fuchs' Werk befindet sich in der Wellcome Collection in London; sie zeichnet sich durch ein handgeschriebenes Register der englischen Pflanzennamen aus, das einer der Besitzer hinzugefügt hat, um dessen Gebrauchswert zu erhöhen.

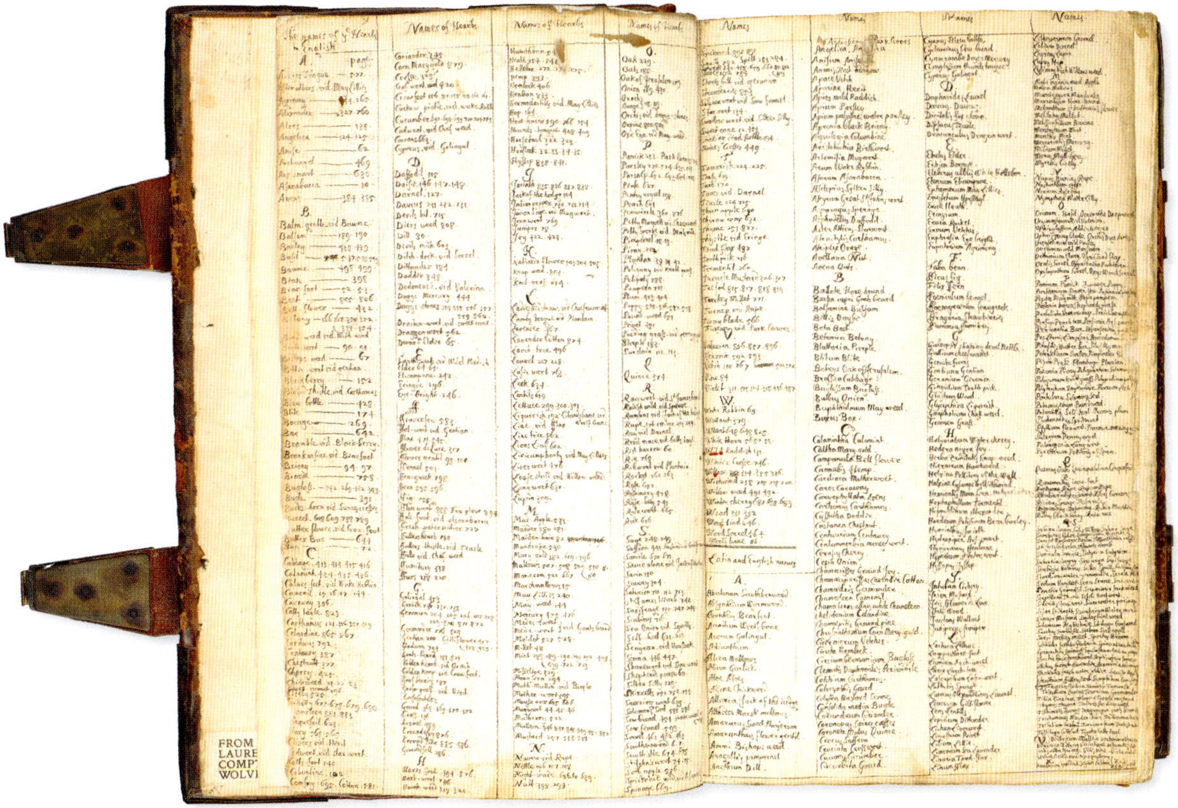

UNTEN

De historia stirpium, Leonhart Fuchs (1542)

Hedera helix, der Gewöhnliche Efeu, mit seinen biegsamen Sprossachsen und den Adventivwurzeln, mit denen er sich festhalten und «klettern» kann.

UNTEN

De historia stirpium, Leonhart Fuchs (1542)

Der «Chalechutische Pfeffer» ist die erste Darstellung einer Paprikapflanze *(Capsicum annuum)* in der botanischen Literatur Europas.

UNTEN

De historia stirpium, Leonhart Fuchs (1542)

Die Akelei *(Aquilegia vulgaris)* ist unverwechselbar mit ihren zarten, geteilten Blättern und den glockenartig von den biegsamen Stängeln hängenden Blüten.

UNTEN

New Kreüterbuch, Leonhart Fuchs (1543)

Schon bald nach der lateinischen Ausgabe von Fuchs' Kräuterbuch wurde eine deutsche Version mit einem sehr viel besseren Register veröffentlicht. Hier sehen wir eine Mistel *(Viscum album)* mit ihrem typischen kugeligen Wuchs, den gelbgrünen Blättern und den kleinen weißen Beeren.

7 Luca Ghini und der botanische Garten

Bücher waren sehr wichtig für die frühen Botaniker, aber mehr und mehr setzte sich die Erkenntnis durch, dass das Wissen um die Pflanzenwelt um uns herum ebenfalls von großer Bedeutung ist. Nachweise für Klostergärten, in denen Heilpflanzen angebaut wurden, existieren seit dem 9. Jahrhundert, der für die Abtei St. Gallen zum Beispiel wurde auf Erlass von Karl dem Großen angelegt. Ab dem 11. Jahrhundert hatten die meisten Klöster einen Bereich, in dem Arzneipflanzen, aber auch Obst und Gemüse angebaut wurden.

Doch die ersten richtigen botanischen Gärten Europas entstanden in Italien, beispielsweise jener in Padua, der 1545 angelegt wurde. Der Schöpfer des Gartens, Francesco Bonafede, hatte in den 1530er-Jahren für die Einrichtung eines Lehrstuhls für Heilpflanzenkunde an der Universität von Padua geworben. Bonafede hielt sowohl im Hörsaal wie auch im Garten Vorlesungen ab, das macht deutlich, dass zunehmend beide Formen der Ausbildung als wichtig erachtet wurden.

Der botanische Garten von Padua war der erste mit einem eigenen Führer: Dieser wurde von einem Kupferstecher namens Girolamo Porro (um 1520–1604) im Jahr 1591 veröffentlicht und enthielt auch einen wunderschönen Faltplan der Renaissance-Anlage. Diese besteht aus Kreisen, die in Quadrate eingeschrieben sind, die wiederum von Kreisen umschlossen werden. Ähnliche botanische Gärten wurden in Pisa (1544) und Bologna (1547) angelegt, weitere folgten.

Luca Ghini (1490–1556), ein tatkräftiger Fachmann, hatte die Oberaufsicht, als im Jahr 1544 der botanische Garten von Pisa angelegt wurde. Ghini hatte in Bologna am Fachbereich Medizin eine Vorlesung über «Simplicia» (Einzelmittel aus Heilpflanzen) etabliert, was ihm den Titel *professor simplicium* eintrug. Er wurde dann von Cosimo de Medici persönlich aus Bologna abgeworben. Während Bologna noch zögerte, bot Cosimo Ghini an, einen Garten zu Lehrzwecken zu finanzieren. Die Pflanzen für den neuen Garten in Pisa zu organisieren, war harte Arbeit, Ghini nutzte seine Kontakte nach Ägypten, Sizilien, Syrien und Kreta, um sich die gewünschten Arten zu beschaffen. Eine Liste, die sich heute im Stadtarchiv von Florenz befindet, belegt, dass der Garten bis zum Jahr 1648 bereits 620 verschiedene benannte Pflanzen beherbergte.

UNTEN

Porträt von Luca Ghini, Pisa (1490–1556)

Dieses Porträt von Ghini wird in Pisas botanischem Garten aufbewahrt, den er 1544 geschaffen hat. Das Gemälde zeigt ihn mit einem seiner Bücher in Händen.

Ghini unterrichtete seine Studenten im Freien, direkt im Garten, zu seinen Studenten zählten unter anderem Andrea Cesalpino (um 1524–1603) und Ulisse Aldrovandi (1522–1605), die beide berühmte Botaniker wurden (siehe unten). In Aldrovandis Unterlagen fand man später Notizen zu 103 von Ghinis Vorlesungen, die er als junger Mann besucht hatte, darunter auch Notizen zu Diskussionen über Dioskurides. Ein anderer von Ghinis Studenten, Gherardo Cibo (1512–1600), malte Kräuterkundler bei der Sammeltätigkeit im Feld, ein fast einmaliger Blick in die damaligen Arbeitsmethoden: Eine Person hält eine Pflanze hoch, gegen das Licht, während eine andere ein Buch zurate zieht. Cibos Gemälde befinden sich heute in der British Library.

In an Aldrovandi gerichteten Briefen finden wir auch Hinweise auf Ghinis *hortus siccus,* wörtlich der «trockene Garten», eine Sammlung getrockneter und gepresster Pflanzen, die auf große Papierbögen montiert waren. Diese bedeutende Neuerung verbreitete sich rasch, und Fachleute begannen, getrocknete Exemplare untereinander auszutauschen. Auf diese Weise entstanden die ersten wissenschaftlichen Herbarien. Bei einem Herbarium legt man Wert darauf, einen Pflanzenkörper so zu präsentieren, dass die für die Bestimmung wesentlichen Details zu erkennen sind.

8 Cesalpino und die ersten Herbarien

Ghinis Herbar ist verloren, doch das seines Schülers und Nachfolgers Andrea Cesalpino existiert noch, es wird heute im Naturkundemuseum von Florenz aufbewahrt. Cesalpino machte den nächsten bedeutenden Schritt vorwärts, als er erstmals Pflanzen nach der Ähnlichkeit äußerer Merkmale ordnete statt nach den Krankheiten, die sie heilen, oder alphabetisch nach ihren Namen. Cesalpino suchte nach einer einheitlichen Organisation und sich wiederholenden Mustern in der Pflanzenwelt, gemäß den Prinzipien des griechischen Philosophen Aristoteles; aus diesem Grund gilt er als wahrer Neuerer.

Das Register zu Cesalpinos Herbarium aus dem Jahr 1563 ist handgeschrieben und in Griechisch, Latein und Italienisch verfasst. Es existieren 260 Herbar-Bögen im Folio-Format, sodass auf jedem Bogen mehr als eine getrocknete Pflanze Platz findet: Insgesamt enthält das Herbar 768 Pflanzen, die nach der Ähnlichkeit von Früchten und Samen geordnet sind. Wie Theophrast viele Jahre vor ihm glaubte auch Cesalpino, dass es das letzte Ziel von Pflanzen sei, Samen zu bilden; Samen waren für ihn darum der wesentliche Ausdruck ihrer Identität und der beste «Schlüssel» für die Einordnung. Er führte auch aus, aus welchen Gründen er die Methoden anderer Wissenschaftler verworfen hatte: Wurzeln sahen einander zu ähnlich und Blätter konnten sich im Jahreslauf verändern.

Cesalpinos Herbar beginnt mit Bäumen und geht dann von Großsträuchern zu Blütenpflanzen über. Die Botaniker suchten nach Ordnung, und das war das erste Mal, dass einer eine solche, mit System, hergestellt hatte. In seinem 1583 erschienenen Buch *De plantis libri XVI* («Sechzehn Bücher über Pflanzen») sagte Cesalpino: «Die ganze Wissenschaft besteht darin, Dinge zusammenzubringen, die einander ähnlich sind, und die davon verschiedenen zu erkennen und auszusondern.» Dieses Buch war nicht bebildert, Cesalpino beschrieb es als «absolut rein und unverfälscht durch Bilder irgendeiner Art».

Auf Grundlage seiner aristotelischen Vorstellungen – Suche nach den wesentlichen Ähnlichkeiten, die Familienzugehörigkeiten anzeigten – baute er sein System weiter aus. Er teilte das Pflanzenreich in 32 Gruppen ein, von denen einige bis heute Gültigkeit haben: Die «Gräser» und die «Minzen» beispielsweise hielt er beide korrekterweise für Mitglieder jeweils einer «Familie». Cesalpino erkannte auch die Ähnlichkeit zwischen dem Löwenzahn mit seinen vielen Blütenblättern und dem Gänseblümchen und stellte sie beide in eine Gruppe, die er *Compositae* nannte, eine Bezeichnung, die auch heute noch gebräuchlich ist neben Asteraceae oder, deutsch, Korbblütler.

Wie Ghini nutzte Cesalpino Kontakte nach Übersee, um Exemplare von neuen, interessanten Pflanzen zu bekommen. Er schenkte jedoch auch den vertrauten Allerweltspflanzen Aufmerksamkeit, studierte und beschrieb die Adventivwurzeln des Efeus, der sich an einer Hauswand festhält, die Kletterranken der Waldrebe *(Clematis)* und die elegante Art und Weise, wie sich Farnwedel entrollen.

9 Mattioli, die Macht der Netzwerke und noch ein Bestseller

Den größten Überraschungserfolg auf dem botanischen Buchmarkt des späten 16. Jahrhunderts landete allerdings der aus Siena stammende Arzt Pietro Andrea Mattioli (um 1501–1577) mit seinem 1544 in Venedig publizierten Werk *Commentarii in sex libri Pedacii Dioscoridis Anazarbei de Medica materia* («Kommentare zu den sechs Büchern der Materia medica des Pedanios Anazarbeus Dioskurides»). Es handelte sich offensichtlich um eine kommentierte Übersetzung der *Materia medica* des Dioskurides. Mattioli folgte dem Original getreulich bei seiner Übersetzung vom Altgriechischen ins damals gesprochene Italienisch, doch mit jeder Neuauflage fügte er neu importierte Pflanzen hinzu. Viele Neuheiten kamen damals über die heutige Türkei nach Mitteleuropa und wurden zuerst bei Mattioli veröffentlicht: Flieder zum Beispiel brachte Ogier Ghiselin de Busbecq aus Konstantinopel mit, wo er als Botschafter für Kaiser Ferdinand I. am osmanischen Hof tätig war.

Mattiolis Werk wuchs und wuchs: Am Ende lag es in 61 verschiedenen Ausgaben vor und wurde in sagenhaften 32 000 Exemplaren verkauft. Besonders bemerkenswert wegen ihrer Illustrationen sind die 1562 und 1565 in Venedig gedruckten Ausgaben. Darunter befindet sich eine der ersten Darstellungen einer Tulpe in der abendländischen Kunst, wenn auch fälschlicherweise als «Narzisse» bezeichnet. Auf dem Druckstock für *Lychnis coronaria,* die Kronen-Lichtnelke, sind die charakteristischen, filzig-behaarten Blätter und die steif verzweigten Blütenstängel deutlich zu erkennen. Für die Holzschnitte wurden große Platten aus Birnbaumholz verwendet. Die etwa 100 Platten, die heute noch existieren, sind nun selbst wertvolle Museumsstücke.

Das Buch diente vor allem dem Zweck, die medizinisch verwendbaren Pflanzen zusammenzustellen, die der griechische Originalautor ausgewählt hatte; so wurde der Stab des Asklepios, des griechischen Gottes der Heilkunst, mit der darum herumgewundenen Schlange auf dem Titelblatt abgebildet. Doch zum ersten Mal sind in einem solchen Buch – vor allem in den späteren Auflagen – auch Pflanzen zu sehen, von denen kein medizinischer Nutzen bekannt war. Dies markiert eine Abkehr des rein auf Heilpflanzen fokussierten Pflanzenstudiums. Mattioli war ein unermüdlicher, aber ermüdender Charakter, er duldete keinen Widerspruch und arbeitete pausenlos, um sicherzustellen, dass die europäische Botanik vor allem durch sein Werk, unabhängig davon, ob es das Beste war oder nicht, gesehen wurde. Er schuf eines der erfolgreichsten botanischen Netzwerke, brachte ständig neue Auflagen und Ausgaben seiner Bücher heraus und suggerierte seinen zahlreichen Korrespondenzpartnern, ohne seine Werke seien ihre Bibliotheken unvollständig.

10 Hieronymus Bock, Ulisse Aldrovandi und das Interesse an der näheren Umgebung

Immer mehr an Pflanzen interessierte Menschen wollten in der Lage sein, das zu bestimmen, was in ihrer direkten Umgebung wuchs. Ein gutes Beispiel dafür ist das Werk von Hieronymus Bock, einem Prediger und Botaniker aus dem Kraichgau, dessen *New Kreütter Buch* 1539 ohne Bilder, aber mit sehr guten Beschreibungen gedruckt wurde. Die zweite (1549) und spätere Auflagen waren dann illustriert, mit einigen Holzschnitten aus Büchern von Brunfels und Fuchs, vor allem aber mit 500 Originalen, die David Kandel angefertigt hatte.

Bock begann seine berufliche Laufbahn als Lehrer, doch es zog ihn weit mehr nach draußen, und so unternahm er lange Spaziergänge und widmete den wild wachsenden

Pflanzen vor Ort seine Aufmerksamkeit. Er wollte herausfinden, welche der einheimischen Gewächse auch bei Dioskurides vorkommen. Die Illustrationen, die Kandel geschaffen hatte, wiesen die bereits bekannten Schwächen auf: Stephen Harris, ein Oxforder Spezialist für botanische Kunst, meinte, dass manche dieser Holzschnitte «fantasievolle Chimären» seien. Nichtsdestoweniger ist das Feigenblatt problemlos als solches zu erkennen, ebenso wie der verdorbene Magen, den man sich zuzieht, wenn man zu viele dieser Früchte isst – alles sehr plastisch in einem Bild dargestellt.

Auch der Italiener Ulisse Aldrovandi (1522–1605) wollte die einheimische Flora bestimmen und benennen. Er organisierte eine Expedition in die umbrischen Berge und tauschte sein Wissen mit ähnlich passionierten europäischen Kollegen aus, insbesondere mit dem weit gereisten flämischen Arzt und Botaniker Charles de l'Écluse (1526–1609), besser bekannt als Carolus Clusius, und Jean de Brancion, der in Mechelen im heutigen Belgien lebte. Eine ihrer bedeutendsten Neuerungen: Sie versuchten, ein standardisiertes System lateinischer Namen für Pflanzen zu entwickeln. Aldrovandi gründete auch den botanischen Garten der Universität Bologna.

Der in London ansässige John Gerard besaß 1596 einen Garten in der Fetter Lane in Holborn und einen dazugehörigen Katalog mit über 1000 Pflanzennamen; dieser gilt als der erste Pflanzenkatalog für einen einzelnen Garten. Gerard war für die Gärten von Lord Burghley, dem Berater und Schatzmeister von Königin Elisabeth I., zuständig. Er wurde schlussendlich der offizielle Lieferant von Kräutern und anderen Produkten für Königin

UNTEN

Ulisse Aldrovandi (1522–1605)

Aldrovandis Herbar mit fast 5000 getrockneten Pflanzenexemplaren wird heute in der Universität von Bologna aufbewahrt. Dort legte er auch einen botanischen Garten für die medizinische Fakultät an. Dies ist das Titelblatt des Herbars von Aldrovandi.

DIESE SEITE

Das Herbarium von Ulisse Aldrovandi (begonnen 1550)

Am Ende hatte Aldrovandis Herbar einen Umfang von 16 Bänden. Die getrockneten Pflanzenexemplare wurden auf Papier montiert. Dies ist eines der ältesten erhaltenen Beispiele für eine solche Sammlung.

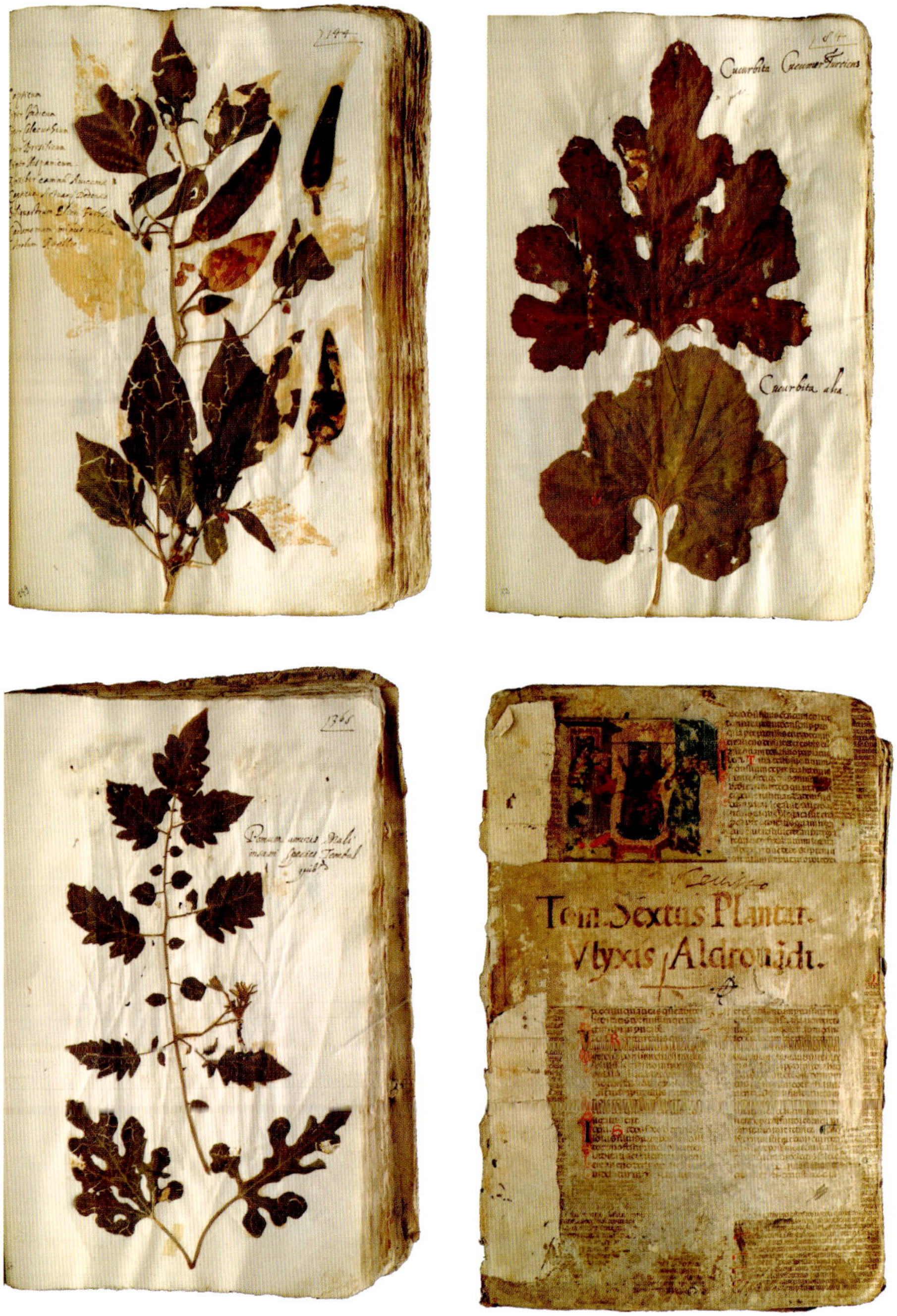

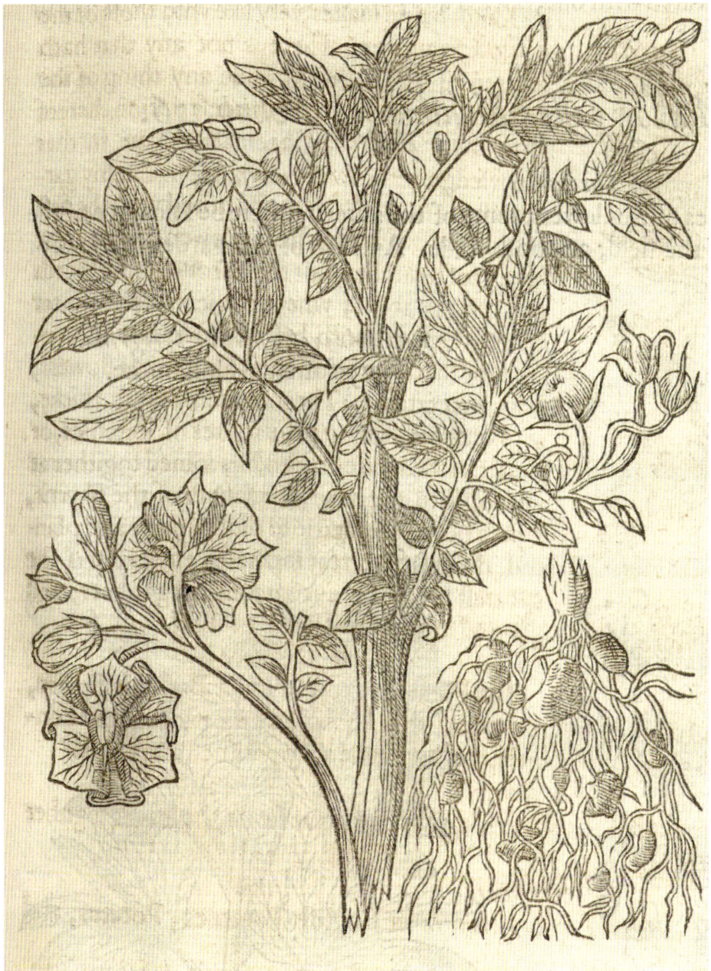

OBEN

***The Herball, or Generall Historie of Plantes,* John Gerard (1597)**

Gerard, hier in einem prächtigen Renaissance-Frontispiz zu seinem Kräuterbuch, daneben die erste Darstellung einer Kartoffel, die kurz zuvor aus den britischen Kolonien in Nordamerika eingetroffen war.

RECHTS

***Stirpium adversaria nova*, Matthias de l'Obel (1570)**

Dieses Buch wurde in London bei Thomas Purfoot gedruckt, es ist weniger nach medizinischen Anwendungen als vielmehr nach botanischen Merkmalen organisiert und war vor allem wegen seiner vielen detailreichen Illustrationen geschätzt.

Anna, der Gemahlin von König Jakob I., und erhielt dafür ein Landstück in der Nähe von Somerset House zur Pacht.

Zur selben Zeit trug John Gerard sein *Herball, or Generall Historie of Plantes* zusammen, das 1597 in London gedruckt wurde. Zwar bediente er sich offensichtlich großzügig an anderen Werken, aber das war damals gängige Praxis. Gerard fügte Bilder von Pflanzen hinzu, die gerade erst aus der Neuen Welt eingeführt worden waren – beispielsweise die Kartoffel, von der er irrtümlich annahm, sie komme aus Virginia.

11 Lobelius und das weitere Pflanzenstudium am lebenden Objekt

Matthias de l'Obel (1538–1616) war Arzt und Botaniker, geboren im damals zu den Spanischen Niederlanden gehörenden Lille, hatte er in Montpellier (Südfrankreich) studiert und lebte unter anderem in London, Delft und dem aufstrebenden Antwerpen. Bekannter ist de l'Obel unter der latinisierten Version seines Namens, Lobelius, die auf der Titelseite seiner Bücher steht. Seine bedeutendste Publikation erschien 1570 unter dem Titel *Stirpium adversaria nova* (etwa «Neues Pflanzenjournal»). Hinter der Fülle und der überragenden Qualität aller darin abgebildeten 1200 Pflanzen stand das von Lobelius erstmals angewandte Prinzip, nur solche Pflanzen aufzunehmen, die er selbst *in natura* gesehen hatte.

Hier sehen wir Druckkunst von ihrer besten Seite, gemacht, um die Leserschaft zu informieren. In seinem zweiten Buch, das in der Werkstatt von Christophe Plantin gedruckt wurde, bemühte sich Lobelius, das Material nach botanischen Gesichtspunkten zu organisieren, und ging dabei noch einen Schritt weiter als Mattioli. Die Schachbrettblumen ragen so keck und frisch aus den Seiten heraus wie heute noch an einem Frühlingstag. Plantin besaß eine riesige Sammlung von botanischen Druckstöcken, was die Produktion neuer Bücher erleichterte. Aus seinen Geschäftsunterlagen geht hervor, dass er drei Frauen in Vollzeit zum Kolorieren beschäftigte; für eine kolorierte Kopie konnte er den zehnfachen Preis einer nicht kolorierten verlangen.

UNTEN

***Stirpium adversaria nova*, Matthias de l'Obel (2. Auflage 1576)**

Die erste gedruckte Darstellung der eleganten *Sarracenia flava* (Gelbe Schlauchpflanze), einer fleischfressenden Pflanze, die er als «Thuris» bezeichnete.

12 Botanik global: Marokko, China, Südamerika und Goa

Das wachsende Bedürfnis, zu klassifizieren und zu dokumentieren, war nicht allein auf Europa beschränkt. Abū al-Qāsim ibn Moḥammed al-Ǧassāni (1548–1610) war Arzt am Hof der Saadier, die im 16. und 17. Jahrhundert Marokko regierten. Seine größte Anerkennung erhielt er als mutmaßlicher Autor von *Ḥadīqat al-azhār fī šarḥ māhīyat al-ʿušb wa al-ʿaqqār* (etwa «Garten der Blumen, zum Studium der Eigenschaften von Kräutern und pflanzlichen Heilmitteln»).

Im mittelalterlichen Spanien hatten islamische Gelehrte bedeutenden Anteil am botanischen Wissen jener Zeit, zum Beispiel durch die Schriften von Ibn al-Baiṭār (siehe S. 38). Al-Ǧassānis Buch enthielt die erste Pflanzensystematik der arabischen Welt. Weitere Impulse kamen aus anderen Teilen der Welt. Die chinesischen Arzneibücher *(Bencao)* wuchsen zu immer umfassenderen Kompendien medizinischen Wissens heran, dort findet sich beispielsweise die Empfehlung, *qinghao (Artemisia annua)* gegen Malaria einzusetzen, eine Anwendung, die noch heute als wirksam erachtet wird.

RECHTS

Codex Florentinus, Fray Bernardino de Sahagún (entstanden um 1545–1590)

Dieses gewaltige Werk dokumentiert das Leben der Azteken unter spanischer Herrschaft; in vielen lebensnahen Bildern ist auch zu sehen, welche Pflanzen wie genutzt wurden.

Um das Jahr 1520 fielen die Spanier im mesoamerikanischen Mexiko ein und errichteten eine Kolonialherrschaft in Tenochtitlan, der damaligen Hauptstadt der Azteken. Offenkundig besaßen die Azteken eine Pharmakopöe (Arzneibuch): Ein berühmter Garten in Huaxtepec (heute Oaxtepec) war ein Hort medizinischen Wissens für das ganze Land. Das Wissen der einheimischen Bevölkerung wurde in Kräuterbüchern zusammengetragen, darunter auch der *Codex de la Cruz-Badiano* von 1552 mit Empfehlungen für die Behandlung von Fieber. Dieses Kräuterbuch entstand während der Herrschaft von Antonio de Mendoza, dem ersten Vizekönig von «Neuspanien», der die medizinisch nutzbaren Pflanzen nach Spanien exportieren wollte.

DIESE SEITE

***Codex Florentinus*, Fray Bernardino de Sahagún (entstanden um 1545–1590)**

Ausdrucksstarke Bilder zeigen aztekische Musiker beim Spielen von Instrumenten, die aus pflanzlichen Materialien hergestellt wurden (oben). Bauern bei der Maisernte, eine Feldfrucht, die Europa schon bald begeistert aufnehmen sollte (unten).

Im Gefolge der Konquistadoren kamen auch Missionare. Einer davon war Fray Bernadino de Sahagún (1499–1590), der an Sprache und Kultur seiner neuen Heimat ein außergewöhnliches Interesse bewies. Er begann mit den Arbeiten an einer zwölfbändigen Enzyklopädie des eroberten Landes, die er *La Historia General de las Cosas de Nueva España* («Allgemeine Geschichte aller Dinge in Neuspanien») nannte; eines der zwei heute noch erhaltenen Exemplare ist der *Codex Florentinus.* Sahagún wollte die Welt zweisprachig erfassen, um einen Kommunikationskanal in beide Richtungen zu etablieren: Er begann Nahuatl zu lernen, die Sprache der Azteken, und ließ die Bibel sowie Gebete und Lieder in diese Sprache übersetzen. An der Erstellung der *Historia General* wirkten auch viele aztekische Künstler mit. Sie schufen insgesamt 2500 Illustrationen, wobei ein ganzer Band den lebenden Dingen gewidmet war, in dem sich einige spektakuläre Pflanzendarstellungen aus der aztekischen Tradition befinden.

Dieses Beispiel veranschaulicht die mögliche Balance zwischen Kooperation und Zwang, die im Umgang mit den indigenen Völkern erforderlich war, wenn die Europäer an deren Wissen herankommen und es dokumentieren wollten. Die nach Jacques Le Moynes (1533–1588) Zeichnungen hergestellten Kupferstiche einer frühen französischen Expedition nach Florida vermitteln einen lebhaften Eindruck davon, wie

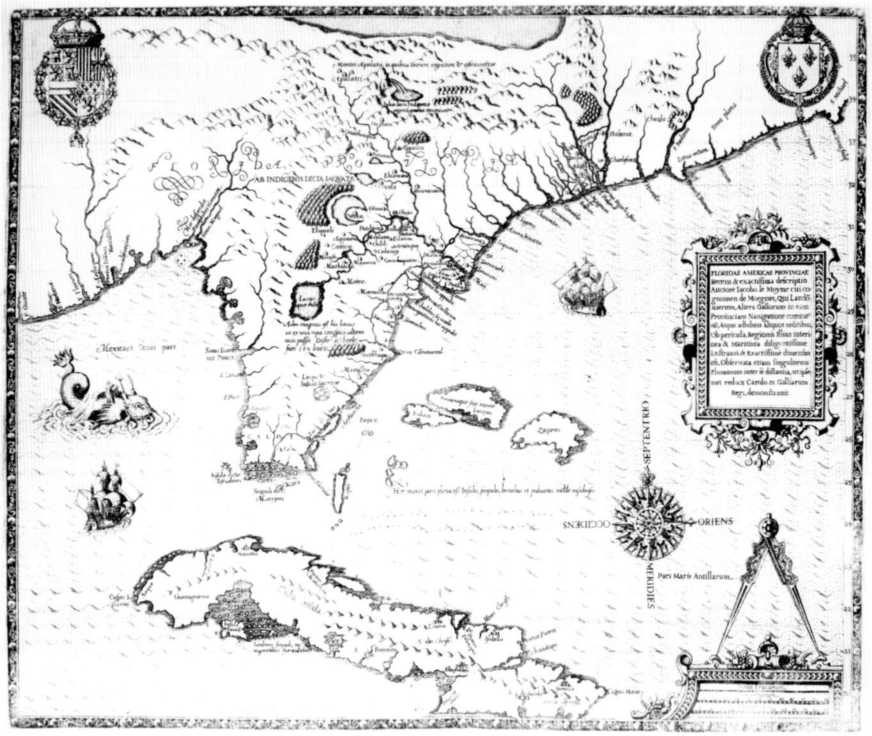

RECHTS

Karte von Florida, Jacques Le Moyne (1591)

Nachdem sämtliche Originale Le Moynes bei einem spanischen Angriff zerstört worden waren, zeichnete er viele, darunter auch diese Karte, aus dem Gedächtnis neu. Gedruckt wurde sie in Frankfurt am Main von Theodor de Bry.

die ersten Kontakte abliefen. Garcia d'Orta (1501–1568), ein portugiesischer Arzt, der in Goa arbeitete, veröffentlichte sein erstes Buch über die indische Materia medica im Jahr 1563. Es hieß *Colóquios dos simples e drogas da Índia* («Gespräche über die Einzelmittel und Arzneien Indiens») und wurde später von Carolus Clusius ins Lateinische übersetzt. D'Orta sprach mindestens sechs Sprachen, was es ihm ermöglichte, im betriebsamen Hafen von Goa mit vielen Menschen zu kommunizieren. In seinem Buch sind neben den ayurvedischen Prinzipien auch die Werke Galens und Avicennas beschrieben.

Mit der steigenden Zahl von Pflanzen und Berichten, die aus allen Teilen der Welt eintrafen, wuchs auch der Wissensdurst der Botaniker enorm. Das animierte weitere europäische Nationen, in fernen Ländern nach Pflanzen zu suchen, die von Nutzen sein konnten oder die einfach nur wegen ihrer Schönheit begehrt waren. Auch sie wollten an den botanischen Schätze teilhaben, die bislang nur Spanien und Portugal zugefallen waren, ohne Rücksicht auf die Rechte der indigenen Völker. Aber es zeichnete sich auch ein Problem für die Zukunft ab: Wie ließen sich die Tausenden Pflanzen organisieren, die die Botaniker bis dahin kennengelernt hatten? Als sich das 16. Jahrhundert dem Ende zuneigte und in eine komplexe frühe Globalisierung überging, begannen sich erste Anzeichen der wissenschaftlichen Methode abzuzeichnen. Botaniker sollten schon bald anfangen, neue Herangehensweisen und Hilfsmittel für das Studium und die Präsentation von Pflanzen zu nutzen, mit denen sie die Fundamente für die Klassifizierung der gesamten Flora der Welt legten.

LINKS

Trauben am Weinstock, Jaques Le Moyne (um 1585)

Nach dem Massaker an den Hugenotten in der sogenannten Bartholomäusnacht floh Le Moyne 1572 von Frankreich nach England. Er ließ sich in London nieder, wo er außergewöhnliche Aquarelle wie dieses hier malte.

3

STREBEN NACH ERKENNTNIS – BOTANIKER ENTDECKEN UND KLASSIFIZIEREN IMMER NEUE PFLANZEN (1600–1750)

OBEN

Charles de l'Écluse, genannt Clusius (1526–1609)

Als erstmals die Tulpe den Weg nach Europa fand, war es Clusius, der sie kultivierte und damit zum Entstehen einer ganzen Branche beitrug – dem für Holland so typischen Geschäft mit der Tulpenzwiebel.

UNTEN

Basilius Besler (1612)

Beslers Florilegium *Hortus Eystettensis* gilt als eine der größten Kostbarkeiten der botanischen Literatur.

Bisher galt in Europa das Interesse an Pflanzen lediglich ihrer medizinischen Nutzung, doch mit Beginn des 17. Jahrhunderts änderte sich das. Während auf dem Landweg vom Osmanischen Reich her schon seit geraumer Zeit Pflanzen den Weg nach Europa fanden, brachten nun auch portugiesische und spanische Gewürzschiffe regelmäßig Samen, Blumenzwiebeln und Pflanzenknollen von ihren Handelsfahrten nach Amerika, Afrika und Asien mit. Gärtner, Botaniker und Apotheker erwarteten diese Neuheiten, bauten sie an Universitäten, auf Landgütern und in Heilkräutergärten an, tauschten sie untereinander und suchten nach Antworten auf die Fragen, die sich ihnen mehr und mehr stellten: Ließen sie sich mit heimischen Pflanzen vergleichen? Waren sie gar auf irgendeine Weise mit ihnen verwandt? Welche Blüten mochten sie hervorbringen? Und wie ließen sie sich nutzen – als Nahrungsmittel, Arznei oder zur Dekoration? Die Erkenntnisse über ihre exotischen Zöglinge hielten sie in dicken, immer verschwenderischer illustrierten Abhandlungen fest.

1 Wo die Schönheit zählt – Pflanzen zur Verschönerung von Gärten

Charles de l'Écluse (1526–1609), latinisiert Carolus Clusius, war einer der ersten Gelehrten im nördlichen Europa, der nicht nur den Nutzen, sondern auch die Schönheit einer Pflanze zu würdigen wusste. Er hatte in den kaiserlichen Gärten in Wien gearbeitet und später an der Universität Leiden einen botanischen Garten eingerichtet. Im Rahmen dieser Tätigkeiten reiste er auf der Suche nach neuen Pflanzen quer durch Europa, pflegte aber auch vielfältige Kontakte, die ihm besondere Exemplare zukommen ließen. Ogier Ghiselin de Busbecq schickte Hyazinthen, Anemonen, Kaiserkronen und Tulpen, während Philippe de Sivry, ein hoher königlicher Beamter der Stadt Mons (im heutigen Belgien) eine Kartoffel beisteuerte – eine Pflanze, die die Spanier erst kürzlich aus Südamerika mitgebracht hatten. In seinem Werk *Rariorum plantarum historia* («Naturgeschichte der seltenen Pflanzen») von 1601 beschreibt Clusius Pflanzen, die er auf seinen Reisen durch Spanien, Österreich und Ungarn kennengelernt hatte, ebenso neues Material, das ihm später begegnet war, und er steuert die erste Abhandlung über Pilze bei. Sein Buch *Exoticorum libri decem* (etwa «Zehn Bücher über Exotika») von 1605 war Pflanzen und Tieren von außerhalb Europas gewidmet – aus Nord-, Mittel- und Südamerika, Asien und Afrika. Beide Werke waren mit Holzschnitten illustriert, denen botanische Belegexemplare zugrunde lagen.

Clusius hatte auch dem Botaniker und Apotheker Basilius Besler (1561–1629) beratend zur Seite gestanden, dessen Prachtwerk *Hortus Eystettensis (Der Garten von Eichstätt)* 1613 erschien. Besler arbeitete in diesem Garten, der sich auf mehreren Terrassen rund um die Willibaldsburg im bayrischen Eichstätt zog, der Residenz von Fürstbischof Johann Konrad von Gemmingen. Dieser beauftragte Besler, Pflanzen aus ebenjenem Garten zeichnen und zur Veröffentlichung auf Kupfertafeln stechen zu lassen. Besler wollte ein botanisches Florilegium schaffen – eine prachtvolle Sammlung ornamental dargestellter Blumen – mit Illustrationen so naturgetreu wie möglich. Das Werk präsentiert uns auf 367 Tafeln eine stattliche Auswahl an einheimischen und exotischen Pflanzen, jeweils in unterschiedlichen Entwicklungsstadien und angeordnet nach der Jahreszeit, in der sie blühen.

Im Buch wird deutlich: Wer den Eichstätter Garten im Frühling besuchte, hätte sich wohl an blühenden Äpfeln und Kirschen erfreut, an Hyazinthen und Tulpen, wer im Sommer kam, hätte vielleicht zu den ersten Menschen in Europa gehört, die die prächtige Sonnenblume zu Gesicht bekamen – ebenfalls eine Neuheit, die die Spanier im 16. Jahr-

LINKS

***Hortus Eystettensis*, Basilius Besler (1613)**

Das Buch wartet mit Kupferstichen auf, die Pflanzen im Garten der Willibaldsburg im bayerischen Eichstätt darstellen – so wie die unten abgebildeten Lilien und Iris.

RECHTS

***Paradisi in Sole Paradisus Terrestris*,**
John Parkinson (1629)

Das Titelblatt dieses Buches über Gartenpflanzen stellt Adam und Eva im Paradies dar.

GEGENÜBER

John Parkinson (1567–1650)

Parkinson war Gärtner und Apotheker.

hundert eingeführt hatten, diesmal aus Nordamerika. Die hochwertige und kostenintensive Herstellung und das mit 57 cm × 46 cm ausladende Format des Buches spiegelten sich im Preis. Bei einem kolorierten Exemplar entsprach er in etwa dem eines kleinen Hauses in München zu jener Zeit. Doch wie die Pflanzen dargestellt waren – lebensgroß und so detailreich, dass ihre Schönheit ins Auge sprang –, das war besonders.

Die Illustrationen waren nämlich Kupferstiche, die den Holzschnitt nun nach und nach verdrängten, weil sie detailreicher waren und auch zartere Pflanzenstrukturen darzustellen vermochten. Diese Verschiebung der bevorzugten grafischen Technik erlaubte immer präzisere, feinere und verästelte botanische Illustrationen. Bereits seit den 1580er-Jahren hatte man die Technik gern für Fachbücher genutzt, doch nun setzte sie sich auch ganz allgemein durch. Die Kupferplatten verschlissen jedoch schnell, was die Zahl der Druckdurchläufe begrenzte und die Kosten in die Höhe trieb.

Als der englische Gärtner und Apotheker John Parkinson (1567–1650) im Jahr 1629 sein Werk *Paradisi in Sole Paradisus Terreſtris* (etwa «Paradiese in der Sonne, Paradies auf Erden» oder auch «Das irdische Paradies in der Sonne des Paradieses») herausbrachte, war er einer der Letzten, die Holzschnitte einsetzten. Im Buch geht es zwar auch um Heilpflanzen, aber es war das erste englische Buch über Pflanzen, das sich ausdrücklich deren Schönheit verschrieb. Damit war es, ähnlich wie Beslers *Hortus Eyſtettensis,* mehr ein Florilegium als ein bloßes Kräuterbuch. Es enthielt Illustrationen von nahezu 1000 Pflanzen, die in Parkinsons Garten am Londoner Stadtrand wuchsen und die er ausgewählt hatte, weil sie «von all den vielen verschiedenen Stämmen und Gattungen in der Natur mit all ihrer Schönheit die Auserlesensten und dem Auge am gefälligsten» seien. In seinem Werk kombiniert Parkinson sein Wissen als Gärtner und als Apotheker, beschreibt jede Pflanze detailliert, macht Angaben zu ihrer Herkunft, dazu, wie man sie am besten kultiviert, und umreißt kurz ihre medizinische Verwendung. Blumen sind natürlich enthalten, aber auch Kräuter und Wurzeln, Gemüse aus dem Küchengarten sowie Obst. Das Titelblatt wartet mit einer Vision vom Garten als Paradies auf.

UNTEN

***Paradisi in Sole Paradisus Terrestris*,**
John Parkinson (1629)

Hier dargestellt ist die Kamille, die zur Herstellung eines Sirups genutzt wurde, mit dem man Gelbsucht und «Wassersucht» (Ödeme) zu behandeln suchte.

Ein weiteres bedeutendes englisches Florilegium war das Werk des Künstlers und Entomologen Alexander Marshal (1620–1682). Um 1641, als Marshal beim Gärtner John Tradescant dem Jüngeren (1608–1662) in London wohnte, fanden Pflanzen aus allen Teilen der Welt den Weg nach Europa, so auch aus den französischen und britischen Neugründungen in Kanada bzw. Virginia in Nordamerika. Von seinem Vater John Tradescant dem Älteren (1570–1638) hatte der jüngere Tradescant einen Garten geerbt und war ihm im königlichen Amt als *Keeper of the Gardens, Vines and Silkworms* (etwa «Bewahrer der Gärten, Reben und Seidenraupen») von Oatlands Palace in Surrey gefolgt. Der Sohn hatte Virginia auf der Suche nach interessanten Pflanzen selbst bereist. Und so fanden sich in *Mr Marshal's Flower Book* (etwa «Herrn Marshals Blumenbuch») von 1650 Bilder von Pflanzen aus verschiedenen Gärten einschließlich dem von Tradescant. Die Bilder reichten von einheimischen Pflanzen wie dem Geißblatt bis zu Neuankömmlingen wie der aus Spanien eingeführten Jungfer im Grünen, der Damaszener-Rose aus dem Nahen Osten oder einer Dreimasterblumen-

DIESE DOPPELSEITE

***Paradisi in Sole Paradisus Terrestris*, John Parkinson (1629)**

Dieses botanische Werk war eines der letzten, das mit Holzschnitten illustriert war. Hier sehen wir Tulpen (diese Seite), Schachbrettblumen (gegenüberliegende Seite links) und Nelken (gegenüberliegende Seite rechts).

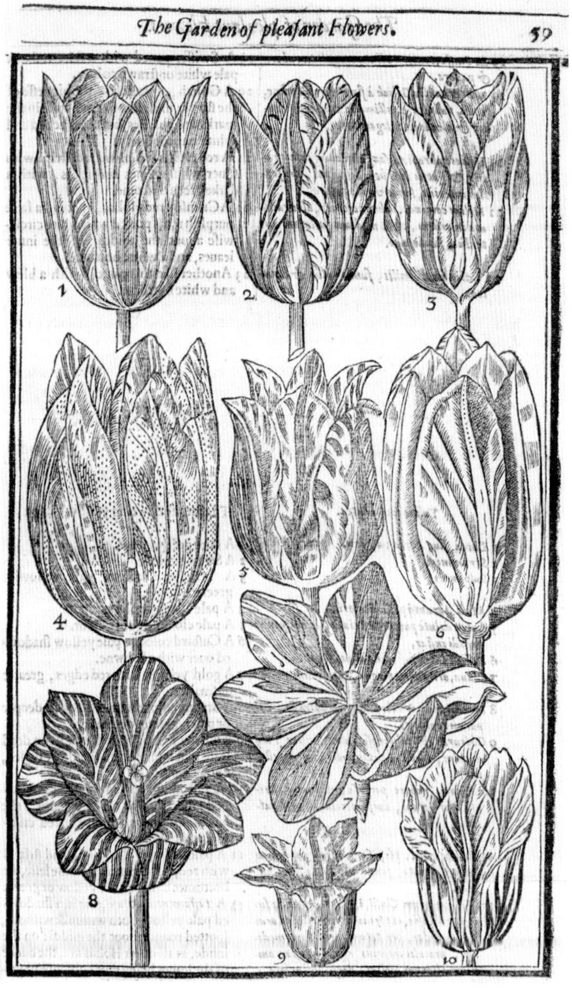

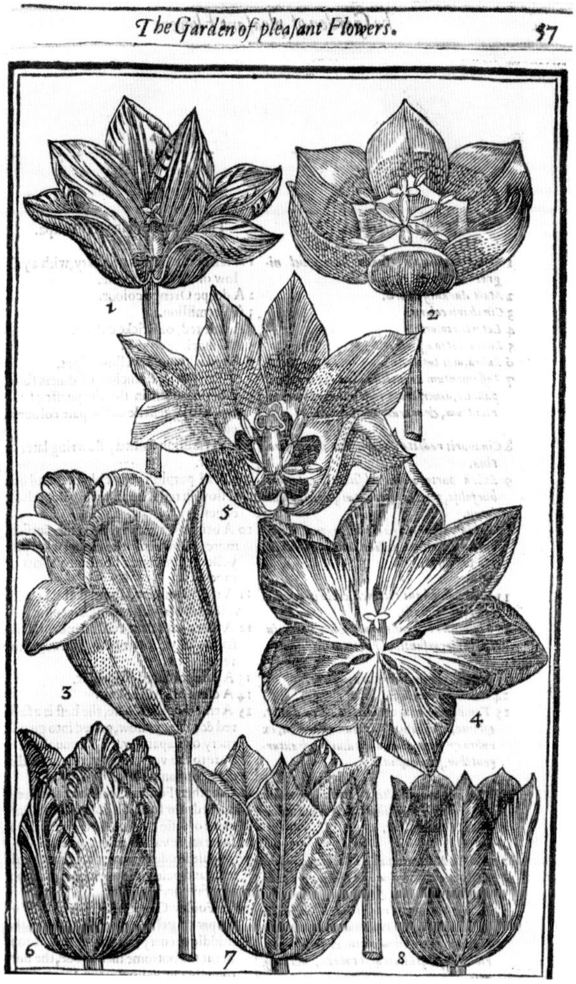

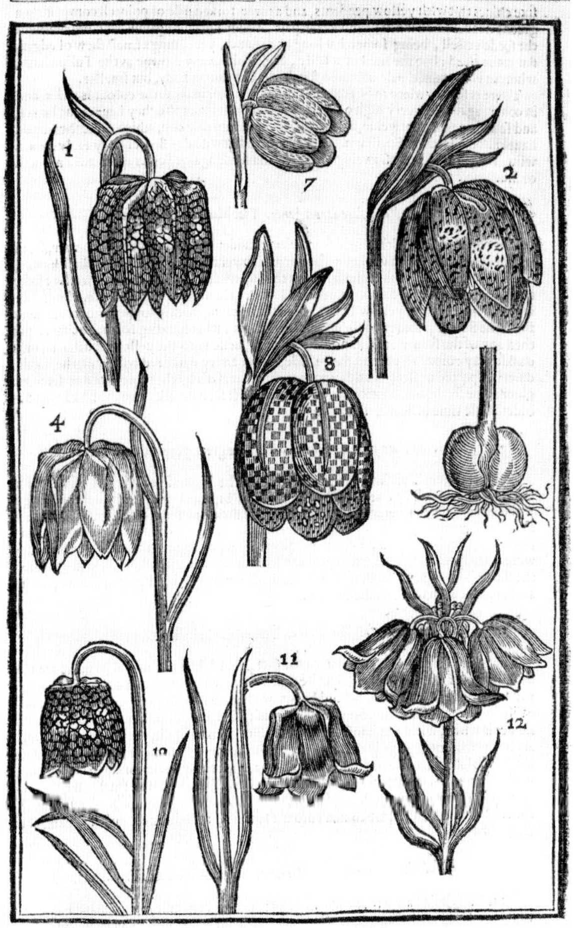

The Garden of pleasant Flowers. 41

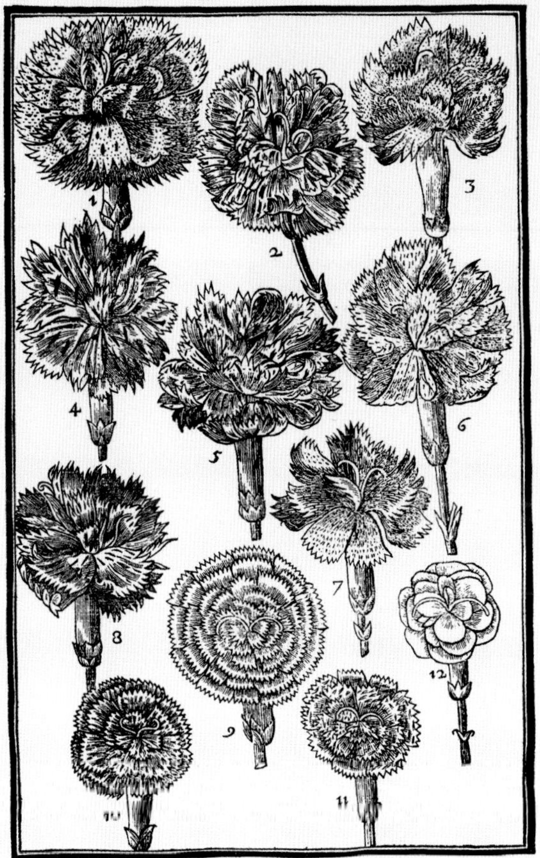

The Garden of pleasant Flowers. 313

1 *Herolnu Rodolphi florum Imperatoris Princeffa dictus.* Mafter Tuggie his Princeffe. 2 *Caryophyllus Oxonienfis.* The French or Oxford Carnation. 3 *Caryophyllus Weftmonafterienfis.* The Gallant or Weftminfter Gilloflower. 4 *Caryophyllus Briftolienfis.* The Briftow. 5 *Caryophyllus Chryftallinus.* The Chryftall or Chryftalline. 6 *Caryophyllus Sabaudicus ftriatus.* The ftript Sauadge. 7 *Caryophyllus Granatenfis maximus.* The Granpere or greateft Granado. 8 *Caryophyllus peramanus.* The Dainty. 9 *Caryophyllus Silefiacus maximus Ingonij Ioannis.* Iohn Witty his great tawny Gilloflower. 10 *Caryophyllus Silefiacus ftriatus.* The ftript Tawny. 11 *Caryophyllus marmor-amulus.* The marbled Tawny. 12 *Caryophyllus rofeus rotundus magiftri Tuggie.* Mafter Tuggie his Rofe Gilloflower.

OBEN

John Tradescant der Jüngere (1608–1662)

Tradescant war Botaniker, Gärtner, Reisender und Sammler – und ein Zeitgenosse des Künstlers Alexander Marshal.

RECHTS

***Mr Marshal's Flower Book,* Alexander Marshal (1650–1682)**

Der englische Gärtner und Künstler Alexander Marshal malte diese Sonnenblume mit Windhund, kurz nachdem zum ersten Mal Sonnenblumen aus Nordamerika nach England gelangt waren.

LINKS

***Mr Marshal's Flower Book,* Alexander Marshal (1650–1682)**

«Eichelhäher mit Krokussen und Anemonen» – dargestellt sind neben Eichelhäher und Krokussen tatsächlich Leberblümchen (gefüllte Form) und Kronen-Anemonen *(Anemone coronaria),* die man damals wohl alle schlicht als Anemonen bezeichnete. Marshal malte nicht als professioneller Künstler, sondern um seine Bilder mit Freunden und Gärtnerkollegen zu teilen.

DIESE UND FOLGENDE DOPPELSEITE

***Mr Marshal's Flower Book,* Alexander Marshal (1650–1682)**

Kaiserkrone flankiert von Stern-Narzisse, Dichter-Narzisse und Bastard-Aurikeln (diese Seite) sowie Hyazinthen, *Iris persica,* Osterglocken und ein violetter Krokus (gegenüberliegende Seite). Die Schönheit der Pflanzen hat Marshal mit ausgesuchter Detailfreude dargestellt (umseitig).

Art aus Virginia, die in England erstmals von Tradescant dem Älteren kultiviert worden war und nun den Namen *Tradescantia virginiana* trägt.

Dieses neue Genre des Blumenbuchs regte die Nachfrage nach Pflanzen, die von außerhalb Europas stammten, an. Denn noch bis Mitte des 16. Jahrhunderts wuchsen in europäischen Gärten fast nur in Europa und dem Mittelmeerraum heimische Pflanzen. Doch bereits 100 Jahre später sah man Krokusse, Knotenblumen *(Leucojum)*, Zahnlilien *(Erythronium)*, Milchsterne *(Ornithogalum)*, Alpenveilchen, Hyazinthen, Lilien, Kaiserkronen, Ranunkeln und Tulpen aus dem Osmanischen Reich in den Blumenbeeten Europas sprießen. Besonders die Tulpen betörten die Gärtner wegen ihrer Farben und ihrer Vielfalt im Erscheinungsbild. Clusius hatte 1601 im *Rariorum plantarum historia* ganze 15 Seiten den Tulpen gewidmet, und auch Besler präsentierte in seinem *Hortus* zwölf Tafeln mit Tulpen mit vorwiegend kelch- und sternförmigen Blüten. Doch schon 1629 hatte John

UNTEN

***Rariorum plantarum historia*, Carolus Clusius (Charles de l'Écluse) (1601)**

Mit Beginn des 17. Jh. ging es in Europa los: Tulpen weckten nun die Neugierde der Botaniker.

138 CAROLI CLUSI RARIORUM

Illius autem duo hactenus primaria genera observabam, præcox unum, serotinum alterum: tametsi inveniantur quædam veluti dubiæ, quæ medio inter utrumque genus tempore florere soleant, potius tamen inter serotinas habendæ, quàm inter præcoces. De utroque genere peculiari capite agemus, atque hoc VII. præcoci tribuemus.

Tulipa præcocis historia. PRÆCOCIOR Tulipa unicum fert caulem, pedalem maxima ex parte, interdum ampliorem, rotundum, virentem, & brevi quadam incanaq; lanugine aspersum, non concavum, sed firma medulla plenum: hunc plerumque terna amplectuntur folia, nonnumquam quaterna & quina, inferiora lata admodum, ut etiam palmarem latitudinem explere viderim, & liliacea, longiora tamen & crassiora, carinata, supra terram sese pandentia & contorquentia, superiora auté minora & angustiora, eaq; vel propédentia & nutantia, aut interdum surrecta, omnia autem colore ex cæruleo virente aut ærugineo, & veluti farina asperso. Summo cauli insidet magnus flos, unicus (geminos etiam aliquoties vidi, vel summo caule conjunctim nascentes, vel bifido inhærentes) sursum spectans, sex folijs ut plurimum constans (tametsi & septenis & octonis conspexerim) ejusdem initio cum caule coloris, & interdum ad terram sese inflectens, illiq; incumbens, ut colubri aut serpentis caput in terra decumbentis ementiatur, deinde paulatim sese sublevans, & colorem mutans, atque tandem sese explicans, & calathi cyathive instar in fundo pandens, ex quo sena, aut totidem quot folijs constat, stamina prodeunt, modò lutea, modò pallida, modò nigricátia, pediculis etiam quæ stamina sustinent, mirum in modum variantibus. Excusso flore, succedit mébranaceum triangulare caput satis magnum, oblongiusculum, vel brevius, ventreq; magis prominulo: quo in tres partes à summo dehiscente, conspiciuntur sex ordines seminis plani, cartilaginosi, liliacei ferè, & circinatæ propemodum rotunditatis interdum, alterâ tamen parte, quæ capitis centrum & interiora pertingit, oblongiusculi ut plurimum, pallidi, fulvi, aut rubescentis, & si imbres frequentiores ceciderint, etiam fusci. Radix bulbacea interdum brevior est, nonnumquam oblongior, crassa, inferiore sede nonnihil prominente, uti Colchici radix ferè, fibris aliquot tenuibus donata, & foris vel fulvescente, sed magna ex parte nigricante membrana obducta, quæ interna parte lanuginosa est, castanearum corticis instar, aliquando autem adeò denso tomento plena, ut mollissimè recubet bulbus, qui solidus est, firmus, & velut albumen ovi coctum candidus, gustantique dulcis, saltem non ingratus.

Tulipa præcox flava.

T. Præcocis summa varietas. SUMMA autem in Præcoce est coloris varietas: nec majorem in ullo alio flore videre memini, nisi fortè in Papavere. Etenim aut omnino luteus est, aut ruber, aut albus, aut purpureus: interdum etiam bini vel plures ex his coloribus in eodem flore permixti conspiciuntur. Non desunt qui cærulei omnino coloris se vidisse asserant, mihi sanè hactenus videre non contigit.

I. T. p. lutea. Lutea Tulipa vel ad auri fulgorem accedit, aut pallet, foliorum autem ungues plerumque aurei sunt, licet etiam habuerim veluti fuligine aspersos: odor quasi ceræ recentis, sive etiam croci, interdum nullus, vel admodum imbecillus.

II. T. p. rubra. Rubræ color nunc saturatior est, modò dilutior & gratissimi aspectus, interdum etiam inelegans, & obsoletus: foliorum ungues vel lutei omnino, aut tanquam levi quadam fuligine in luteo aspersi, in quibusdam nigra macula medium unguem luteum tantummodo inficit, in alijs totum ferè ita occupat, ut nihil nisi lutea quædam linea nigrum unguem ambiens conspiciatur: interdum adeò magni sunt isti ungues, ut dimidiam folij partem occupent. Hujus verò odor aliâs gratus est instar mali aurei, magna verò ex parte valdè obscurus, vel papaveris virus quodammodo referens.

III. T. p. alba. [illegible] ra folia dorso cineracei vel interdum etiam cærulei quidpiam coloris admistum habere viderentur: ungues lutei, nonnumquam veluti fuligine aspersi, apices & stamina pallent. Habui, quibus ungues prorsus albi essent, apices nigricantes.

IIII. T. p. purp. Purpurea aliâs saturatior est, & violaceum, sive amæthystinum colorem habet, aliâs Pro-

PLANTARUM HISTOR. LIBER II. 139

Tulipa præcox rubra.

Tulipa præcox alba.

Tulipa præcox purpurea.

niæ floris æmula, nonnumquam dilutior, & Damascenam sive Provincialem (quam eruditiores Prænestinam vocant) rosam colore referens, interdum verò adeò diluta, ut albescere videatur, aliquando ex purpura nigricat & obsoletior est: omnium autem ungues cum apicibus aut pallent, aut lutei sunt coloris, tametsi nigros etiam apices habeant nonnullæ, & pediculos ea sustinentes quadam veluti fuligine infectos. Invenitur & odora, & inodora.

Facere verò non possum, quin hic adijciam, quæ circa simplices has, & unius coloris Tulipas observavi. Habui enim anno M.D.XXCV. & aliquot subsequentibus, cujus flos, cum præcedentibus annis elegans ruber fuisset, postea variè commixtus ex rubro & flavo inter se confusis coloribus, modò flavo medium quasi folium occupante, modò rubro vel utroque radiatim per oras discurrente fuerit. Similiter flavam quæ flavum & rubrum: & purpuream quæ album & purpureũ colores variè inter se commixtos, & radiatim folia secantes habuerint. At illud etiam observabam, quotquot sic nativum colorem mutarunt, subinde corrumpi solitas, voluisse tamen ante, hac colorum varietate heri sui oculos [illegible] *Tulipa in coloribus interdum ludunt.*

T. p. varia. Varia adeò multiplex est, ut difficile sit omnes ejus differentias verbis exprimere. Nam cùm cujuscumque tandem præcocis Tulipę semina excussa, & tellure sepulta germinét, non omnia retinent nativum matris coloré, sed in varios colores transformant

Parkinson in *Paradisi in Sole Paradisus Terrestris* über 100 verschiedene Varianten aufgenommen.

Tulpen brachten oft neue Farbmuster hervor, ehedem Einfarbige entwickelten plötzlich lebhafte Streifen, waren bunt gestromt, geflammt oder gefedert. Wir wissen heute, dass ein Virus, das Tulip-Breaking-Virus (TBV), für dieses unvorhersehbare Phänomen verantwortlich ist, aber Anfang des 17. Jahrhunderts war die Ursache gänzlich unbekannt. Sobald spontan neue, außergewöhnlich gemusterte und mehrfarbig geflammte Varianten auftauchten, versuchten Züchter, diese Merkmale durch vegetative Vermehrung zu bewahren – zum ersten Mal wurde eine Gartenpflanze im großen Stil kommerziell ausgeschlachtet. In den 1620er-Jahren stiegen die Preise für die außergewöhnlichsten Tulpen rapide an, die auffällig rot-weiß gestreifte Sorte 'Semper Augustus' verkaufte sich für 1000 Florin pro Zwiebel (das entspricht heute etwa 60 000 US-Dollar). Durch Spekulationen stieg der Preis immer weiter, und ein Jahrzehnt später wechselte eine einzige 'Semper-Augustus'-Zwiebel für stolze 10 000 Holländische Gulden (heute etwa 600 000 US-Dollar) den Besitzer. Bis 1637 stiegen die Preise ins Unermessliche, dann platzte die Blase. Die so hoch gehandelten Tulpenzwiebeln waren über Nacht wertlos.

Bei anderen Pflanzen wiederholte sich eine derartige Krise, wie sie die «Tulpenmanie» ausgelöst hatte, zwar nicht, aber der Wunsch nach weiteren Neuheiten beförderte den Handel mit Pflanzen. In London agierten seit Beginn des 16. Jahrhunderts Pflanzen- und Samenhändler. Zu Zeiten John Tradescant des Älteren tauschten wohlhabende Grundbesitzer, denen es nach neuen Pflanzen für ihr Anwesen verlangte, diese mit anderen Grundherren aus oder sie bezogen sie direkt von Gärtnereien in ganz Europa. Eine faszinierende Publikation aus dieser Zeit ist *The Tradescants' Orchard* («Der Obstgarten der Tradescants»), ein ledergebundener Band mit 66 Darstellungen diverser Obstsorten. Von der «Dwarfe cherry» (Zwergkirsche) über den «grete Early yellowe peech» (den großen frühen gelben Pfirsich) bis zur «grete Roman Hasell Nut» (der großen römischen Haselnuss) sind diese Gemälde womöglich die ältesten noch erhaltenen Darstellungen von Obstsorten, die damals in England wuchsen. Die Tradescants haben sie wohl nicht selbst gemalt, aber im Buch wird auf sie als «JT» Bezug genommen.

OBEN

The Tradescants' Orchard, unbekannt (frühes 17. Jh.)

Diese Sammlung von Abbildungen mit Obstsorten war möglicherweise ein früher Gartenbau- bzw. Baumschulkatalog. Dieses seltene und einzigartige Exemplar wird in der Bodleian Library, der Hauptbibliothek der Universität Oxford, aufbewahrt.

Vielleicht war diese Bildersammlung ja so etwas wie der Katalog einer Gärtnerei. Die älteste Liste dieser Art, die man aus Europa kennt, ist das *Florilegium amplissimum et selectissimum* (etwa «Höchst umfassende und erlesene Blumensammlung») aus dem Jahr 1612, in dem 560 ungewöhnliche Zierpflanzen und vor allem Zwiebelblumen präsentiert werden, die der niederländische Pflanzenhändler Emanuel Sweerts als Ware feilbot. Der nächste bebilderte Blumen- und Saatgutkatalog aus England, von dem man weiß, erschien erst 1730: *Twelve Months of Flowers* (etwa «Zwölf Monate mit Blumen»), herausgegeben vom Pflanzenzüchter und Gärtnereibetreiber Robert Furber. Das Werk, für das sich Furber mit dem flämischen Maler Pieter Casteels III. und dem englischen Kupferstecher Henry Fletcher zusammengetan hatte, bestand aus zwölf superb illustrierten Tafeln, auf denen mehr als 400 Blumen dargestellt waren.

DIESE UND FOLGENDE DOPPELSEITE

***Twelfe months of flowers,* Robert Furber (1730)**

Diese handkolorierten Kupferstiche, die den Juli (diese Seite), den September (gegenüberliegende Seite), den August (umseitig links) und den Oktober (umseitig rechts) darstellen, wurden nach Gemälden des flämischen Künstlers Pieter Casteels III. geschaffen

SEPTEMBER
1 Red Sow Bread.
2 White Sow Bread.
3 White Corn-marigold.
4 New Tree Primrose.
5 Sour leav'd Geranium.
6 Quill'd African Marigold.
7 Hearts ease.
8 Shrub Cotton.
9 Sheffords Hester Auricula.
10 Virginian Birthwort.
11 Virginian upright Bramble.
12 Scarlet Indian Cane.
13 White Colchicum.
14 Bean Caper.
15 All red Amaranthus.
16 Double white Soapwort.
17 Yellow Indian Cane.
18 Virginian Poke.
19 Gentianella.
20 White monthly Rose.
21 Yellow Amaranthus.
22 Oriental Arsmart.
23 Broad leav'd Cardinal.
24 Yellow Colchicum.
25 Hardy golden Rod.
26 White Althaea frutex.
27 Chequer'd Colchicum.
28 Yellow Colutea.
29 Dwarf Pomgranate.
30 Strip'd single Female balsom.
31 African Marigold.
32 Honour & glory Auricula.
33 White flower Moth Mullein.
34 Double Colchicum.
35 Three leav'd Passion flower.
Design'd by Pet. Casteels
From the Collection of Robt. Furber Gardiner at Kensington. 1730
Engrav'd by H. Fletcher

1 Purple Althæa frutex.
2 Ivy leav'd Jasmine.
3 Iris Uvaria.
4 Purple Sultan.
5 Purple toad flax.
6 Purple Amaranthoides.
8 Yellow Ketmia.
9 Purple Coxcomb Amaranth.
10 Shrub S.t Johns wort.
11 Pona's blew Throatwort.
12 Palma Christi.
13 Purple Convolvulus.
14 Polyanthos.
15 Indian yellow Jasmine.
16 Double flowering Myrtle.
AUGUST
17 Egyptian scarlet holly hock.
18 Yellow strip'd marvel of peru.
19 Strip'd Monthly rose.
20 Double fether few.
21 Semper Augustus Auricula.
22 Dwarf Convolvulus.
24 Apios of America.
25 Virginian flowering Raspberry.
26 Zisole from Genoa.
27 Double spanish Jasmine.
28 White Eternal.
29 Fruit bearing Passion flower.
30 Scarlet Althæa.
32 Long blowing honey suckle.
33 Double purple Virgins bower.
34 Virginian scarlet Martagon.

1 Tuberose flower.
2 Single Nasturtium.
3 Yellow peren.t Poppy.
4 Purple Polyanthos.
5 Saffron flower.
6 Strip'd double Colchicum.
7 Single blew Perinwinkle.
8 Trumpet flower.
9 Camomile double.
10 Semper Augustus Auricula.
11 Indian Tobacco.
12 Arbutus double.
13 Best flowering Geranium.
14 Guernsey Lilly.
15 Autumn Carnation.
16 Agnus Castus.
OCTOBER
17 Long blowing Honeysuckle.
18 Spiked Aster.
19 Belladona Lilly.
20 Ever green Honeysuckle.
21 Leonurus or Archangel tree.
22 Black Cranes bill.
23 Scarlet Cranes bill.
24 Marigold tree.
25 Musk Scabious.
26 Double white Musk rose.
27 Box leav'd Myrtle.
28 Michaelmas Daisie.
29 Yellow Passion flower.
30 Hollyhock always double.
31 Virgina Shrub Acre.

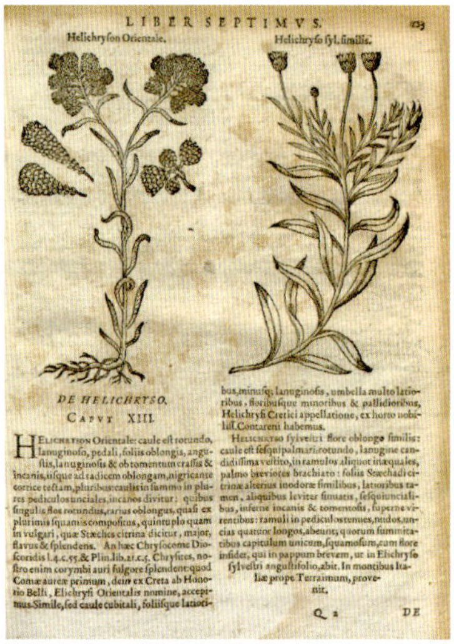

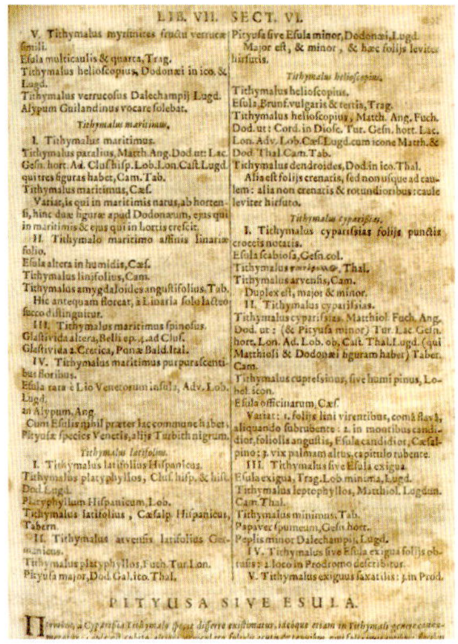

2 Florenwerke – die Erfassung der Pflanzenwelt nach geografischen Gesichtspunkten

Die Botaniker publizierten ihre Versuche zur systematischen Erfassung der Pflanzen in einer anderen, neuen Form, die heute als Flora bzw. Florenwerk bezeichnet wird. In derlei Verzeichnissen wurde damals noch in relativ freier Form versucht, die Pflanzen einer bestimmten Gegend aufzulisten und zu beschreiben, sei es nur eines kleinen Gebietes, einer ganzen Region, eines Landes oder der ganzen Welt. Eines der ersten derartigen Werke, der lokal ausgerichtete Titel *Sylva hercynia* (wörtlich «Herkynischer Wald», gemeint ist hier jedoch die Harzregion) von Johannes Thal (1542–1583), der 1588 posthum herauskam. *Sylva hercynia* deckte die Pflanzen des Harzes und einiger umliegender Gebiete ab, nannte die Örtlichkeiten, die volkstümlichen Bezeichnungen der Pflanzen in alphabetischer Reihenfolge und machte bei jedem Eintrag Angaben zu wissenschaftlichen Merkmalen und praktischer Verwendung, wobei Thal auch die unauffälligen, die «nicht dienstlichen» und «in der Arznei untüchtigen» Pflanzen erfasste. Ab 1600 nahmen Werke dieser Art stark zu.

Caspar Bauhin brachte 1620 den illustrierten *Prodromos Theatri Botanici* (etwa «Das Botanische Theater – Die Vorhut») und 1623 den *Pinax Theatri Botanici* (etwa «Das Botanische Theater – Die Schrifttafeln») heraus. Letzterer führt 6000 Pflanzenarten an und kann damit als erste wahre Liste der Pflanzen der Welt gelten. Synonyme, die Bauhin verwendete, wurden später von John Parkinson aufgegriffen, als dieser 1640 sein eigenes *Theatrum botanicum* (etwa «Schauplatz Botanik oder Das botanische Theater») herausbrachte. Dieses Werk stellte nicht nur 28 neue Arten der Britischen Inseln vor, es umfasste vor allem 3800 Heilpflanzen aus aller Welt und deckte damit die seiner Ansicht nach bekannten Pflanzen aller Kontinente ab. Hingegen war die 1648 vom dänischen, an der Universität Kopenhagen wirkenden Arzt und Naturforscher Simon Paulli (1603–1680) herausgegebene *Flora Danica* («Flora von Dänemark») ein früher Versuch, die Pflanzenwelt eines bestimmten Landes abzubilden. Mit diesem Buch – es enthielt 384 nach Jahreszeiten angeordnete

GEGENÜBERLIEGENDE SEITE

OBEN LINKS UND MITTE

***Prodromos Theatri Botanici*,**
Caspar Bauhin (1620)

OBEN RECHTS

***Pinax Theatri Botanici*,**
Caspar Bauhin (1623)

Diese Werke waren ein früher Versuch, Pflanzen systematisch zu beschreiben und zu kategorisieren.

UNTEN

John Ray (1627–1705)

John Ray war der Sohn eines Schmieds; sein Ansehen erwarb er sich durch die Klassifikation von Pflanzen, die er während seiner Reisen auf den Britischen Inseln und dem europäischen Festland beobachtete.

DIESE SEITE

***Flora danica*,**
Simon Paulli (1648)

Paullis Werk stellt einen frühen Versuch dar, die Pflanzen eines bestimmten geografischen Gebiets zu klassifizieren.

RECHTS

***Catalogus plantarum Angliae*,**
John Ray (2. Auflage, 1677)

John Ray beobachtete die Pflanzen, denen er auf seinen ausgedehnten Reisen begegnete, sehr genau, was wiederum seinem Werk zugutekam. Die hier abgebildete Pflanze ist klar erkennbar als das gelb blühende Strauch-Fingerkraut, heute bekannt als *Potentilla fruticosa*.

Holzschnitte sowie die Beschreibung von in Dänemark und Norwegen wild wachsenden Pflanzen von medizinischem Interesse – begann sich der Begriff «Flora» für botanische Verzeichnisse der Pflanzenwelt einer bestimmten Region durchzusetzen.

Zehn Jahre später arbeitete John Ray (1627–1705) an einem ähnlichen Projekt – nun aber für England. Zwischen 1658 und 1662 durchstreifte er auf vier Reisen die Midlands und die Westküsten von England und Wales, die Ostküste Englands und Teile von Schottland. Er war auf der Suche nach Pflanzen, um sie aus erster Hand zu beschreiben. Seine Reisenotizen liefern interessante Beobachtungen zu natürlichen Habitaten, die im 17. Jahrhundert noch existierten, heute jedoch verschwunden sind, aber auch zu gesellschaftlichen Umständen jener Zeit. Hier finden wir auch eine frühe Verwendung einfacher lateinischer Pflanzennamen. In Cornwall bemerkte Ray, dass «nichts in diesem Land so weit verbreitet [ist] wie *Osmunda regalis* [Königsfarn] rund um Quellen und Bäche». Die Bestände von Königsfarn wurden später, in viktorianischer Zeit, von Farnsammlern dezimiert. In Wales erblickte er zum ersten Mal eine Trollblume *(Trollius europaeus).* In Schottland hingegen fand er *Silene maritima* (heute *Silene uniflora,* Klippen-Leimkraut), *Lavatera arborea* (Baumförmige Strauchpappel) und *Cochlearia offcinalis* (Echtes Löffelkraut) vor. 1660 erschien sein *Catalogus plantarum circa Cantabrigiam* (etwa «Katalog der Pflanzen rund um Cam-

UNTEN

Catalogus plantarum Angliae,
John Ray (1670)

Titelblatt und eine Buchseite. Heute liefern uns Rays Abbildungen und Pflanzenbeschreibungen Informationen über die damalige Biodiversität an den von ihm besuchten Orten.

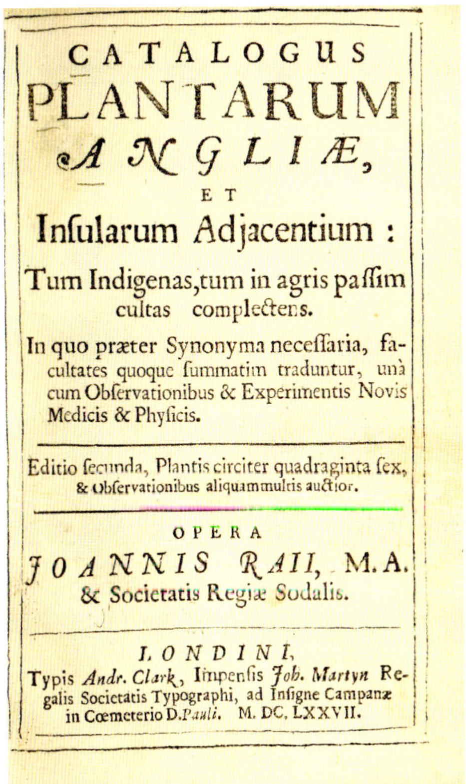

CATALOGUS
PLANTARUM
ANGLIÆ,
ET
Inſularum Adjacentium:
Tum Indigenas, tum in agris paſſim cultas complectens.
In quo præter Synonyma neceſſaria, facultates quoque ſummatim traduntur, unà cum Obſervationibus & Experimentis Novis Medicis & Phyſicis.

Editio ſecunda, Plantis circiter quadraginta ſex, & Obſervationibus aliquammultis auctior.

OPERA
JOANNIS RAII, M.A.
& Societatis Regiæ Sodalis.

LONDINI,
Typis *Andr. Clark*, Impenſis *Joh. Martyn* Regalis Societatis Typographi, ad Inſigne Campanæ in Cœmeterio D.*Pauli*. M. DC. LXXVII.

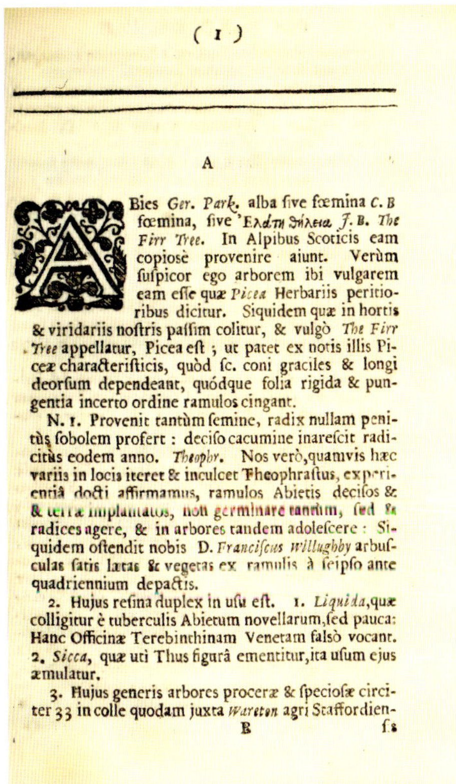

(1)

A

ABies *Ger. Park.* alba ſive fœmina *C. B* fœmina, ſive Ἐλάτη θήλεια *J. B. The Firr Tree.* In Alpibus Scoticis eam copioſè provenire aiunt. Verùm ſuſpicor ego arborem ibi vulgarem eam eſſe quæ *Picea* Herbariis peritioribus dicitur. Siquidem quæ in hortis & viridariis noſtris paſſim colitur, & vulgò *The Firr Tree* appellatur, Picea eſt; ut patet ex notis illis Piceæ characteriſticis, quòd ſc. coni graciles & longi deorſum dependeant, quódque folia rigida & pungentia incerto ordine ramulos cingant.

N. 1. Provenit tantùm ſemine, radix nullam penitùs ſobolem profert: deciſo cacumine inareſcit radicitùs eodem anno. *Theophr.* Nos verò, quamvis hæc variis in locis iteret & inculcet Theophraſtus, experientiâ docti affirmamus, ramulos Abietis deciſos & terræ implantatos, non germinare tantùm, ſed & radices agere, & in arbores tandem adoleſcere: Siquidem oſtendit nobis D. *Franciſcus Willughby* arbuſculas ſatis lætas & vegetas ex ramulis à ſeipſo ante quadriennium depactis.

2. Hujus reſina duplex in uſu eſt. 1. *Liquida*, quæ colligitur è tuberculis Abietum novellarum, ſed pauca: Hanc Officinæ Terebinthinam Venetam falsò vocant. 2. *Sicca*, quæ uti Thus figurâ ementitur, ita uſum ejus æmulatur.

3. Hujus generis arbores proceræ & ſpecioſæ circiter 33 in colle quodam juxta *Wareton* agri Staffordien-

B ſs

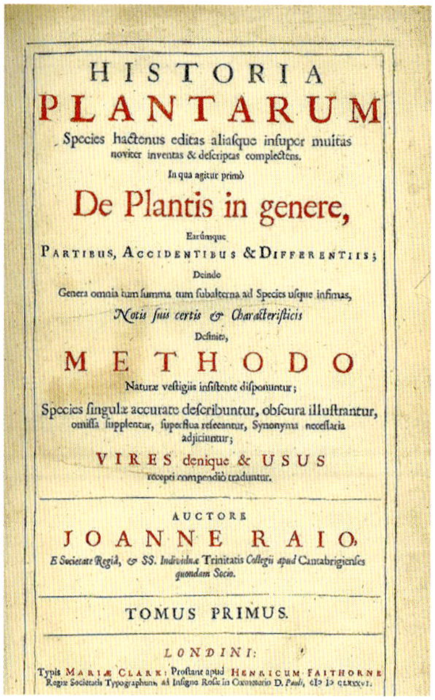
HISTORIA
PLANTARUM
Species hactenus editas aliasque insuper multas noviter inventas & descriptas complectens.
In qua agitur primò
De Plantis in genere,
Earúmque
PARTIBUS, ACCIDENTIBUS & DIFFERENTIIS;
Deinde
Genera omnia tum summa tum subalterna ad Species usque infimas,
Notis suis certis & Characteristicis
Definita,
METHODO
Naturæ vestigiis insistente disponuntur;
Species singulæ accurate describuntur, obscura illustrantur, omissa supplentur, superflua resecantur, Synonyma necessaria adjiciuntur;
VIRES denique & USUS
recepti compendiò traduntur.
AUCTORE
JOANNE RAIO,
E Societate Regiâ, & SS. Individuæ Trinitatis Collegii apud Cantabrigienses quondam Socio.
TOMUS PRIMUS.
LONDINI:
Typis MARIÆ CLARK: Prostant apud HENRICUM FAITHORNE Regiæ Societatis Typographum, ad Insigne Rosæ in Cœmeterio D. Pauli, MDCLXXXVI.

ÉLEMENS
DE
BOTANIQUE:
OU
MÉTODE
POUR CONNOÎTRE LES PLANTES.

IDÉE GENERALE DE LA BOTANIQUE, avec une Histoire abregée de cette Sience.

LA Botanique ou la Sience qui traite des Plantes, a deux parties qu'il faut distinguer avec soin : La connoissance des plantes, & celle de leurs vertus.
Connoître les plantes, c'est précisément savoir les noms qu'on leur a donné par raport à la structure de quelques-unes de leurs parties. Cette structure fait le caractere qui distingue essentiellement les plantes les unes d'avec les autres. L'idée de ce caractere
A

OBEN

***Historia plantarum,* John Ray (1686–1704)**

Im Versuch, Pflanzen systematisch zu erfassen und zu klassifizieren, war John Ray der Erste, der den Begriff Spezies definierte.

RECHTS

***Élémens de Botanique ou Métode pour Connoître les Plantes,* Joseph Pitton de Tournefort (1694)**

In diesem Werk werden alle zu jener Zeit in der westlichen Hemisphäre bekannten Pflanzen klassifiziert, das waren 10 146 Arten in 648 Gattungen.

bridge»), und 1670 schob er den *Catalogus plantarum Angliae* (etwa «Katalog der Pflanzen Englands») nach.

Knifflig wurde es für die europäischen Botaniker, wenn sie entscheiden mussten, ob eine bestimmte, in einer Flora beschriebene Pflanze mit einer anderen, in einer anderen Flora vorgestellten Pflanze identisch war. Diese Fälle häuften sich, und eine Lösung des Problems wurde umso dringlicher, je mehr Pflanzen aus Übersee nach Europa gelangten. Bereits 1536 hatte der Botaniker Antonio Musa Brassavola (1500–1555) bemerkt, dass «kein hundertster

Teil der Kräuter, die es auf der ganzen Welt gibt, von Dioskurides beschrieben wurde, kein hundertster Teil von Theophrast oder Plinius, doch wir hingegen fügen jeden Tag mehr hinzu …». Die Botaniker entwickelten Ideen, wie sich die Natur am besten kategorisieren und einteilen ließ. Im antiken Griechenland hatte Theophrast (siehe auch S. 21–23) die Pflanzen auf Grundlage ihrer Form eingeteilt (Kräuter, Sträucher oder Bäume), ihrer Lebensspanne (einjährig, zweijährig oder ausdauernd) sowie nach Blütenmerkmalen. Im 13. Jahrhundert hatte Albertus Magnus (siehe auch S. 43) die Unterschiede zwischen Monokotyledonen (einkeimblättrigen Pflanzen) und Dikotyledonen (zweikeimblättrigen Pflanzen) als Unterscheidungsmerkmal herangezogen; diese spielen auch heute noch eine wichtige Rolle bei der Klassifikation von Pflanzen. Im Jahr 1583 hatte der italienische Arzt Andrea Cesalpino die Pflanzen in krautige und verholzte eingeteilt und erkannt, dass es wohl sinnvoller sei, Pflanzen anhand von Merkmalen der Blüten und Früchte einzuteilen als anhand von Form und Habitus. Und in seinem *Pinax* und anderen Werken verwendete Caspar Bauhin (siehe auch S. 106 f.) ein relativ simples Benennungssystem, das in den zweiteiligen lateinischen Namen der heute verwendeten binären Nomenklatur noch etwas nachklingt. Doch ein hinlänglich zufriedenstellendes System blieb vorerst Illusion.

John Ray gelangen erste wirkliche Fortschritte in der Taxonomie – dem Teilgebiet der Biologie, das Lebewesen systematisch klassifiziert, einordnet, kategorisiert. Er kombinierte die Ansätze verschiedener früherer Botaniker. Zunächst stützte er sich auf Theophrast und teilte die Pflanzen in Sträucher, Kräuter und Bäume ein. Dann unterteilte er sie in 15 Klassen von Zweikeimblättrigen und vier Klassen von Einkeimblättrigen. Manche seiner Gruppierungen haben sich auch heute noch, allerdings unter anderen Namen, als Pflanzenfamilien erhalten, so die Brassicaceae (Kreuzblütler, bei Ray Tetrapetalae), Lamiaceae (Lippenblütler, bei Ray Verticillatae) und die Gräser (bei Ray Stamineae). In seinen beiden Werken *Methodus plantarum nova* (etwa «Eine neue Methode der Pflanzenkunde», 1682) und *Historia plantarum* (etwa «Geschichte der Pflanzen», 1686–1704) appellierte Ray an seine Botaniker-Kollegen, bei Klassifizierungsversuchen doch bitte alle Teile der Pflanze zu berücksichtigen. Ray prägte Begriffe wie Petalum (Kronblatt) und Pollen, die auch heute noch verwendet werden. Auch definierte er zum ersten Mal den Begriff der biologischen Art als eine Gruppe von Individuen, die potenziell Nachkommen miteinander hervorbringen könnten.

Ein Zeitgenosse Rays, Pierre Magnol (1638–1715), der in Montpellier in Südfrankreich lebte und wirkte, verfeinerte diese Klassifizierung: In seinem 1689 erschienenen Buch *Prodromus historiae generalis plantarum, in quo familiae per tabulas disponuntur* (etwa «Vorrede zu einer allgemeinen Naturgeschichte, in welcher die Familien in Tafeln gegliedert dargestellt werden») teilte er die Pflanzen in 76 Familien ein. Damit etablierte er das noch heute verwendete Konzept der Einteilung nach Pflanzenfamilien. Joseph Pitton de Tournefort (1656–1708), ein Schüler Magnols und späterer Inhaber des Lehrstuhls für Botanik am Jardin du Roi in Paris, trug mit seinem klar geschriebenen und bebilderten Werk *Élémens de Botanique ou Métode pour Connoître les Plantes* (etwa «Grundlagen der Botanik oder Methode, um Pflanzen zu erkennen») von 1694 weiter zur Pflanzenklassifizierung bei.

Tournefort teilte Pflanzen mit Kronblättern anhand der Form ihrer Blumenkrone (Corolla) in Klassen ein, anhand der Position ihrer Corolla in Familien und anhand der Merkmale von Früchten und Samen in Gattungen. Er gilt als Begründer des Gattungskon-

RECHTS

***Nova Plantarum, animalium et mineralium Mexicanorum historia,* Nardo Antonio Recchi (1651)**

Diese gekürzte Version von Francisco Hernández' Werk erschien erst 80 Jahre, nachdem Hernández begonnen hatte, die Naturgeschichte Mexikos zu dokumentieren.

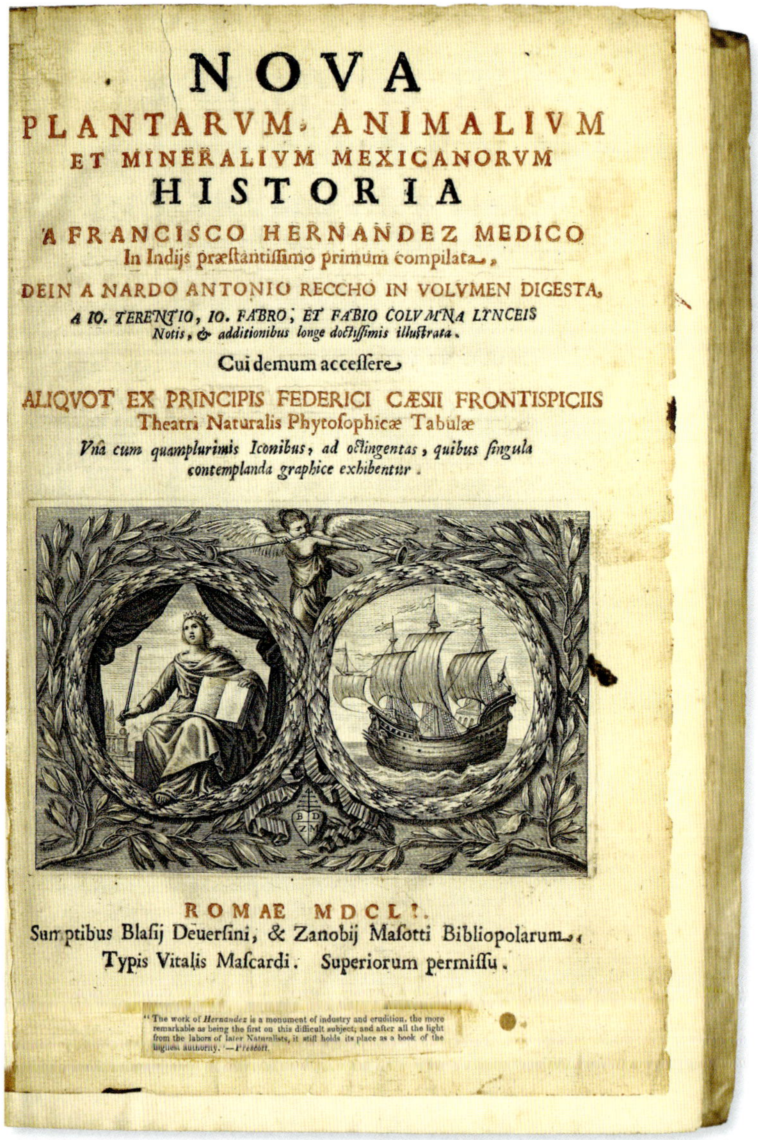
NOVA
PLANTARVM, ANIMALIVM
ET MINERALIVM MEXICANORVM
HISTORIA
A FRANCISCO HERNANDEZ MEDICO
In Indijs præstantissimo primum compilata,
DEIN A NARDO ANTONIO RECCHO IN VOLVMEN DIGESTA,
A IO. TERENTIO, IO. FABRO, ET FABIO COLVMNA LYNCEIS
Notis, & additionibus longe doctissimis illustrata.
Cui demum accessere
ALIQVOT EX PRINCIPIS FEDERICI CÆSII FRONTISPICIIS
Theatri Naturalis Phytosophicæ Tabulæ
Vnà cum quamplurimis Iconibus, ad octingentas, quibus singula
contemplanda graphice exhibentur.
ROMAE MDCLI.
Sumptibus Blasij Deuersini, & Zanobij Masotti Bibliopolarum.
Typis Vitalis Mascardi. Superiorum permissu.
"The work of *Hernandez* is a monument of industry and erudition, the more remarkable as being the first on this difficult subject; and after all the light from the labors of later Naturalists, it still holds its place as a book of the highest authority."—*Prescott.*

zepts, das sehr eng miteinander verwandte Arten sinnvoll zusammenfasst. Zwar entsprach Tourneforts Klassifizierung nicht ganz der Natur, weil sie sich nur auf ein paar wenige Pflanzenmerkmale stützte, und in gewisser Hinsicht war sie im Vergleich zu John Rays Klassifizierungssystem sogar ein Rückschritt, dennoch fand sie die nächsten 50 Jahre weitläufige Verwendung.

3 Der europäische Imperialismus und das steigende Interesse an Exoten

Zu jener Zeit schritt die Botanik der westlichen Welt im Kontext eines aggressiven Kolonialismus voran. Im 15. und 16. Jahrhundert hatten Spanier und Portugiesen Teile von Amerika, Afrika und Asien entdeckt, erkundet, besiedelt und die dortigen Ressourcen ausgebeutet – teilweise auch vom Wunsch getrieben, sich den Nachschub an pflanzlichen Gütern wie Pfeffer, Gewürznelken und Muskat zu sichern. Im 17. Jahrhundert dauerten ihre Expansionsbestrebungen an, nur sahen jetzt auch England, Frankreich und die Niederlande einen möglichen Nutzen, setzten alles daran, aufzuholen bzw. mitzuhalten, und wurden ebenfalls zu bedeutenden Kolonialmächten.

Sie alle wetteiferten miteinander im Errichten von Handelsposten, -netzwerken und Kolonien im Ausland. Dabei wurden die indigenen Völker regelrecht überrannt und ihr Anrecht an den eigenen botanischen Ressourcen rücksichtslos übergangen.

Der Merkantilismus, eine Form des wirtschaftlichen Nationalismus, in dessen Rahmen die europäischen Länder miteinander konkurrierten mit dem Ziel, Reichtum durch mehr Export als Import zu generieren, trieb die Ausbeutung in den fernen Ländern, in die sie eingedrungen waren, in die Höhe und führte auch zu Konflikten der kolonialen Aggressoren untereinander. In Nord-, Mittel- und Südamerika wurde bald die Plantagenwirtschaft vorherrschend, bei der auf der Grundlage von Sklavenarbeit landwirtschaftliche Produktion im großen Stil betrieben wurde. In Asien dominierten Gesellschaften wie die Niederländische Ostindien-Kompanie (*Vereenigde Oostindische Compagnie,* kurz VOC) und die Englische, später Britische Ostindien-Kompanie den Handel. Deren eigentlicher Zweck war zwar der Warenhandel, mit der Zeit wurden die Handelsgesellschaften aber selbst zu Kolonialmächten, schlossen Verträge, bauten Festungsanlagen und führten militärische Operationen durch. Da Nahrungsmittel, Arzneimittel und sonstige Dinge, mit denen die Europäer gerne Handel trieben, pflanzlicher Natur waren, nahm die Botanik im Gefüge des ausbeuterischen kolonialen Handelswesens einen zentralen Platz ein. Kräuterbücher, Gebietsfloren und sonstige botanische Werke, oft unter Zuhilfenahme indigenen Wissens zusammengestellt, waren das Vehikel, um botanisches Verständnis zu erwerben, zu teilen und zum Zwecke des Wachstums europäischer Ökonomien zu nutzen.

Bestes Beispiel dafür ist das Werk *Rerum medicarum Novae Hispaniae thesaurus* (etwa «Schatzkammer der medizinisch nutzbaren Dinge von Neuspanien») von Francisco Hernández de Toledo (1517–1587), welches das heutige Mexiko abdeckt. Es wurde auf Wunsch von König Philip II. von Spanien zusammengestellt und enthält die Beschreibung von 3000 Pflanzenarten, deren Benennung aufgrund von Befragungen von Einheimischen durch Dolmetscher erfolgte. Hernández gab die Namen auf Nahuatl an, einer indigenen Sprache, die verschiedene Völker in Mittelamerika einschließlich der Azteken verwendeten, sowie auf Lateinisch. Er teilte die Pflanzen, die er fand, in verholzte und krautige ein und Letztere weiter gemäß ihrer Verwendung in essbare, medizinisch oder ökonomisch nutzbare

RECHTS

***Historia naturalis Brasiliae*, Georg Marggraf und Willem Piso (1648)**

Das Titelblatt dieses Buchs, des ersten wissenschaftlichen Werks zur Naturkunde Brasiliens, präsentiert uns eine seltsame Kombination aus indigenen Menschen und einem eher klassisch daherkommenden Flussgott.

sowie reine Zierpflanzen. Drei einheimische Künstler, deren Namen mit Antón, Baltazar Elías und Pedro Vázquez angegeben sind, schufen die Illustrationen der Pflanzen (sowie der Tiere und Mineralien). Hernández hatte den gesamten Inhalt bereits zwischen 1570 und 1577 zusammengetragen, doch eine Veröffentlichung blieb ihm zunächst verwehrt – auch wenn mehrere Autoren bereits Auszüge daraus in ihre eigenen Bücher übernommen hatten. Erst 1651 kam eine (gekürzte) Version unter dem Titel *Nova Plantarum, animalium et mineralium Mexicanorum historia* (etwa «Neue Geschichte der Pflanzen, Tiere und Mineralien der Mexikaner») heraus. Zu dieser Zeit was es das größte Kompendium naturwissenschaftlichen Wissens über die sogenannte Neue Welt. Es enthielt die Beschreibung mehrerer Pflanzen, aus denen global wichtige Nutzpflanzen werden sollten: Mais, Chili, Tomaten oder Kakao.

Zwischen 1630 und 1654 konzentrierte sich die Niederländische Westindien-Kompanie (*Geoctroyeerde West-Indische Compagnie,* kurz WIC) auf Brasilien, die Karibik und Nordamerika und besetzte einen Teil Nordostbrasiliens in der Pernambuco-Region, dem damals größten Zuckerproduktionsstandort der Welt. Als der WIC das Recht zur Teilnahme am atlantischen Sklavenhandel zuerkannt wurde, richtete sie ihr Profitstreben auf die Versklavung von Menschen, auf Zuckerrohr und brasilianisches Nutzholz aus. Der damalige Graf (später Fürst) Johann Moritz von Nassau-Siegen (1604–1679), der zwischen 1637 und 1644 als Generalgouverneur in Niederländisch-Brasilien diente, versammelte eine Gruppe von Gelehrten und Malern, um Geografie, Flora, Fauna, die einheimische Bevölkerung, tropische Krankheiten und die traditionelle Medizin der Region zu erforschen. Hierzu gehörte der deutsche Naturforscher Georg Marggraf (1610–1644), der die Pflanzen und Tiere, die Geografie, Meteorologie und Astronomie des nordöstlichen Brasilien studierte, während sich der niederländische Arzt Willem Piso (1611–1678) auf die Krankheiten und Heilpflanzen der Region konzentrierte.

1648 übertrug Johannes de Laet (1581–1649), einer der Direktoren der WIC, die Aufzeichnungen von Marggraf und Piso ins Lateinische, editierte sie und gab sie als *Historia naturalis Brasiliae* (etwa «Naturkunde Brasiliens») heraus. Sie enthielt Hunderte von Pflanzen mit ihren einheimischen Namen in der landläufig als Tupi bekannten Sprache und führte regional verbreitete Leiden und deren Behandlung auf sowie weitere Nutzungsmöglichkeiten der Pflanzen. Marggraf beobachtete beispielsweise, dass die Frucht des Kalebassenbaums bzw. Teile davon gerne als Teller, Tasse oder Flasche verwendet wurden oder dass die Indigenen mithilfe eines Stamm- oder Wurzelstücks eines bestimmten Ameisenbaums (*Cecropia pachystachya*) Feuer anzünden konnten – und das ohne Stein. Das Werk kombiniert derlei Beobachtungen mit Hinweisen auf klassische Autoren wie Theophrast und Dioskurides sowie Zeitgenossen wie Hernández und Clusius.

Auf der anderen Seite der Welt, im Osten, gewann die VOC an Boden. Mitte des 17. Jahrhunderts zählte sie 50 000 Angestellte und 10 000 Soldaten und betrieb Handelsposten vom Persischen Golf bis nach Japan. Ihre 150 Handelsschiffe segelten regelmäßig um das Kap der Guten Hoffnung und durch die Magellanstraße, steuerten von Holland aus das westliche und südliche Afrika, Mauritius, Arabien, Persien, Südindien, Ceylon (das heutige Sri Lanka), Java, die Molukken, China und Japan an. Die wichtigsten Verkaufsschlager der VOC waren Pfeffer, Muskatnuss und Macis, Nelken und Zimt. Aber auch andere Pflanzen waren von Interesse. Besonders gefragt waren Heilpflanzen aus Asien, die

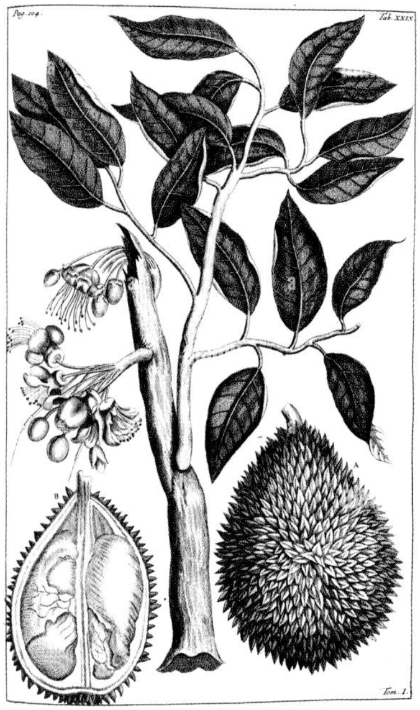

OBEN

Herbarium amboinense, Georg Eberhard Rumpf (latinisiert Georgius Everhardus Rumphius) (1741–1750)

Rumpf beschrieb Pflanzen wie diesen Durianbaum, der auf der zu den Molukken gehörenden Insel Ambon vorkommt.

zur Behandlung von Tropenkrankheiten geeignet waren, denen die Mitarbeiter der VOC oft erlagen. Die VOC beschäftigte Gärtner, Apotheker oder Chirurgen, die angehalten waren, Informationen über jegliche interessante Pflanzen zu sammeln, denen sie rund um ihre Posten begegneten. Wie der niederländische Arzt und Botaniker Herman Boerhaave (1668–1738; siehe auch S. 134) bemerkte, sei «praktisch kein Kapitän, ob nun an Bord eines Handels- oder eines Kriegsschiffes, aus einem niederländischen Hafen ausgelaufen ohne den ausdrücklichen Auftrag, allerorten Samen, Wurzeln, Setzlinge oder Sträucher zu sammeln und nach Holland mitzubringen».

Der deutsche Botaniker Georg Eberhard Rumpf (1627–1702) studierte, als er im Dienst der VOC stand, die Flora und Fauna von Ambon, einer Molukken-Insel, auf der begehrte Gewürze wuchsen. Die Veröffentlichung seines *Herbarium amboinense* («Herbarium von Ambon») ging indes mit erheblichen Hürden einher. Er hatte 1662 mit der Arbeit an dem Werk begonnen, erblindete jedoch 1670, schrieb mithilfe seiner Ehefrau Susanna aber weiter am Manuskript. Doch vier Jahre später kamen sie und eine ihrer Töchter bei einem Erdbeben mit Tsunami ums Leben. Mit der Hilfe mehrerer Assistenten und seines Sohnes Paul August, der viele Illustrationen beisteuerte, setzte er die Arbeit fort, bis ihn 1687 ein erneuter Schicksalsschlag traf: In seiner Bibliothek brach Feuer aus und zerstörte wichtige Dokumente. Als er 1690 endlich fertig war, wurde das Schiff, das das Manuskript in die Niederlande bringen sollte, von der französischen Flotte versenkt – er war gezwungen, das Werk von einer vor der Verschiffung angefertigten Kopie zu rekonstruieren. Als es 1696 endlich die Niederlande erreichte, entschied die VOC, dass der Inhalt vom kaufmännischen Standpunkt aus so heikel sei, dass es nicht veröffentlicht werden sollte. Es porträtierte 1300 Arten von Blütenpflanzen einschließlich des Gewürznelkenbaums, dessen getrocknete Blütenknospen in Europa als Gewürz- und Heilmittel genutzt wurden. Sie dienten zur Behandlung von allen möglichen Leiden, von Schwindelanfällen über Verstopfung bis zur Pest. Ein halbes Jahrhundert nach Rumpfs Tod kam das *Herbarium amboinense* schließlich doch noch heraus, ins Lateinische übertragen von Johannes Burman (1706–1779; siehe auch S. 134), der Arzt und Professor für Botanik in Amsterdam war und den dortigen botanischen Garten leitete.

Burman gab 1737 den *Thesaurus Zeylanicus* (etwa «Schätze Ceylons») heraus, der größtenteils auf der Arbeit des in Diensten der VOC stehenden Arztes Paul Hermann (1646–1695) fußte. Hermann hatte zwischen 1672 und 1679 in Ceylon Pflanzen gesammelt, wo «von all den Pflanzen, die dem gelehrten Botaniker zuvor in Europa begegnet waren, er in Ceylon keine drei Exemplare fand». Nachdem Hermann 1695 gestorben war, gab sein englischer Schüler und Freund, der Botaniker William Sherard (1659–1728), Hermanns Werk «in seinem unvollkommenen und chaotischen Zustande» als *Musaeum Zeylanicum* (etwa «Museum von Ceylon») 1717 heraus.

Hermanns Werk zu editieren und neu zu klassifizieren, blieb Burman überlassen – unterstützt vom schwedischen Naturforscher Carl von Linné (1707–1778), der fürderhin die Klassifizierung und Benennung von Pflanzen revolutionieren sollte. In *Thesaurus Zeylanicus* werden über 650 Pflanzen, einschließlich Malabarnuss, Amaranth, Zimt und verschiedener Jasmin-Arten, beschrieben und ihre Namen auf Lateinisch, «Malabarisch» bzw. Tamilisch und Singhalesisch angegeben. In ähnlicher Weise schöpfte Burman aus den Sammlungen, die Hermann auf dem Weg nach Ceylon am Kap der Guten Hoffnung angelegt hatte, aber auch aus denen von Heinrich Bernhard Oldenland, Jan Hartog und Johann Andreas Auge, die den Kapgarten der VOC geleitet hatten, um zwischen 1738 und 1739 das *Rariorum Africanarum plantarum* (etwa «Seltene Pflanzen Afrikas») herauszugeben. Mit seinen 100 Pflanzenbeschreibungen vom Kap der Guten Hoffnung und den Illustrationen des Arztes Hendrik Claudius ist es eines der frühesten Werke, das sich der Flora Südafrikas widmet.

In Indien war Hendrik van Rheede (1636–1691), den die VOC von 1669 bis 1676 als Gouverneur von Cochin im damals niederländisch dominierten Teil der Malabarküste installiert hatte, von Pflanzen fasziniert und widmete sich der Erforschung und Systematisierung der traditionellen Arzneimittel im südlichen Indien. Er wollte vor allem alternative pflanzliche Heilmittel für die niederländischen Truppen finden, da Arznei aus Europa während der langen Seereise nach Indien ihre Wirksamkeit einbüßte. 1678 gab er den Anstoß zur ersten Untersuchung der tropischen Flora von Südasien überhaupt. Dazu

UNTEN

***Thesaurus Zeylanicus*, Johannes Burman (1737)**

Dieses Werk beruht auf den Sammlungen von Paul Hermann, einem Arzt, der für die Niederländische Ostindien-Kompanie tätig war.

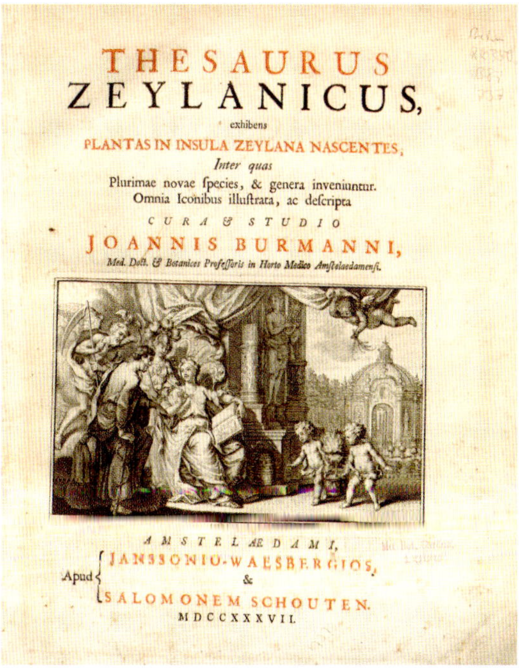
THESAURUS
ZEYLANICUS,
exhibens
PLANTAS IN INSULA ZEYLANA NASCENTES;
Inter quas
Plurimae novae species, & genera inveniuntur.
Omnia Iconibus illustrata, ac descripta
CURA & STUDIO
JOANNIS BURMANNI,
Med. Doct. & Botanices Professoris in Horto Medico Amstelaedamensi.
AMSTELAEDAMI,
Apud JANSSONIO-WAESBERGIOS, & SALOMONEM SCHOUTEN.
MDCCXXXVII.

DIESE UND FOLGENDE DOPPELSEITE

***Hortus Malabaricus*,**
Hendrik van Rheede (1678–1693)

Dieses Werk enthält kunstvoll ausgeführte Illustrationen, die die Flora der Malabarküste im südwestlichen Indien detailreich wiedergeben.

Fig. 5.
Caunga. lat.
Mal.
Arab.
bram.

mobilisierte van Rheede ein Aufgebot von Ärzten, Wissenschaftlern, Künstlern, Pflanzensammlern und Dolmetschern aus Malabar und aus Europa. Viele Jahre lang arbeiteten sie am zwölfbändigen *Hortus Malabaricus* (etwa «Garten von Malabar»), in dem um die 740 Wild- und Kulturpflanzen, Bäume und Sträucher der Malabarküste beschrieben sind samt medizinischer Wirkung. Die Pflanzennamen wurden auf Latein, Sanskrit, Konkani und Malayalam angegeben, wobei letztere Sprache auch in arabische Schrift transkribiert wurde. Der Text war mit nahezu 800 Stichen illustriert – in Holland gefertigt auf der Grundlage von Zeichnungen, die von niederländischen Künstlern in Indien geschaffen

worden waren. Das Werk wurde zwischen 1678 und 1693 mit Unterstützung des Radschas von Cochin in Amsterdam veröffentlicht.

Die Angaben im Buch stammten hauptsächlich von der indigenen Bevölkerung. Heiler aus der niederen Kaste der «Toddy Tappers» (Menschen, die Palmen zur Saftgewinnung und späteren Herstellung von Palmwein anzapften) sammelten Pflanzen und teilten ihr Wissen, wie diese Pflanzen gemäß der buddhistischen Ezhava-Tradition zu verwenden seien. Die in dieser Hinsicht wichtigste Quelle war der aus Kerala stammende Heilkräuterkundige Itty Achudan. Am anderen Ende der Kastenhierarchie standen die drei konkani-

brahmanischen Priester-Ärzte Ranga Bhatt, Apu Bhatt und Vinayak Pandit, die kundige Hinweise lieferten und beim Schreiben des Texts halfen.

Das Werk *Icones Plantarum Malabaricum* (etwa «Bilder der Pflanzen von Malabar») entstand ungefähr zeitgleich mit dem *Hortus Malabaricus,* doch der Autor ist unbekannt. Es bildet auf 262 Aquarellen Heilpflanzen von Sri Lanka ab, nennt deren lokale Namen, medizinische Eigenschaften und Verwendungen – ein weiteres wichtiges ethnobotanisches Nachschlagewerk zu Heilpflanzen des südlichen Asien.

4 Die Biodiversität der Erde in frühen Darstellungen

Einige der botanischen Werke, die Europäer im 17. Jahrhundert herausbrachten, sind dahingehend bemerkenswert, dass sie sich auch der Erforschung von Wechselbeziehungen zwischen Tieren und Pflanzen widmen. Dazu gehört die 1705 erschienene *Metamorphosis insectorum Surinamensium (Verwandlung der surinamischen Insekten)* von Maria Sibylla Merian, eines der ersten, frühen Werke, das sich mit dem Lebenszyklus von Insekten und ihren Futterpflanzen auseinandersetzt. Die deutsche Naturforscherin Merian (1647–1717) hatte bereits im Alter von elf Jahren das Kupferstechen von ihrem Stiefvater Jacob Marrel erlernt, einem gefeierten Blumenmaler. Zwei Jahre später hatte sie ihr beachtliches künstlerisches Talent mit ihrem Interesse für die Natur verknüpft und dokumentierte ihre Versuche, Seidenraupen zu züchten und mit Maulbeerblättern zu füttern, in einem Skizzenbuch. So wurde sie also Blumenmalerin und Kupferstecherin, entwarf Stickmuster und wirkte als Lehrerin für all das. Als sie 1699 nach Surinam an der Nordostküste Südamerikas reiste, hatte sie bereits drei Bücher mit Blumen und zwei mit Schmetterlingen veröffentlicht.

Damals war Surinam noch Teil von Niederländisch-Guayana und damit in den Händen von Niederländern, die auf der Basis von Sklavenarbeit Plantagen für Zuckerrohr, Kaffee und Baumwolle betrieben und mit dem Zuckerhandel reich geworden waren. Bei der Forschungsarbeit für *Metamorphosis* stützte sich Merian stark auf das Wissen und die Hilfe der versklavten Menschen, die auf den niederländischen Plantagen arbeiteten. Auf seinen 60 Bildtafeln präsentierte das Buch – neben Pflanzen und anderen Tieren – den Lebenszyklus von Tag- und Nachtfaltern sowie weiteren Insekten und enthielt außerdem Angaben zu deren Futterpflanzen und Lebensräumen. Mehrere dargestellte Pflanzen wie Ananas, Stachel-Annone und Guave waren zu der Zeit in Europa nahezu unbekannt.

Was die gemeinsame Darstellung von Pflanzen und Tieren anbelangte, trat der englische Naturforscher Mark Catesby (1683–1749) in Merians Fußstapfen. Zwischen 1729 und 1747 publizierte er die erste bedeutende illustrierte Flora und Fauna der britisch besetzten Territorien im südöstlichen Nordamerika. *The Natural History of Carolina, Florida and the Bahama Islands* (etwa «Naturkunde von Carolina, Florida und den Bahamas») bestand aus 220 Tafeln mit Begleittext und umfasste «Vögel, wilde Tiere, Fische, Schlangen, Insekten und Pflanzen, besonders Waldbäume, Sträucher und andere Pflanzen, so bisher nicht beschrieben oder von Autoren sehr falsch dargestellt».

Catesbys erste Reise nach Nordamerika hatte ihn 1712 nach Virginia geführt, von wo er 1719 wieder zurückkehrte. In den Jahren dieses Besuchs hatte er eine solche Menge zoologischer und botanischer Präparate und Zeichnungen gesammelt, dass er eine kleine Gruppe einflussreicher Londoner Naturwissenschaftler überzeugen konnte, ihm eine zweite Reise zu finanzieren, diesmal nach Carolina und Florida. Zu seinen Unterstützern zählten der

LINKS

***Metamorphosis Insectorum Surinamensium,* Maria Sibylla Merian (1705)**

Merian leistete Bahnbrechendes, was die Darstellung der Lebenszyklen und Futterpflanzen von Insekten angeht. Hier krabbeln Schaben auf einer Ananas herum.

RECHTS

The natural history of Carolina, Florida and the Bahama Islands, **Mark Catesby (1731–1743)**

Catesby stellt hier in einem Trompetenbaum einen «Bastard Baltimore Bird» (eigentlich ein Gartentrupial, *Icterus spurius*) dar, dessen «ansehnliches Kleid» – vor allem des Weibchens – ihm eine Erwähnung im Text wert ist.

GEGENÜBER

The natural history of Carolina, Florida and the Bahama Islands, **Mark Catesby (1731–1743)**

Catesby fertigte diese Radierung mit einem, wie er ihn nannte, «Blackcap flycatcher» (eigentlich ein Weißbauch-Phoebetyrann) auf Carolina-Jasmin 1731 an.

T. 53
Jasminum luteum.
The yellow Jeſſamy.
Muscicapa nigrescens.
The blackcap Flycatcher.

OBEN

The natural history of Carolina, Florida and the Bahama Islands, Mark Catesby (1731–1743)

Dieses Aquarell zeigt einen Schieferrücken-Königstyrann auf dem Zweig eines Sassafrasbaums.

königliche Leibarzt Hans Sloane, der Diplomat und Botaniker William Sherard (der Hermanns *Musaeum Zeylanicum* herausgegeben hatte) sowie Charles du Bois, der Schatzmeister der Britischen Ostindien-Kompanie. Im Gegenzug schickte Catesby seinen Gönnern Material für ihre eigenen Sammlungen und Gärten.

Nachdem Catesby von seiner zweiten Reise zurückgekehrt war, machte er sich daran, seine Reisenotizen auszuarbeiten und ergänzt um Illustrationen zu dem Buch zusammenzustellen, das sein Lebenswerk werden sollte. Er war zwar kein ausgebildeter Kunstmaler, aber künstlerisch begabt, und so konnte er seine Belege präzise bildlich darstellen. Gleichwohl gewannen, nachdem er mit dem Pflanzenmaler und Botaniker Georg Dionysius Ehret (1708–1770) zusammengetroffen war, seine Darstellungen an Souveränität und Tiefe, und er arbeitete die Details von Samen, Knospen, Blütenköpfen und Wurzeln stärker heraus. Wie Merian stellte auch Catesby Flora und Fauna oft zusammen dar. So hat er beispielsweise den Goldzeisig *(Spinus tristis)* auf einer, wie er sagt, «Akazie» (in Wirklichkeit *Gleditsia triacanthos*) dargestellt. Das Sperlingstäubchen *(Columbina passerina)* stellte er unter einem «Zahnweh-Baum» (es handelt sich um die Herkuleskeule, *Zanthoxylum clava-herculis*) dar und erklärte, dass diese amerikanische Taubenart von der Größe einer Lerche die Beeren des Baumes frisst und dass die an der Küste Virginias und Carolinas lebenden Menschen die aromatischen Samen und die Borke des Baumes zur Behandlung von Zahnschmerzen verwendeten, daher der Name. Cromwell Mortimer, damals Sekretär der Royal Society, bezeichnete Catesbys Werk 1747 als «prächtigstes Werk seit Erfindung der Druckkunst».

5 China, Japan und eine neue Arzneimittellehre

Mitte des 17. Jahrhunderts räumte die in China seit 1368 herrschende Ming-Dynastie das Feld und machte Platz für die aus Nordostasien stammenden Mandschu. Während der nun folgenden Qing-Dynastie wuchs Chinas Territorium und seine Bevölkerung, neue, aus Amerika stammende Feldfrüchte wie Kartoffeln, Erdnüsse und Tomaten wurden eingeführt und China wurde durch den Exporthandel mit Tee und Luxusgütern wie Seide und Porzellan reich. Kaiser Kangxi, der von 1662 bis 1722 herrschte, war dem kulturellen Fortschritt zugeneigt, ließ umfangreiche Karten des Landes anfertigen und förderte die Vermehrung und Verbreitung von Wissen. Das umfassende *Bencao gangmu (Kompendium der chinesischen Arzneitherapie),* das der Arzt Li Shizhen (1518–1593) gegen Ende des 16. Jahrhunderts herausgebracht hatte, war überaus wichtig, wenn es darum ging, mehr über Heilpflanzen in ganz China und darüber hinaus zu erfahren. Li Shizhen hatte nicht nur 1892 Substanzen erfasst und Fehler älterer Arzneibücher korrigiert, er hatte auch die etablierte Einstufung der Giftigkeit verworfen und ein neues hierarchisches System der Organismen präsentiert. Das *Bencao gangmu* war auch in Japan in Umlauf, wo der Begründer des

Tokugawa-Shogunats, Tokugawa Ieyasu, zum Studium der chinesischen Kräuterheilkunde aufforderte, um seine Landsleute in einer Lebensweise zu bestärken, die auf den Lehren von Konfuzius beruhte. Infolgedessen studierten die Gelehrten den Text während der gesamten Edo-Zeit (1603–1868), und eigene naturkundliche Traditionen konnten sich etablieren.

6 China und Europa und der Austausch botanischen Wissens

Im 17. und frühen 18. Jahrhundert reagierten die Ming- und Qing-Dynastien auf den Druck, dem sie sich durch den europäischen Forscherdrang ausgesetzt sahen, indem sie eine Taktik der Isolation pflegten, den Außenhandel streng kontrollierten und diesen ausschließlich über den Hafen von Kanton (heute Guangzhou) zuließen. Infolgedessen und aufgrund von Barrieren geografischer und sprachlicher Natur war der Austausch von botanischen Informationen zwischen Europa und China begrenzt. Trotzdem gelangten ein paar Pflanzen nach Westen und gediehen fortan in europäischen Gärten, beispielsweise die Orange oder auch Apfelsine («Apfel aus Sina/China»), wegen ihrer goldenen, apfelgroßen Früchte zu jener Zeit «Poma Aurantia» genannt und bereits in Beslers *Hortus Eyſtettensis* von 1613 erwähnt. Jesuitische Gelehrte fungierten im 17. und frühen 18. Jahrhundert als wichtigster Kanal für den Austausch wissenschaftlicher Informationen zwischen China und Europa.

Der polnische Jesuitenmissionar und Diplomat Michał Piotr Boym (1612–1659) legte im Jahr 1656 die *Flora sinensis* («Flora von China») vor. Sie präsentierte eine Auswahl dessen, was Boym für «die hauptsächlichen Früchte, Bäume und Tiere der Chinesen und

UNTEN

Michał Piotr Boym (1612–1659)

Boyms Werk *Flora sinensis* war eines der ersten von einem Europäer verfassten Bücher über China

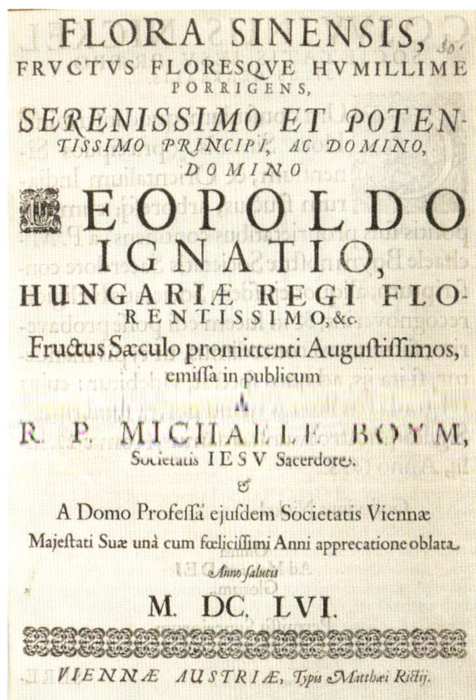

FLORA SINENSIS,
FRVCTVS FLORESQVE HVMILLIME PORRIGENS,
SERENISSIMO ET POTENTISSIMO PRINCIPI, AC DOMINO, DOMINO
LEOPOLDO IGNATIO,
HUNGARIÆ REGI FLORENTISSIMO, &c.
Fructus Sæculo promittenti Auguſtiſſimos, emiſſa in publicum
A
R. P. MICHAELE BOYM,
Societatis IESV Sacerdote.
&
A Domo Profeſſâ ejuſdem Societatis Viennæ
Majeſtati Suæ unà cum fœliciſſimi Anni apprecatione oblata.
Anno ſalutis
M. DC. LVI.
VIENNÆ AUSTRIÆ, Typis Matthæi Riccij.

Inder» hielt. Dazu zählte er nicht nur einheimische Pflanzen wie etwa Litschi, sondern auch einige aus Amerika stammende wie Papaya, Cashew-Nuss und Guave. Das Buch mit seinen 48 Seiten Text und 23 Illustrationen wurde in Schwarz-Weiß gedruckt, wobei auch einige handkolorierte Exemplare existieren. 17 Holzschnitte sind botanischer Natur, fünf stellen Tiere dar und einer eine Stele. Boym merkte an, dass er nicht alle Pflanzen mit einer Abbildung versehen habe, weil manche «in den meisten Herbarien» vertreten seien. Eine Beschreibung liefert er aber zu allen Pflanzen – einschließlich der Namen auf Chinesisch und Latein, Angaben zum Fundort bzw. zur geografischen Verbreitung und bei einigen auch zu medizinischen Eigenschaften. Interessanterweise findet sich unter den abgebildeten Tieren ein Flusspferd, das Boym unmöglich in China gesehen haben kann, vielleicht aber auf der Hinreise, die über Mosambik verlief.

7 Japan und Europa auf parallelen Pfaden der Gelehrsamkeit

Im 17. und frühen 18. Jahrhundert hatte Westeuropa in Bezug auf die Botanik mit Japan viel gemein. Beide Kulturen beruhten auf klassischen Studiensystemen zur Natur – das europäische Verständnis für Pflanzen wurzelte in griechisch-römischen Lehren, das japanische in der klassischen chinesischen Tradition des *Bencao.* Unabhängig voneinander schüttelten Naturforscher beider Regionen den Ballast der Vergangenheit ab und begannen, die Natur eigenverantwortlich, selbstbestimmt und auf die eigene Region bezogen zu erforschen. In beiden Kulturen sammelte man botanisches Wissen in Form von akkuraten und detaillierten Pflanzenbeschreibungen, befragte diejenigen, die die Pflanzen praktisch nutzten, und verwendete im Alltag gebräuchliche Sprachen. Obwohl Japan wie China einen strikten Isolationismus pflegte, räumte das Tokugawa-Shogunat der VOC besondere Handelsprivilegien ein, und sie durfte im Hafen von Nagasaki einen Handelsposten errichten.

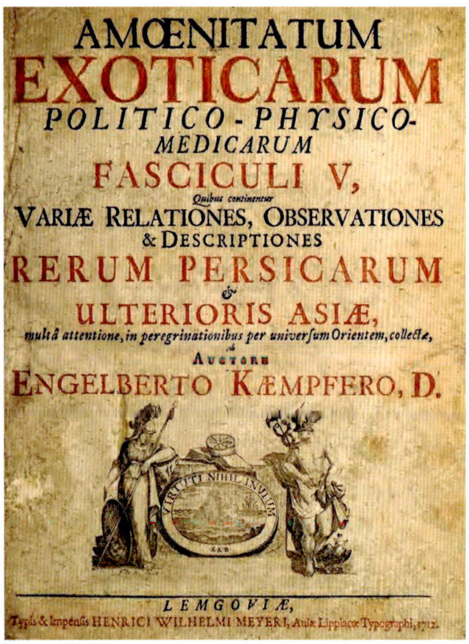
AMŒNITATUM EXOTICARUM POLITICO-PHYSICO-MEDICARUM FASCICULI V, Quibus continentur VARIÆ RELATIONES, OBSERVATIONES & DESCRIPTIONES RERUM PERSICARUM & ULTERIORIS ASIÆ, multâ attentione, in peregrinationibus per universum Orientem, collectæ, ab AUCTORE ENGELBERTO KÆMPFERO, D.

LEMGOVIÆ, Typis & Impensis HENRICI WILHELMI MEYERI, Aulæ Lippiacæ Typographi, 1712.

UNTEN

***Amoenitatum exoticarum*, Engelbert Kaempfer (1651–1716)**

Westliches Wissen über Japan stammte bis ins 19. Jh. hinein in aller Regel aus Kaempfers Standardwerk.

Ein besonders einflussreiches Buch, dass den Europäern Wissen über Japan vermittelte, war *Amoenitatum exoticarum (Die Exotischen Köstlichkeiten)* des deutschen Arztes und Naturforschers Engelbert Kaempfer (1651–1716). Es erschien 1712 und bot Informationen zu Akupunktur, Tee, Ambra, zur Absonderungspolitik und, besonders wichtig, eine umfassende *Flora Japonica* («Flora von Japan»). Kaempfer war 1690 nach Nagasaki gekommen und zwei Jahre geblieben. Obwohl Europäer in Japan unter Aufsicht standen, gelang es ihm, Ausflüge nach Nagasaki und die umliegenden Berge zu machen, um Kräuter zu sammeln. Die Japaner hielt er für «vernünfftige Menschen und besondere kenner und liebhaber der pflantzen …».

Im Abschnitt *Flora Japonica* stellte er 570 Pflanzen vor, 250 davon mit Stichen bebildert. Er gruppierte die Pflanzen wie folgt: Beeren und Pflaumen tragende; Äpfel und Nüsse tragende; Öl hervorbringende, fruchtende und Hülsen tragende; Pflanzen mit auffallenden Blüten sowie eine Rubrik «Sonstige». So führt er den «Kampferlorbeer» (Kampferbaum) an, den er als *Laurus camphorifera* bezeichnet, und erklärt, er sei mit dem Lorbeer verwandt und

LINKS

***Flora sinensis*,**
Michał Piotr Boym (1656)

Boym beschrieb Früchte und Bäume, die ihm in China begegneten. So wie diese Litschi hier.

eine Quelle für Campheröl. Er nennt den japanischen Namen nebst phonetischer Schreibweise, beschreibt die Pflanze und erklärt, wie Campheröl gewonnen und verwendet wird. Andere nützliche Pflanzen sind in seinen Augen verschiedene Lack- bzw. Firnisbäume wie «Fasi no ki» und «Urus no ki», deren Saft zur Herstellung von Lack verwendet werde, mit dem die Japaner seit langer Zeit Holz- und Metallgegenstände überzögen. Kaempfer wird zugeschrieben, mehrere Pflanzen nach Europa eingeführt zu haben, einschließlich des Ginkgos, der ihm als Kulturpflanze in einem buddhistischen Kloster begegnete, und der Sojabohne, die, wie er bemerkte, für die japanische Küche von entscheidender Bedeutung sei.

8 Den inneren Werten der Pflanzen auf der Spur

Während viele Naturforscher – und auch einige Naturforscherinnen – damit beschäftigt waren, ferne Länder zu erkunden und dort allerlei Wissen über die Botanik zusammenzutragen, versuchten andere, den Pflanzen in heimischen Gefilden durch die Linse einer neuen technischen Errungenschaft beizukommen. Wer letztlich das Mikroskop wirklich erfand, ist nicht ganz klar, aber der Niederländer Zacharias Janssen (1585–um 1632) soll, unterstützt von seinem Vater Hans – beide Linsenschleifer und Brillenhändler – um 1600 ein frühes zweilinsiges Mikroskop gebaut haben. Etwa drei Jahrzehnte später wurde erstmals die Abbildung einer durch ein Mikroskop betrachteten Pflanze veröffentlicht: in *De florum cultura* (etwa «Über die Kultivierung von Blumen»), dem Werk des italienischen Jesuiten und Botanikers Giovanni Battista Ferrari (um 1584–1655). Besagtes Bild zeigt drei Ansichten eines Hibiskussamens.

Ein umfassenderes Werk, in dem deutlich wird, was die Mikroskopie für Wissenschaft und Forschung zu leisten imstande sein würde, ist *Micrographia,* 1665 von Robert Hooke (1635–1703) herausgebracht. Hooke war Kurator für Experimente bei der Royal Society in London und begnadeter Wissenschaftler, der mit großem Geschick optische Instrumente baute. Mit seiner *Micrographia* machte er der breiten Öffentlichkeit die vollkommen neuartige Welt zugänglich, die sich ihm auftat, wenn er durch sein zweilinsiges Mikroskop schaute: die Körperteile eines Flohs in einzelnen Details, Harngrieß, das Facettenauge einer Schwebfliege oder Schimmel auf einem ledergebundenen Buch.

Für Botaniker von besonderer Bedeutung war die mikroskopische Darstellung eines Brennnesselblatts und eines dünnen Korkspans. Des Ersteren vergrößerte Darstellung in der *Micrographia* zeigte, dass das Brennen der Pflanze auf einer Flüssigkeit beruht, die durch Brennhaare auf dem Blatt, winzigen Kanülen gleich, in die Haut injiziert wird. Das Bild des Letzteren enthüllte der geneigten Leserschaft, die innere Struktur von Kork sei «ganz durchlöchert und porös, ähnlich einer Honigwabe», und «diese Poren oder Zellen» seien «fürwahr die ersten dieser mikroskopisch kleinen Poren, die ich jemals sah». Hooke mutmaßte, sie seien wasserdicht und mit Luft gefüllt, womit sich erklären ließ, dass Kork schwimmt und sich zusammendrücken lässt, sodass er als Flaschenkorken herhalten kann. Die von ihm beobachteten Kammern waren zwar in Wirklichkeit keine lebenden Zellen, sondern nur noch die toten Zellwände, die nach dem Absterben der Zellen zurückbleiben, aber das Wort «Zelle» wurde hier zum ersten Mal in diesem biologischen Zusammenhang benutzt. Der englische Pflanzenphysiologe Nehemiah Grew untersuchte später die Morphologie von Pflanzen unter dem Mikroskop und legte 1682 mit *The Anatomy of Plants* («Die Anatomie der Pflanzen») das erste Werk zur Zellstruktur von Pflanzen vor.

LINKS

Robert Hooke (vor 1633)

Dieses von Mary Beale gemalte Bildnis stellt, davon geht man zumindest aus, Robert Hooke dar, den Autor von *Micrographia.*

UNTEN

***Micrographia,* Robert Hooke (1665)**

In *Micrographia* wurde der Blick durchs Mikroskop auf Kork, Schneeflocken, Flöhe, Blätter und vieles mehr grafisch dargestellt.

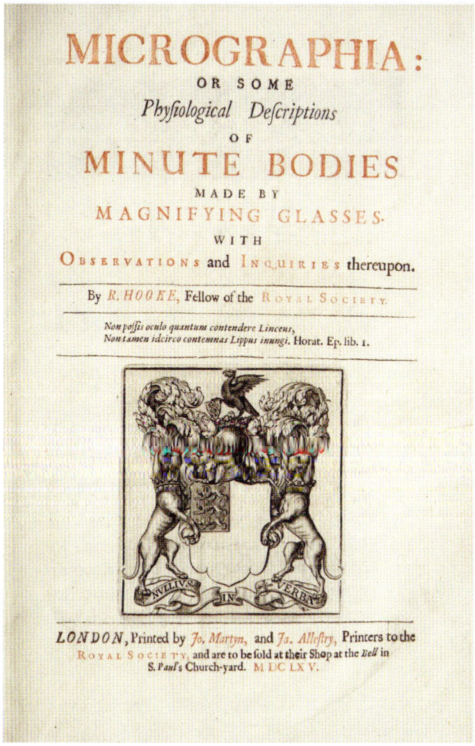

MICROGRAPHIA:
OR SOME
Physiological Descriptions
OF
MINUTE BODIES
MADE BY
MAGNIFYING GLASSES.
WITH
OBSERVATIONS and INQUIRIES thereupon.

By *R. HOOKE*, Fellow of the ROYAL SOCIETY.

Non possis oculo quantum contendere Linceus,
Non tamen idcirco contemnas Lippus inungi. Horat. Ep. lib. 1.

LONDON, Printed by *Jo. Martyn*, and *Ja. Allestry*, Printers to the ROYAL SOCIETY, and are to be sold at their Shop at the *Bell* in S. *Paul's* Church-yard. M DC LX V.

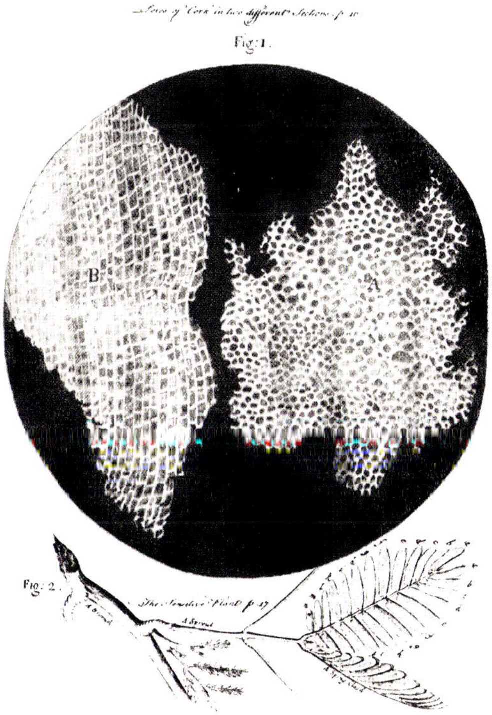

THE
ANATOMY
OF
PLANTS.
WITH AN
IDEA
OF A
Philoſophical Hiſtory of Plants,
And ſeveral other
LECTURES,
Read before the
ROYAL SOCIETY.

By NEHEMJAH GREW M.D. Fellow of the ROYAL SOCIETY, and of the COLLEGE of PHYSICIANS.

Printed by W. Rawlins, for the Author, 1682.

OBEN

Nehemiah Grew (1641–1712)

Der Pflanzenphysiologe Nehemiah Grew leistete Bahnbrechendes auf dem Gebiet der Pflanzenanatomie.

UNTEN UND GEGENÜBER

***The Anatomy of Plants*, Nehemiah Grew (1682)**

Die 82 Bildtafeln in diesem Werk enthüllen die inneren Strukturen von Pflanzen bis ins kleinste Detail.

OBEN

Carl von Linné (1707–1778)

Linné formulierte die Prinzipien zur Definition von Gattung und Art und schuf ein System zu deren Benennung.

9 Klassifikation und Benennung – ein System für alles in der Natur

Als sich das 17. Jahrhundert dem Ende zuneigte, blühten und gediehen Pflanzen aus aller Welt in europäischen Gärten. Präparierte und konservierte Pflanzen sammelten sich zuhauf in Herbarien überall auf dem Kontinent. Die Bestimmung und Benennung vieler Belegexemplare erwies sich als schwierig, weil sie sich nicht in die bisher üblichen Klassifikationssysteme einfügen ließen. Da war es ein wichtiger Schritt in die richtige Richtung, als 1694 der Direktor des Botanischen Gartens Tübingen, Rudolf Jacob Camerarius (1665–1721), beobachtete, dass Blüten mit Stempel keine Samen ansetzten, wenn Blüten mit Staubblättern fehlten. In einem Brief an einen Gießener Professor führte er aus, das Pistill bzw. der Stempel sei das weibliche Fortpflanzungsorgan und die Stamina, zu Deutsch Staubblätter, das männliche – und Pollen seien notwendig, damit sich Samen entwickelten. Hier wurde zum ersten Mal festgehalten, dass sich auch Pflanzen geschlechtlich vermehren, und der Weg war geebnet für den Schweden Carl von Linné (1707–1778) und sein völlig neues Klassifikationssystem, das auf der Anwendung dieser Tatsachen beruhte.

Linné, der Sohn eines Geistlichen, hatte sich bereits als Kind für die Blumen im Garten interessiert und emsig die Namen der Pflanzen gelernt. An der Universität Uppsala nahm ihn Professor Olof Rudbeck (1660–1740) unter seine Fittiche. 1729 hatte Linné eine erste Schrift zur Sexualität von Pflanzen veröffentlicht. Drei Jahre später machte sich Linné auf den Weg, um die Botanik von Lappland zu erkunden. Er reiste 7600 Kilometer, sammelte über 500 Pflanzen und gab das Ergebnis 1737 als *Flora Lapponica* («Flora von Lappland») heraus. Inzwischen hatten sich jedoch seine Prioritäten verschoben. 1735 machte er sich auf in die Niederlande, um an der Universität Harderwijk seinen Abschluss in Medizin zu machen. Während seiner Zeit dort begegnete er nicht nur Johannes Burman (siehe auch S. 116), für den er an der *Flora Zeylanica* («Flora von Ceylon») arbeitete, sondern auch dem Arzt und Botaniker Herman Boerhaave (siehe auch S. 116), der inzwischen als Professor in Leiden emeritiert war, sowie dem niederländischen Botaniker Jan Frederik Gronovius (1690–1762), der ein großes Herbarium besaß und Linnés Förderer wurde.

1735 veröffentlichte Linné sein Werk *Systema naturae* («Das System der Natur»), in dem er sein System zur Klassifizierung von Pflanzen, Tieren und Mineralien darlegte. Er teilte jedes dieser drei Naturreiche in Klassen, Ordnungen, Gattungen, Arten und Varietäten ein. Die Klasse, der eine Pflanze zuzurechnen ist, bestimmte er anhand von Anzahl und Lageverhältnissen der Staubblätter bzw. Stamina – Linné spricht von *mariti,* also «Ehemännern», und meint den männlichen Teil der Blüte, der den Pollen hervorbringt. In welche Ordnung die Pflanze eingeteilt wird, entscheidet sich nach Anzahl und Lage von Stempel bzw. Pistill als Fruchtbildungsorgan – bei Linné ist von *uxores*, «Ehefrauen», die Rede, womit er auf den weiblichen Teil der Blüte verweist. Beim Unterteilen der Ordnungen in Gattungen folgte er Tournefort und gliederte schließlich jede Gattung in Arten auf, sodass sich jede Pflanze von anderen durch ihre Anordnung im System unterschied. Die bildliche Sprache, derer sich Linné bediente, brachte einige seiner Zeitgenossen auf die Palme. So könne man die Blütenblätter durchaus als «Ehebett» sehen – auch wenn die Realität weitaus vielfältiger aussah: Die heterosexuelle Monogamie ist bei Pflanzen nämlich gar nicht unbedingt der Regelfall, viele vermehren sich auf eine Weise, die auch an Homosexualität, Polygamie oder Inzest denken lässt. Eine besonders rabiate kritische Stimme, der deutsche Arzt und Botaniker Johann Georg Siegesbeck, fand Linnés Sexualsystem der Pflanzen anstößig, sprach sogar

UNTEN

Praeludia sponsaliorum plantarum **(etwa «Vorspiele zur Vermählung der Pflanzen»), Carl von Linné (1729)**

In Linnés frühem Manuskript ging es um die Sexualität von Pflanzen, was mancher für Blasphemie hielt.

von «verabscheuungswürdige[r] Unzucht» und soll sich darüber mokiert haben, wieso denn Glockenblumen, Lilien und Zwiebeln auf derlei Unsittlichkeit hätten sinnen sollen.

Über die Bekanntschaft mit Boerhaave und Burman fand Linné Arbeit als Arzt und Gärtner im Haus des wohlhabenden Finanziers und Direktors der VOC George Clifford III. (1685–1770). Während dieser Zeit, zwischen 1735 und 1737, entwickelte Linné

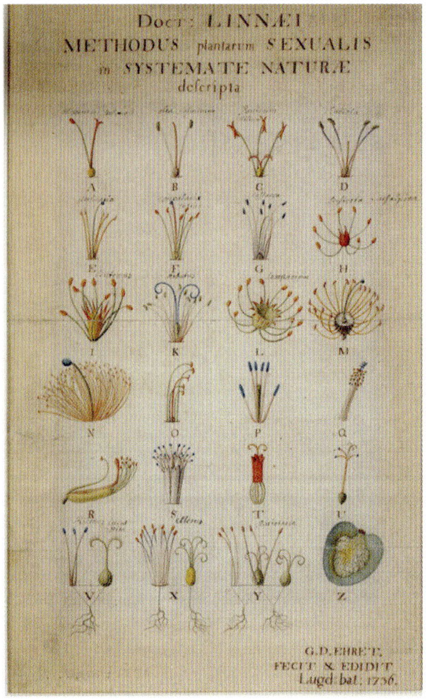

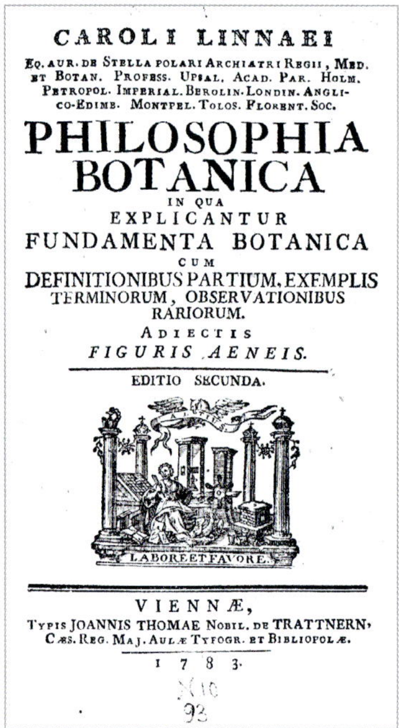
CAROLI LINNAEI
EQ. AUR. DE STELLA POLARI ARCHIATRI REGII, MED. ET BOTAN. PROFESS. UPSAL. ACAD. PAR. HOLM. PETROPOL. IMPERIAL. BEROLIN. LONDIN. ANGLI-CO-EDIMB. MONTPEL. TOLOS. FLORENT. SOC.
PHILOSOPHIA
BOTANICA
IN QUA
EXPLICANTUR
FUNDAMENTA BOTANICA
CUM
DEFINITIONIBUS PARTIUM, EXEMPLIS
TERMINORUM, OBSERVATIONIBUS
RARIORUM.
ADIECTIS
FIGURIS AENEIS.
EDITIO SECUNDA.
LABORE ET FAVORE.
VIENNÆ,
TYPIS JOANNIS THOMAE NOBIL. DE TRATTNERN,
CÆS. REG. MAJ. AULÆ TYPOGR. ET BIBLIOPOLÆ.
1 7 8 3.

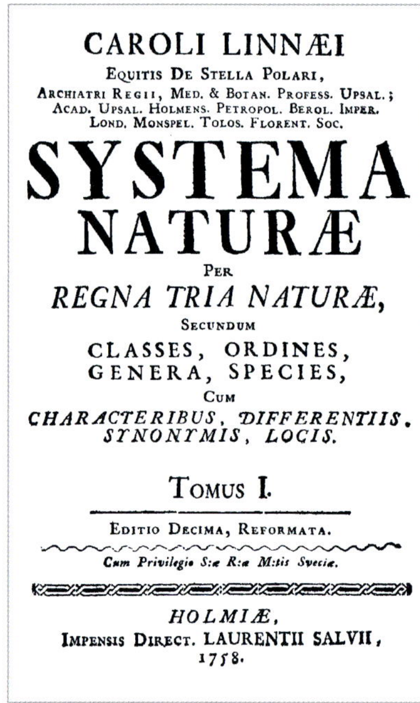
CAROLI LINNÆI
EQUITIS DE STELLA POLARI,
ARCHIATRI REGII, MED. & BOTAN. PROFESS. UPSAL.;
ACAD. UPSAL. HOLMENS. PETROPOL. BEROL. IMPER.
LOND. MONSPEL. TOLOS. FLORENT. SOC.
SYSTEMA
NATURÆ
PER
REGNA TRIA NATURÆ,
SECUNDUM
CLASSES, ORDINES,
GENERA, SPECIES,
CUM
CHARACTERIBUS, DIFFERENTIIS,
SYNONYMIS, LOCIS.
TOMUS I.
EDITIO DECIMA, REFORMATA.
Cum Privilegio S:æ R:æ M:tis Sveciæ.
HOLMIÆ,
IMPENSIS DIRECT. LAURENTII SALVII,
1758.

LINKS

Genera plantarum,
Carl von Linné (1737)

Diese Zeichnung von Georg Ehret stellt Linnés auf dem Prinzip des Sexualsystems der Pflanzen beruhende Klassifikation dar.

MITTE

Philosophia botanica,
Carl von Linné (1751)

Dieses Werk erläutert Linnés zweiteiliges Benennungssystem der Arten

RECHTS

Systema naturae,
Carl von Linné (1735)

In diesem Werk wird Linnés Methode zur Klassifizierung von drei Reichen – Pflanzen, Tieren und Mineralien – durch die Rangstufen Klasse, Ordnung, Gattung, Art und Varietät erklärt.

eine Reihe von Grundsätzen und Regeln für die Klassifizierung und Benennung von Pflanzen, die er 1736 im Werk *Fundamenta botanica* (etwa «Die Grundlagen der Botanik») publizierte und anschließend mehrfach erweiterte: 1736 in *Bibliotheca botanica* («Bibliothek der Botanik»), 1737 in *Critica botanica* (etwa «Kritik der Botanik») und 1738 in *Classes plantarum* («Pflanzenklassen»). Den theoretischen Rahmen, den er gesetzt hatte, wandte er sogleich an und brachte 1737 das *Viridarium Cliffortianum* heraus, einen Katalog aller Arten im Garten seines Dienstherrn, und 1738 den *Hortus Cliffortianus* («Cliffords Garten»), der zudem dessen umfangreiches Herbarmaterial enthielt. Mit diebischer Freude benannte er ein in seinen Augen unbedeutendes Kräutlein mit behaarten Blättern und unangenehmem Geruch nach seinem Kritiker Johann Siegesbeck: *Sigesbeckia orientalis.* Noch im selben Jahr publizierte Linné sein Werk *Genera plantarum* («Pflanzengattungen»), worin er die 935 ihm zu jener Zeit bekannten Pflanzengattungen beschreibt und das er später mehrmals überarbeitete, da er von Pflanzen mit neuen Merkmalen Kenntnis erhielt.

Nachdem Linné 1738 nach Schweden zurückgekehrt war, wurde ihm 1742 der Lehrstuhl für Medizin und Botanik an der Universität Uppsala übertragen. Wie in anderen europäischen Ländern auch war zur damaligen Zeit Wissenschaft eng mit Handel und Wirtschaft verwoben. So war es völlig normal, dass die Königlich Schwedische Akademie der Wissenschaften, die Linné 1739 mitbegründet hatte, und die Schwedische Ostindien-Kompanie (SEIC) gemeinsame Sache machten. Über einen längeren Zeitraum schickte Linné 17 seiner besten Studenten über die SEIC ins Ausland.

Der erste war Christopher Tärnström (1711–1746), der mit Instruktionen nach China reiste, er möge ganz allgemein naturkundliche Belege und ganz besonders eine lebende

Teepflanze sowie die Samen von Maulbeerbäumen mitbringen. Linné meinte, wenn sein Land natürliche Rohstoffe selbst produzieren könnte, die andernorts die Wirtschaft befeuerten, dann würde auch Schweden wohlhabender werden. Zwei weitere Männer reisten auf Linnés Wunsch hin nach China, andere nach Südafrika, Indien, Süd- und Nordamerika. Zu denen, die nach Südamerika fuhren, zählte Daniel Solander, der später zusammen mit Joseph Banks (siehe S. 141) an James Cooks erster Weltumsegelung teilnahm.

1751, ein Jahr nachdem Linné Rektor der Universität Uppsala geworden war, brachte er das Werk *Philosophia botanica* (etwa «Die Philosophie der Botanik») heraus, mit dem er seine *Fundamenta botanica* und *Critica botanica* weiterführte. In *Philosophia botanica* stellte er die binominale (binäre) Nomenklatur zum ersten Mal vollständig vor. Die zweiteiligen lateinischen Namen hatte Linné zwar nicht erfunden, aber er legte dar, wie diese die – ja immerhin einzigartige – Stellung einer jeden Pflanze oder überhaupt eines Organismus innerhalb der jeweiligen Gattung darstellen konnten. Linnés Hauptziel war die Standardisierung der Pflanzenbenennung, damit botanisch Interessierte, die weit voneinander entfernt forschten und miteinander in Korrespondenz standen, sicher sein konnten, dass sie über dieselbe Pflanze sprachen. *Nomina si nescis, perit & cognitio rerum* – «Wenn man die Namen der Dinge nicht weiß, so geht das Wissen von ihnen ebenfalls verloren», mahnte er. Bisher konnte es passieren, dass eine Pflanze mehrere Namen hatte, die zwar aus denselben Worten zusammengesetzt waren, aber in verschiedener Anordnung, weil die Botaniker schlicht und einfach uneins darüber waren, welche der beiden Eigenschaften «gelbblütig» und «stachelblättrig» nun die wichtigere sei. Mit seinem narrensicheren Klassifizierungs- und seinem einfachen Benennungssystem musste Linné seine Methode nun nur noch in der Praxis auf alle ihm bekannten Pflanzen anwenden.

Linné untersuchte die Herbarbelege, die ihm seine «Jünger» brachten, und zog auch die aktuell einschlägigen Werke zurate. So benutzte er beispielsweise Rays Werk, um die britische Flora zu klassifizieren, Rheedes *Hortus Malabaricus* als Grundlage für eine Nomenklatur der Pflanzen Indiens oder die Unterlagen für *Flora Zeylanica,* an der er gearbeitet hatte, als er für Burman die Pflanzen Ceylons untersuchte. Er konsultierte Rumpfs Werk zur tropischen Botanik sowie Kaempfers *Flora Japonica,* wenn es um japanische Arten ging. 1753 konnte er schließlich *Species Plantarum* («Die Pflanzenarten») herausbringen. Darin führte er alle zu jener Zeit bekannten Pflanzenarten auf und ordnete sie mithilfe des im *Systema naturae* entwickelten Sexualsystems der Pflanzen den Gattungen zu. Mit der Benennung von 5940 Arten bildete diese Erstausgabe gemeinsam mit der 1754 überarbeiteten, neuen Auflage von *Genera plantarum* die Grundlage für die moderne Taxonomie und ließ alle früher vergebenen Namen obsolet werden. Linné, dessen Maxime *Deus creavit, Linnaeus disposuit* (etwa «Gott erschuf, Linné ordnete») gelautet haben soll, hatte sein Lebensziel erfüllt. Nun war es an anderen, sein System anzuwenden und die Pflanzen, die noch der Entdeckung harrten, zu klassifizieren und offiziell gültig zu benennen … und zu erkennen, wie verschieden die Pflanzen auf der ganzen Welt tatsächlich waren und welche Vielfalt die Natur tatsächlich bot.

OBEN
Olof Rudbeck (1660–1740)

Rudbeck, Medizinprofessor an der Universität Uppsala, unterstützte Linné, als dieser noch Student war.

4

IM GROSSEN WIE IM KLEINEN – GLOBAL UND REGIONAL (1750–1830)

Mit dem Zeitalter der Aufklärung ab Mitte des 18. Jahrhunderts stellte sich mehr und mehr das Bedürfnis nach einer Klassifizierung und Systematisierung naturkundlichen Wissens ein. Nachdem sich das Prinzip der Arten in der Naturwissenschaft durchgesetzt hatte, sollte ein praktisches und zweckmäßiges System her, in das man alles Gesehene einordnen konnte. Für jeden Teil der Pflanze waren lateinische Begriffe und Definitionen gefunden – taxonomische Beschreibungen konnten somit problemlos ausgetauscht werden, da man sicher sein konnte, dass der andere für die gleichen Dinge die gleichen Begriffe verwendete. Das setzte die Akzeptanz voraus, dass es bei Pflanzen einen gewissen Grundbauplan gab und Teile, die höchst unterschiedlich aussahen, im Prinzip die gleichen waren.

1 Linnés Methoden erobern die Welt

Die Ideen Carl von Linnés (1707–1778) (siehe auch S. 134) verbreiteten sich wie ein Lauffeuer. Er genoss in der Wissenschaftswelt hohes Ansehen und war unermüdlich bestrebt, sich mit Gleichgesinnten zu vernetzen, um ihnen deutlich zu machen, wie sinnvoll die Verwendung seines Systems sei. Und schließlich funktionierte seine Benennungsmethode ja wirklich – sie vereinfachte, rationalisierte und vereinheitlichte die Vergabe und Verwendung wissenschaftlicher Namen.

Als es darum ging, Linnés Werk vom Lateinischen ins Englische zu übersetzen, spielte Lady Anne Monson (1726–1776) eine wichtige Rolle. Sie besaß einen scharfen Verstand, war hochgebildet und verfügte als junge Adlige über ausreichend Zeit, die sie diesem Projekt widmen konnte. Monsons Name wird in der Übersetzung jedoch nicht erwähnt. Als Autor nennt die Titelseite des 1776 erschienenen Werks *An Introduction to Botany. Containing an explanation of the theory of that science, extracted from the works of Dr Linnaeus* (etwa «Einführung in die Botanik. Nebst einer Erklärung der Theorie hinter dieser Wissenschaft, gewonnen aus den Arbeiten Dr. Linnés») lediglich den des Pflanzenzüchters und Botanikers James Lee (1715–1795). Den Anstoß zu Lees Buch hatte Lady Anne Monson gegeben, die meinte, nicht jeder und jede sei des Lateinischen mächtig, weshalb eine englische Version durchaus ihren Nutzen habe. Das Buch umfasste eine bearbeitete Auswahl von Artikeln aus mehreren von Linnés Werken.

UNTEN

***An Introduction to Botany,* James Lee (1776)**

Unverzichtbar bei dem Werk, dessen Titelseite unten abgebildet ist, war die Zuarbeit von Lady Anne Monson. Sie half Lee, Linnés Ideen aus dem Lateinischen in verständliches Englisch zu übersetzen.

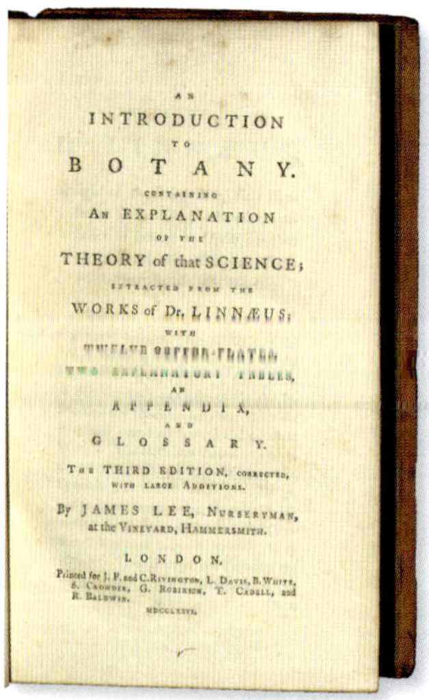

James Lee war ein Fachmann für exotische Pflanzen. Dieses Wissen eröffnete ihm eine neue Aufgabe: Er sollte den ersten Pflanzenkatalog der Royal Botanic Gardens in Kew erstellen. Mittlerweile war seine Linné-Ausgabe so erfolgreich, dass sie den englischen Markt bis Ende des 18. Jahrhunderts und darüber hinaus beherrschte. 1810 führte sein Sohn, ebenfalls James Lee mit Namen, das Ganze fort. Die Bildtafeln in der Ausgabe des Juniors demonstrieren in lebhaften, einfachen Illustrationen die Unterschiede zwischen den verschiedenen Teilen einer Pflanze, die Linné zeigen wollte.

Lee war Teil von Linnés weitreichendem Korrespondenznetz. Er schrieb zum Beispiel 1776 nach Uppsala und schickte eine neue Art der Gattung *Mesembryanthemum,* die der Pflanzensammler Francis Masson (1741–1805) im Auftrag der Kew Gardens aus Madeira mitgebracht hatte. In diesem Brief erwähnt Lee auch die Sammlungen von Joseph Banks und Daniel Solander und beschreibt sie als «sicherlich das größte und ich glaube das Beste, was je zusammengetragen wurde». Tatsächlich ist der Einfluss von Banks auf die Botanik kaum überzubewerten.

2 Der Kreis um Joseph Banks

Joseph Banks (1743–1820) war der Sohn eines Grundbesitzers aus Lincolnshire. Der Lehrplan an der Universität Oxford, der auf die Ausbildung von Geistlichen ausgerichtet war, erschien dem jungen Banks suboptimal, und so leistete er sich eine privat bezahlte Ausbildung auf dem Gebiet der Botanik. Er besuchte auch das British Museum, wo er Linnés Schüler Daniel Solander (1733–1782) kennenlernte, der erst kürzlich nach London gezogen war, um die naturkundlichen Sammlungen des Museums zu katalogisieren. Solander erfand später die Solander-Box, die auch heute noch in Archiven und Bibliotheken geschätzt wird, weil sie eine optimale Aufbewahrung bietet für Herbarbögen, Loseblattsammlungen und sonstige lose Materialien.

Banks und Solander begleiteten James Cook auf seiner ersten Weltumsegelung 1768–1771 und wollten nach ihrer Rückkehr ihre umfangreichen Sammlungen, die etwa 30 000 Pflanzenproben umfassten, in Form eines Florilegiums publizieren. Allein ihre Sammlungen von der südlichen Hemisphäre umfassten 1300 neue Pflanzenarten – womit sich die Zahl der damals bekannten um ein Viertel erhöhte. Doch ihr Expeditionszeichner und -maler Sydney Parkinson starb noch vor Ende der Reise an der Ruhr, weshalb Banks, um sein Werk vollenden zu können, einen neuen Künstler finden und auch bezahlen musste. Später stellte er 18 Kupferstecher an, um auf Grundlage der Aquarelle 743 Kupfertafeln anfertigen zu lassen. Die Bebilderung war fast fertig, als Solander 1782 an einem Schlaganfall starb. Banks stellte daraufhin die Arbeit am Projekt ganz ein. Das Florilegium mit dem Schwerpunkt Australien wurde letzten Endes zwischen 1980 und 1990 vom Natural History Museum in London herausgegeben in einer Auflage von 100 Exemplaren zum Preis von ca. 100 000 US-Dollar.

Ein weiteres Projekt, für das sich Banks einsetzte, war die Teilnahme des deutschen Naturforschers Johann Reinhold Forster (1729–1798) und seines auch für das Zeichnen begabten Sohns Georg (1754–1794) an Cooks zweiter Weltumsegelung 1772–1775. Nach ihrer Rückkehr publizierten die beiden 1775–1776 ihr Werk *Characteres generum plantarum* (etwa «Die Eigenheiten der Pflanzen»), die erste Beschreibung der Flora von Neuseeland. Auf den 78 Bildtafeln sind Blütenpflanzen nahezu in Lebensgröße dargestellt.

In späteren Jahren betrieb Banks selbst kaum noch wissenschaftliche Feldforschungen, sondern engagierte sich für den weiteren Ausbau der Royal Botanic Gardens in Kew, widmete sich der ältesten wissenschaftlichen Institution Londons, der Royal Society, der er bald als Präsident vorstand, und trug zur Erweiterung des British Museum bei. Er entsendete und finanzierte so manchen Sammler, um Herbarexemplare und Wissen auf der ganzen Welt zusammenzutragen, kam aber auch für wissenschaftliche Initiativen in der Heimat auf – so zum Beispiel für die geologische Kartierung von England und Wales durch den Geologen William Smith, der sich mit diesem außergewöhnlichen, beispiellosen Werk den Ruf als einer der Begründer der Stratigrafie sicherte. Banks unterstützte auch die Forschung des Deutschen Alexander von Humboldt (siehe auch S. 162). Jedoch nutzte er seine botanischen Kenntnisse auch zu weniger erbaulichen Zwecken und hoffte, den Brotfruchtbaum in der Karibik anzusiedeln, damit die dort schuftenden Sklaven billiger verpflegt werden könnten. Damit verkörpert er das Dilemma, vor dem wir heute stehen, wenn es darum geht, das Leben einer solchen Koryphäe zu beurteilen.

OBEN

Lady Anne Monson, unbekannter Künstler

Monson erhielt den Gepflogenheiten des Adels entsprechend Privatunterricht und galt unter ihresgleichen als ausgesprochen versierte Botanikerin.

UNTEN

***Botanic Manuscript*, Jane Colden (um 1755)**

Dieses Werk, das heute im British Museum aufbewahrt wird, ist ein schönes Beispiel für eine hervorragende Liebhaberarbeit. Jane Colden beschrieb und zeichnete einheimische Arten, hier die des Hudson Valley im Bundesstaat New York.

LINKS

Sydney Parkinson, undatiertes Selbstbildnis

Parkinson schuf unter widrigsten Bedingungen anspruchsvolle und künstlerisch wertvolle botanische Zeichnungen, als er und Joseph Banks die erste Forschungsreise von James Cook begleiteten.

RECHTS

Joseph Banks. Gemälde von Sir Joshua Reynolds (um 1771–1773)

Der Name Banks taucht in Reynolds Verzeichnis derjenigen, die ihm Modell saßen, zwischen 1771 und 1773 mehrmals auf.

3 William Curtis, die regionale Flora und die wachsende Begeisterung für Botanik

Zur gleichen Zeit, da Banks und Kollegen die ganze weite Welt ins Visier nahmen und den Pflanzenverzeichnissen Tausende neuer Arten hinzufügten, schlug eine andere Gruppe von Naturforschern einen anderen Weg ein und verlegte sich auf ihre unmittelbare Umgebung. William Curtis (1746–1799) brachte ab 1777 seine *Flora Londinensis* («Flora von London») in sechs umfangreichen Bänden heraus mit Bildtafeln, die mehrere namhafte Blumenmaler und botanische Zeichner jener Zeit geschaffen hatten. Seine Laufbahn hatte Curtis als Apotheker begonnen, sein erstes Buch handelte vom Sammeln und Präparieren von Insekten. Als er es schrieb, war er gerade Botanik-Dozent und *Direktor* am Chelsea Physic Garden geworden, dem ältesten botanischen Garten von London. Curtis arbeitete fleißig und ambitioniert und wollte offenbar das «Botanikfieber» seiner Zeit bedienen, indem er ein Kompendium über die Flora von London und die nächste Umgebung herausbrachte, also nicht weiter als 10 Meilen, das entspricht ca. 16 Kilometern, rund um den Stadtkern. Zum ersten Mal zielte ein derartiges Buch nicht auf Fachleute, sondern auf die allgemeine Öffentlichkeit, den interessierten Laien ab. Deshalb erschien es auf Englisch, und jeder Band enthielt eine kleine Zahl handkolorierter Drucke mit exquisiten Pflanzendarstellungen. Zwar bezieht er sich explizit auf London und die ländliche Umgebung, die damals viel

LINKS

Barringtonia, *Icones animalium et plantarum*, John Frederick Miller (1776)

Darstellung einer *Barringtonia* durch den auf die Darstellung von Pflanzen spezialisierten Künstler J. F. Miller. Die Pflanzengattung wurde nach dem englischen Rechtsanwalt und Naturforscher Daines Barrington (1727–1800) benannt.

RECHTS

***Chasmanthe* (*Antholyza aethiopica* L.), John Frederick Miller (1776)**

Miller gehörte zu den Künstlern, die im Auftrag von Joseph Banks brillante handkolorierte Kupferstiche nach den Skizzen von Sydney Parkinson fertigten (dessen Bildnis siehe gegenüberliegende Seite).

RECHTS

***Leptospermum collinum*, Georg Forster (undatiert)**

Die fluffige Blüte dieser in Polynesien heimischen Pflanze, die heute zur Gattung *Metrosideros* gerechnet wird, ist am Ende des Stängels halb verdeckt. Forster schuf das Bild, nachdem er mit Cook auf dessen zweite Entdeckungsreise gegangen war.

GEGENÜBER

***Metrosideros collina*, Sydney Parkinson (1768–1771)**

Dieses vollendete Aquarell zeigt, mit welchem Detailreichtum und welcher Lebhaftigkeit Parkinson zu Werke ging. Beide auf dieser Doppelseite dargestellten Arten werden heute als ein und dieselbe angesehen – was zeigt, wie schwierig die Taxonomie sein kann, damals wie heute.

Metrosideros. spectabilis.
Sydney Parkinson pinx 1769.
H. Vit p. 83

OBEN

***Hibiscus meraukensis*, Frederick Polydore Nodder (1778)**

Dieses exquisite Aquarell einer Pflanze der südlichen Hemisphäre fertigte der Londoner Künstler Nodder auf Grundlage einer von Parkinsons Zeichnungen an.

OBEN

Johann Forster, Gemälde von Anton Graff (1775)

Der Naturforscher Johann Reinhold Forster und sein Sohn Georg begleiteten James Cook auf dessen zweiter Südseereise. Sie trugen umfassende Sammlungen zusammen und hielten gewissenhaft fest, was sie sahen.

LINKS

HMS Resolution und HMS Discovery vor Huahine, John Cleveley (um 1780)

Cleveley war Kupferstecher in London und als solcher daran beteiligt, die Zeichnungen von Joseph Banks aufzubereiten, die dieser auf diversen Expeditionen angefertigt hatte. Auch von Zeichnungen, die auf Cooks zweiter und dritter Südseereise entstanden, fertigte Cleveley Kupferstiche an. Diesem Seestück mit Südseehafen lagen mehrere Zeichnungen unterschiedlicher Herkunft zugrunde, die der geschäftstüchtige Cleveley kombinierte, um die hohe Nachfrage nach derlei Bilder zu bedienen.

weiter an den Stadtkern heranreichte als heute, doch in Wirklichkeit weist das Buch viele im ganzen Südosten Englands verbreitete Pflanzen aus.

Leider war dem Werk kein finanzieller Erfolg beschieden. Curtis konnte den Bankrott abwenden, indem er 1787 *Curtis's Botanical Magazine* begründete, das auch heute noch herausgegeben wird und damit die älteste kontinuierlich erscheinende Botanik- und Gartenfachzeitschrift ist. Damals schwamm das *Botanical Magazine* auf der Welle der allgemeinen Begeisterung für Periodika und Journale, die um die Wende zum 19. Jahrhundert wie Pilze aus dem Boden schossen. Das *Botanical Magazine* wurde gerade von Pflanzenliebhabern begeistert aufgenommen, die sich zwar keine dicken Bände mit vielen teuren, handkolorierten Kupfertafeln leisten konnten, ein paar Hefte mit jeweils nur wenigen aber schon.

Während sich Curtis auf London konzentrierte, arbeitete der Geistliche und Botaniker John Lightfoot (1735–1788) zur selben Zeit mit einem anderen Londoner Verleger zusammen, um ebenfalls 1777 seine Flora von Schottland unter dem Namen *The Flora Scotica: or, a systematic arrangement, in the Linnean method, of the native plants of Scotland and the Hebrides* (etwa «Flora Schottlands – eine nach Linnés Methode systematische Darstellung der in Schottland und auf den Hebriden einheimischen Pflanzen») herauszubringen. Die Pflanzen Schottlands konnte er immer nur auf Kurzreisen studieren, schaffte es aber dennoch, neben den englischen auch jede Menge gälischer Pflanzennamen im Buch zu nennen. (Ein ähnliches Werk, das er für Wales zu schreiben begonnen hatte, wurde nie veröffentlicht.)

Ein noch ambitionierteres Werk war *English Botany* (etwa «Botanik Englands»), das 1790 bis 1814 erschien und als erstes ganz Großbritannien umfasste. Die Texte stammten

UNTEN UND GEGENÜBER

***An Illustration of the Sexual System of Linnaeus* (etwa «Bildliche Darstellung des Sexualsystems der Pflanzen nach Linné»), John Sebastian Miller (1779)**

Der deutsch-britische Botaniker und Kupferstecher, der ursprünglich Johann Sebastian Müller hieß, war der Vater vom weiter oben genannten John Frederick Miller. Diese kleinformatige Ausgabe der Übersetzung des linnéschen Sexualsystems ins Englische erschien, weil sich die Leserschaft ein Buch gewünscht hatte, das man beim «Besuchen der Gärten oder beim Durchstreifen von Feld und Flur» mitnehmen konnte.

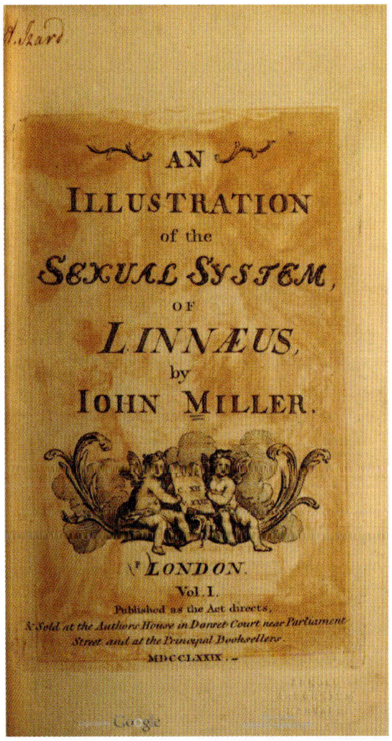

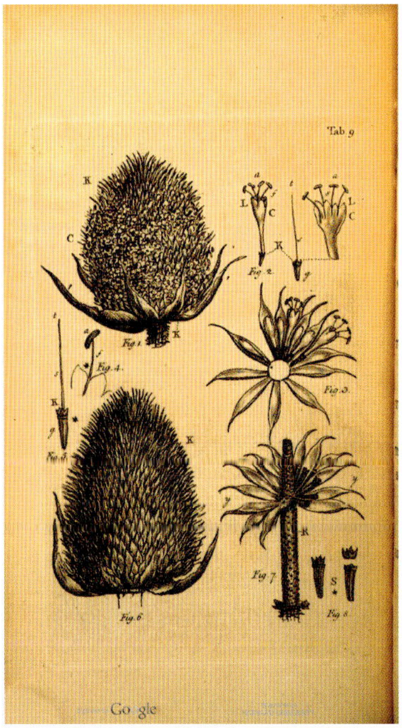

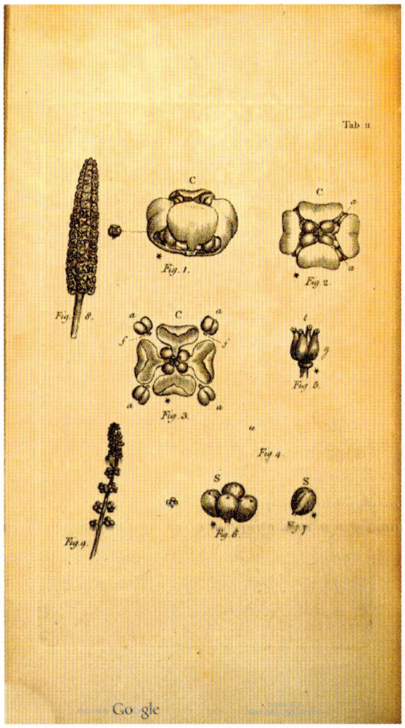

vom Arzt und Botaniker James Edward Smith (1759–1828), der bei Linnés Tod dessen gesamten wissenschaftlichen Nachlass gekauft und später die Linnean Society of London mitbegründet hatte, auf die bei Smiths Tod ebenjener Nachlass überging. Smiths Name taucht auf dem Titel der ersten drei Bände der Erstausgabe jedoch nicht auf, stattdessen nur der von James Sowerby (1757–1822), der wohl ursprünglich die Idee zu dem Werk hatte und vor allem die hervorragenden Illustrationen schuf. Am Ende umfasste die Erstausgabe unglaubliche 36 Bände mit über 2500 handkolorierten Kupfertafeln.

Anhand der Bildtafeln wird deutlich, dass bei botanischen Illustrationen neben der Darstellung der gesamten Pflanze immer mehr auch die Details in den Vordergrund traten. Weiße Stellen wurden mit Samenständen und anderen, den Lebenszyklus der Pflanze verdeutlichenden Einzelheiten und manchmal sogar mit anatomischen Schnittdarstellungen gefüllt.

Die Illustrationen sind nur zum Teil koloriert, was darauf hindeutet, dass die Farbe auf etwas Bestimmtes hinweisen soll und nicht rein dekorativen Zwecken dient. Eine solche Methode senkt natürlich auch die Kosten enorm. Jedenfalls war die Kombination aus exakten und damit zweckdienlichen Illustrationen und genauer Beschreibung nach Linné ein voller Erfolg, besonders auch in wissenschaftlichen Kreisen. Auch für James Edward Smith persönlich. Die Akademien von Stockholm, Turin, Lissabon, Philadelphia, New York und anderen Städten nahmen ihn auf, wie auch die deutsche Akademie der Wissenschaften Leopoldina. Sein Name landete dann doch noch auf den Titelseiten späterer Bände.

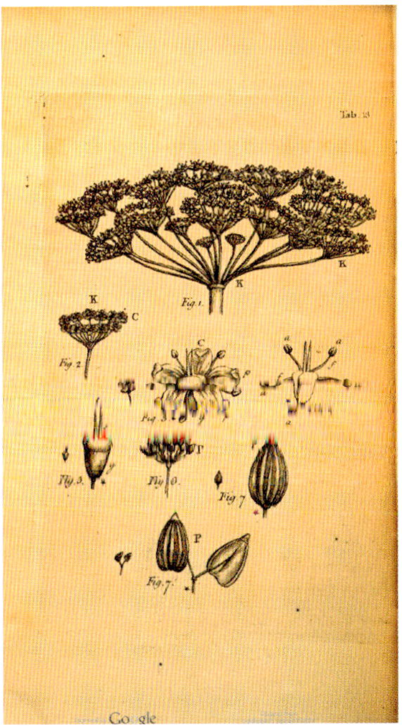

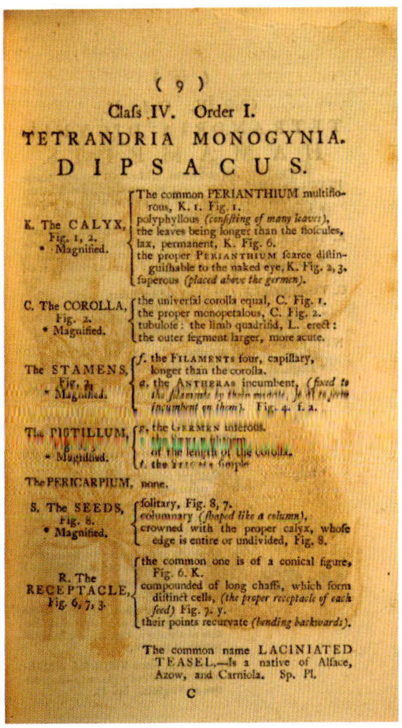

(9)

Clafs IV. Order I.

TETRANDRIA MONOGYNIA.

DIPSACUS.

K. The CALYX, Fig. 1, 2. * Magnified.
The common PERIANTHIUM multiflorous, K. 1. Fig. 1.
polyphyllous *(confifting of many leaves)*,
the leaves being longer than the flofcules,
lax, permanent, K. Fig. 6.
the proper PERIANTHIUM fcarce diftinguifhable to the naked eye, K. Fig. 2, 3.
fuperous *(placed above the germen)*.

C. The COROLLA, Fig. 2. * Magnified.
the univerfal corolla equal, C. Fig. 1.
the proper monopetalous, C. Fig. 2.
tubulofe: the limb quadrifid, L. erect:
the outer fegment larger, more acute.

The STAMENS, Fig. 2. * Magnified.
f. the FILAMENTS four, capillary, longer than the corolla.
a. the ANTHERAS incumbent, *(fixed to the filaments by their middle, fo as to form incumbent on them)*. Fig. 4. f. a.

The PISTILLUM, [illegible] * Magnified.
g. the GERMEN inferous.
[illegible]
of the length of the corolla.
t. the [illegible] fimple

The PERICARPIUM, none.

S. The SEEDS, Fig. 8. * Magnified.
folitary, Fig. 8, 7.
columnary *(fhaped like a column)*,
crowned with the proper calyx, whofe edge is entire or undivided, Fig. 8.

R. The RECEPTACLE, Fig. 6, 7, 3.
the common one is of a conical figure, Fig. 6. K.
compounded of long chaffs, which form diftinct cells, *(the proper receptacle of each feed)* Fig. 7. y.
their points recurvate *(bending backwards)*.

The common name LACINIATED TEASEL.—Is a native of Alface, Azow, and Carniola. Sp. Pl.

C

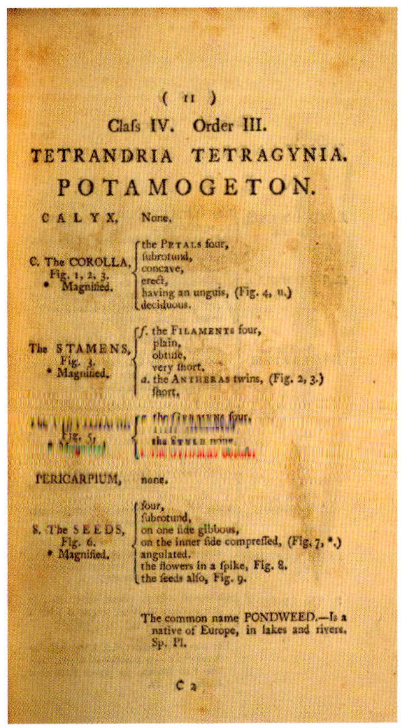

(11)

Clafs IV. Order III.

TETRANDRIA TETRAGYNIA.

POTAMOGETON.

CALYX, None.

C. The COROLLA, Fig. 1, 2, 3. * Magnified.
the PETALS four,
fubrotund,
concave,
erect,
having an unguis, (Fig. 4, u.)
deciduous.

The STAMENS, Fig. 3. * Magnified.
f. the FILAMENTS four,
plain,
obtufe,
very fhort.
a. the ANTHERAS twins, (Fig. 2, 3.)
fhort.

[illegible] Fig. 5. [illegible]
the GERMENS four,
[illegible]
the STYLE none,
[illegible]

PERICARPIUM, none.

S. The SEEDS, Fig. 6. * Magnified.
four,
fubrotund,
on one fide gibbous,
on the inner fide compreffed, (Fig. 7, *.)
angulated.
the flowers in a fpike, Fig. 8.
the feeds alfo, Fig. 9.

The common name PONDWEED.—Is a native of Europe, in lakes and rivers. Sp. Pl.

C 2

DIESE SEITE

Flora Londinensis; or Plates and descriptions of such plants as grow wild in the environs of London **(etwa «Flora von London oder Bildtafeln und Beschreibungen der in London und Umgebung wild wachsenden Pflanzen»), William Curtis (1777)**

Curtis' Gebietsflora, die sich stark ans linnésche System anlehnte, deckte nicht nur die in London, sondern die im ganzen Südosten Englands vorkommenden Wildpflanzen ab und war somit als Handbuch gut zu gebrauchen.

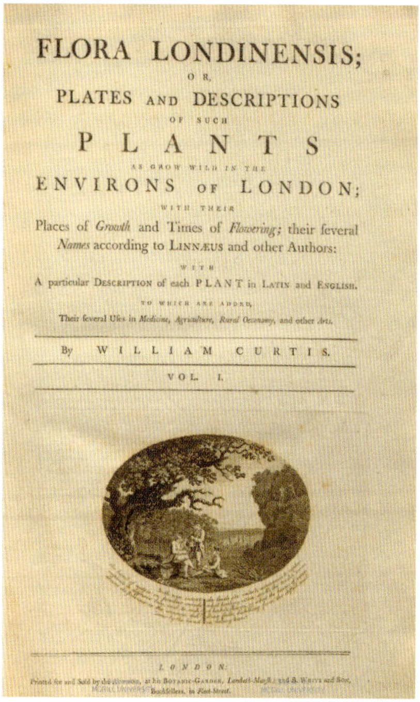

FLORA LONDINENSIS;

OR,

PLATES AND DESCRIPTIONS

OF SUCH

PLANTS

AS GROW WILD IN THE

ENVIRONS OF LONDON;

WITH THEIR

Places of *Growth* and Times of *Flowering;* their feveral *Names* according to LINNÆUS and other Authors:

WITH

A particular DESCRIPTION of each PLANT in LATIN and ENGLISH.

TO WHICH ARE ADDED,

Their feveral Ufes in *Medicine, Agriculture, Rural Oeconomy,* and other *Arts.*

By WILLIAM CURTIS.

VOL. I.

LONDON:

Printed for and Sold by the Author, at his BOTANIC-GARDEN, *Lambeth-Marfh;* and B. WHITE and Son, Bookfellers, in *Fleet-Street.*

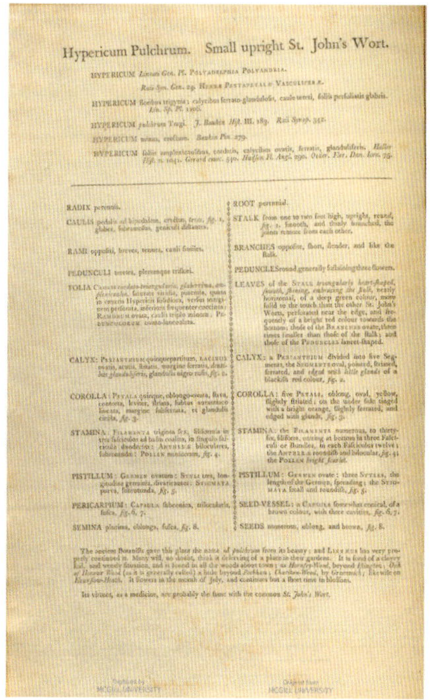

Hypericum Pulchrum. Small upright St. John's Wort.

HYPERICUM *Linnæi Gen. Pl.* POLYADELPHIA POLYANDRIA.

Raii Syn. Gen. 24. HERBÆ PENTAPETALÆ VASCULIFERÆ.

HYPERICUM floribus trigynis; calycibus ferrato-glandulofis, caule tereti, foliis perfoliatis glabris. *Lin. Sp. Pl.* 1106.

HYPERICUM *pulchrum* Tragi. *J. Bauhin Hift.* III. 189. *Raii Synop.* 342.

HYPERICUM minus, erectum. *Bauhin Pin.* 279.

HYPERICUM foliis amplexicaulibus, cordatis, calycibus ovatis, ferratis, glanduliferis. *Haller Hift.* n. 1041. *Gerard emac.* 540. *Hudfon Fl. Angl.* 290. *Oeder. Flor. Dan. Icon.* 75.

RADIX perennis.	ROOT perennial.
CAULIS pedalis ad bipedalem, erectus, teres, *fig.* 1, glaber, fubramofus, geniculi diftantes.	STALK from one to two feet high, upright, round, *fig.* 1. fmooth, and thinly branched, the joints remote from each other.
RAMI oppofiti, breves, tenues, cauli fimiles.	BRANCHES oppofite, fhort, flender, and like the ftalk.
PEDUNCULI teretes, plerumque triflori.	PEDUNCLES round generally fuftaining three flowers.
FOLIA [illegible]	LEAVES of the STALK *triangularly heart-fhaped, fmooth, fhining, embracing the ftalk,* nearly horizontal, of a deep green colour, more folid to the touch than the other St. John's Worts, perforated near the edge, and frequently of a bright red colour towards the bottom; thofe of the BRANCHES ovate, three times fmaller than thofe of the ftalk; and thofe of the PEDUNCLES lancet-fhaped.
CALYX: PERIANTHIUM quinquepartitum, LACINIIS ovatis, acutis, ftriatis, margine ferratis, *denticulis glanduliferis,* glandulis nigro rubis, *fig.* 2.	CALYX: a PERIANTHIUM divided into five Segments, the SEGMENTS oval, pointed, ftriated, ferrated, and *edged with little glands* of a blackifh red colour, *fig.* 2.
COROLLA: PETALA quinque, oblongo-ovata, flava, [illegible] *fig.* 3.	COROLLA: five PETALS, oblong, oval, yellow, flightly ftriated; on the under fide tinged with a bright orange, flightly ferrated, and edged with glands, *fig.* 3.
STAMINA: FILAMENTA triginta fex, filiformia in tres fafciculos ad bafin coalita, in fingulo fafciculo duodecim: ANTHERÆ biloculares, fubrotunda: POLLEN [illegible], *fig.* 4.	STAMINA: the FILAMENTS numerous, to thirty-fix, filiform, uniting at bottom in three Fafciculi or Bundles, in each Fafciculus twelve; the ANTHERÆ roundifh and bilocular, *fig.* 4; the POLLEN *bright fcarlet.*
PISTILLUM: GERMEN ovatum: STYLI tres, longitudine germinis, divaricantes: STIGMATA parva, fubrotunda, *fig.* 5.	PISTILLUM: GERMEN ovate: three STYLES, the length of the Germen, fpreading; the STIGMATA fmall and roundifh, *fig.* 5.
PERICARPIUM: CAPSULA fubconica, trilocularis, fufca, *fig.* 6, 7.	SEED-VESSEL: a CAPSULA fomewhat conical, of a brown colour, with three cavities, *fig.* 6, 7.
SEMINA plurima, oblonga, fufca, *fig.* 8.	SEEDS numerous, oblong, and brown, *fig.* 8.

The ancient Botanifts gave this plant the name of *pulchrum* from its beauty; and LINNÆUS has very properly continued it. Many will, no doubt, think it deferving of a place in their gardens. It is fond of a clayey foil, and woody fituation, and is found in all the woods about town; as *Hornfey-Wood,* beyond *Hampton; Oak of Honour Wood* (as it is generally called) a little beyond *Peckham; Charlton-Wood,* by *Greenwich;* likewife on *Hounflow-Heath.* It flowers in the month of *July,* and continues but a fhort time in bloffom.

Its virtues, as a medicine, are probably the fame with the common *St. John's Wort.*

4 Der Jardin des Plantes in Paris und der Aufstieg der französischen Botanik

Versuche, eine Landesflora zu schaffen, gab es auch in anderen europäischen Ländern. In Frankreich schufen Nicolas Francois Regnault (1746–um 1810) und seine Frau Geneviève de Nangis Regnault (1746–1802) von 1774 an über eine Zeitspanne von zwölf Jahren das Werk *La Botanique Mise à la Portée de Tout le Monde* (etwa «Botanik für jedermann»). Der Text war ausgesprochen praxistauglich, nahm in mancher Hinsicht Bezug auf vorausgegangene Jahrhunderte und enthielt ein Verzeichnis mit Krankheiten, das auch die Heilmittel für besagte Leiden aufführte. Mit der Kolorierung von Bildern waren damals wohl oft Frauen befasst, die kunstvolle Arbeit von Geneviève de Nangis Regnault sticht jedoch besonders hervor.

OBEN

Greiskraut, aus *The Vegetable System. Or, the internal structure and the life of plants; …,* John Hill (1759)

Dieses umfangreiche botanische Werk, das auf Anregung von Hills Gönner, dem britischem Staatsmann und Premierminister Lord Bute, entstanden war, enthielt neben viel Text Abbildungen auf 1600 Kupfertafeln und war eines der ersten, das auf der neuen linnéschen Nomenklatur beruhte.

Ein Handbuch zur einheimischen Flora veröffentlichte Pierre Bulliard (1752–1793). Sein *Herbier de la France* (etwa «Herbarium Frankreichs») erschien ab 1780 in Paris. Laut Titelblatt listet das Werk in seinen 15 Bänden nicht nur alle einheimischen Pflanzen mit ihren Eigenschaften auf, sondern auch deren medizinische Anwendung, die man wohl noch immer für wichtig hielt. Die 602 farbigen Illustrationen sind vortrefflich, sie stammen von Bulliard selbst und stellen zu zwei Dritteln Pilze dar. Bulliards Buch ist ein schönes Beispiel für den Beginn des Farbdrucks: Er nutzte erstmals die von Le Blon und Gautier d'Agoty entwickelte Methode des Drei- und Vierfarbdrucks, bei der für jede Farbe eine separate Druckplatte erstellt wird. Bulliard soll die Druckfarben mit außergewöhnlicher Kunstfertigkeit per Hand gemischt haben. Nicht nur die Druckkunst, sondern auch die stilvolle und höchst ästhetische Anordnung der Pflanzen und Pilze zeugt von außerordentlicher künstlerischer Begabung.

Bei aller Kunst begann die französische Wissenschaft, sich immer mehr zu professionalisieren, und bald war die Herausgabe derartiger botanischer Werke nur noch denjenigen möglich, die seitens der Wissenschaftselite als qualifiziert genug anerkannt waren. In Frankreich wurde der Jardin du Roi in Paris (heute Jardin des Plantes) unter dem Direktorat von Georges-Louis Leclerc de Buffon (1707–1788) zu einem Leuchtturm sondergleichen.

Buffon steckte all seine Energie in den Jardin du Roi, erwarb neue Ländereien, um ihn zu erweitern, und fing an, Ausstellungspavillons bauen zu lassen für die Expeditionen, die auf seine Anregung hin in die ganze Welt aufbrachen. Der botanische Garten wurde zum Zentrum der französischen Botanik, und schon bald bot man dem französischen Vorreiter der Evolutionstheorie, Jean-Baptiste de Lamarck (1744–1829), die Mitarbeit an. Lamarck hatte 1778 seine *Flore Française* («Flora Frankreichs») mit feinen Schwarz-Weiß-Zeichnungen herausgegeben. Besondere Bedeutung hat dieses Werk, weil er mit seiner Methode der Pflanzenbestimmung Pionierarbeit leistete. Heute ist der Bestimmungsschlüssel durch dichotomische Unterscheidungen das Herzstück jeder Pflanzenbestimmung. Es wird eine Frage gestellt und zwei mögliche Antworten vorgegeben. Die zutreffende Antwort führt zur nächsten Frage und so weiter. Heute sind die meisten Florenwerke so aufgebaut, und man ist angehalten, zunächst nach dem Schlüssel zu bestimmen und das Ergebnis anhand der Illustrationen dann lediglich zu verifizieren.

DIESE DOPPELSEITE

La Botanique mise à la Portée de Tout le Monde,
Nicolas Regnault
(1774–1780)

Regnaults Gemahlin Geneviève illustrierte den Text ihres Mannes und schuf lebendige Kupferstichvorlagen wie diese frühe und akkurate Darstellung einer Kartoffelpflanze (diese Seite). Auf der gegenüberliegenden Seite ist links eine Krause Minze *(Mentha spicata)* und rechts eine Porreepflanze dargestellt.

La Menthe a Epi

Le Poireau ou Porreau

GEGENÜBER

***Herbier de la France,* Pierre Bulliard (1780–1793)**

Von oben links im Uhrzeigersinn: Goldgelbes Bilsenkraut *(Hyoscyamus aureus),* Gottesgnadenkraut *(Gratiola officinalis),* Gemeiner Odermennig *(Agrimonia eupatoria),* Wiesen-Flockenblume *(Centaurea jacea).* Diese Kupferstiche gehören zu den ersten botanischen Illustrationen, die im Dreifarbdruckverfahren hergestellt wurden.

5 Die deutsche Botanik – Kölreuter und die Befruchtung der Pflanzen

In Deutschland entwickelte sich Tübingen zu einem wichtigen Zentrum der Pflanzenforschung. Der dortige botanische Garten war ursprünglich von Leonhart Fuchs (siehe auch S. 66) angelegt worden, und ab 1751 stand er unter der Leitung des renommierten Feldbotanikers Johann Georg Gmelin (1709–1755). Dieser hatte die Halbinsel Kamtschatka unter Vitus Bering (1681–1741) bereist. Diese zweite Kamtschatka-Expedition, auch als Große Nordische Expedition bekannt, war jedoch nicht frei von Rückschlägen. So zerstörte ein Brand Gmelins Sammlungen und den Großteil seiner Bibliothek. Dessen ungeachtet erschien 1747–1769 seine *Flora Sibirica* («Flora von Sibirien»), die über 1000 Arten und knapp 300 Illustrationen umfasste. Für Gmelin bestand ein wichtiges Fazit aus dieser Reise darin, dass er seine religiöse Auffassung wohl überdenken müsse – denn nachdem er die verschiedensten Florengebiete kennengelernt hatte, glaubte er zwar immer noch an die Schöpfung im biblischen Sinn, meinte aber, dass sie an verschiedenen Orten in unterschiedlicher Weise stattgefunden haben musste.

Gmelins berühmtester Schüler war Joseph Gottlieb Kölreuter (1733–1806). Obwohl er tiefreligiös war, dachte er gründlich nach und ging methodisch vor, um herauszufinden, wie die Befruchtung und die Entwicklung des Pflanzenembryos tatsächlich vor sich ging und ob und wie sich der männliche und der weibliche Elternteil in den Nachkommen wiederfanden. Als er zwei Tabak-Arten der Gattung *Nicotiana* kreuzte, war er erstaunt, wie überraschend gesund die Nachkommen waren. Heute nennen wir diese ausgeprägte Leistungsfähigkeit von Hybriden Heterosis-Effekt. Als er damals wiederum die Hybriden miteinander kreuzte, setzten sie jedoch keinen Samen an. Kölreuter wiederholte das Ganze mit Hunderten anderen Pflanzen. Er untersuchte die Pollen der sterilen dritten Generation unter dem Mikroskop und bemerkte, dass sie verschrumpelt und alles andere als gesund aussahen. Für ihn war klar, dass sich die Arten gegen diese Art von Schwächung schützten, und tauschte sich diesbezüglich mit Linné aus.

Kölreuter führte jede Menge Experimente durch mit einer riesigen Auswahl verschiedenster Arten. Dabei ging er für die damalige Zeit neue Wege und bediente sich zweier Methoden, die heute als Herzstück wissenschaftlicher Forschung gelten: Wiederholung und Kontrollgruppen. Mit seiner präzisen und methodischen Vorgehensweise bewies Kölreuter, dass für die Befruchtung und das Ansetzen von Samen männliches Material in Form von Pollen unerlässlich war und dass beide Eltern zu gleichen Teilen zur Entstehung der nächsten Generation beitrugen.

Ein weiterer Wissenschaftler, der sich mit der Bestäubung befasste, war Christian Konrad Sprengel (1750–1816). Er missbilligte die damals gängige Meinung, Bienen und andere Insekten würden Blüten lediglich besuchen, um Nektar zu stehlen, was die Fähigkeit der Pflanzen zur Samenbildung schwäche, und ein Nutzen stecke nicht dahinter. Eine gebührende Anerkennung blieb Sprengel zu Lebzeiten verwehrt, das änderte sich erst mit Charles Darwin, als dieser selbst zur Befruchtung von Orchideen forschte (siehe auch S. 197). In Sprengels Werk *Das entdeckte Geheimnis der Natur im Bau und in der Befruchtung der Blumen* (Berlin, 1793) legte er seine Überzeugung dar, dass die Aufgabe von Blüten in erster Linie darin bestand, durch ihre Gestalt Bestäuber anzulocken, und dass der Nektar die Belohnung sei, die ihnen vonseiten der Pflanze im Gegenzug dargebracht wurde. Er stellte fest, dass es sogar Strukturen gab, deren Funktion es war, eine Selbstbestäubung zu verhindern. Sprengel

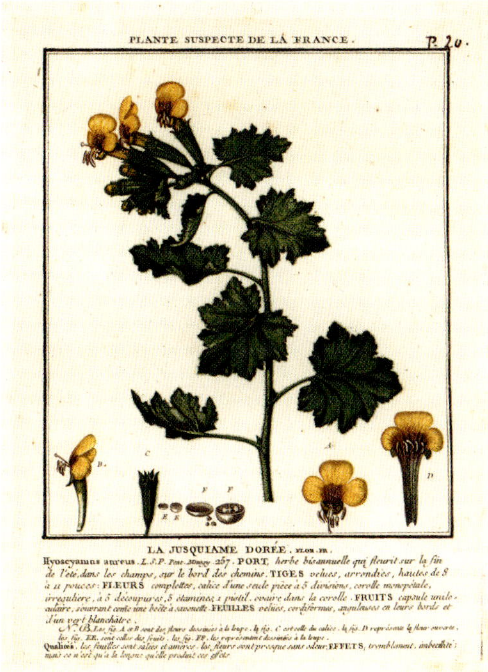
PLANTE SUSPECTE DE LA FRANCE.
P. 20.
LA JUSQUIAME DORÉE.
Hyoscyamus aureus

PLANTE VÉNÉNEUSE DE LA FRANCE.
LA GRATIOLE OFFICINALE.
Gratiola officinalis

PLANTE MEDICINALE DE LA FRANCE
LA CENTAURÉE JACÉE...LA JACÉE DES PRÉS
Centaurea jacea

PLANTE MEDICINALE DE LA FRANCE.
L'AIGREMOINE OFFICINALE.
Agrimonia eupatoria

hatte beobachtet, dass manche Pflanzen keinen Nektar bereitstellten, weil der Wind sie bestäubte, während andere, wie die Orchideen, ihre Besucher täuschten. Er war auch der Erste, der die Anregung zwischen zwei Buchdeckeln festhielt, Bienenstöcke würden, in der Nähe von Feldern mit blühenden Nutzpflanzen platziert, die Bestäubung sicherstellen.

6 Die habsburgisch-österreichischen Künstler und ihre Reisen rund um den Globus

Der Botaniker Nikolaus Joseph von Jacquin (1727–1817) studierte zunächst Medizin und Botanik in Leiden in den Niederlanden. In den 1750er-Jahren reiste er in die Karibik, um für Franz I. Stephan Pflanzen für die kaiserlichen Gärten zu sammeln. 1768 wurde er Professor für Chemie und Botanik in Wien. Jacquin war höchst produktiv und hatte bereits 1763 das Werk *Selectarum stirpium americanarum historia (Dreyhundert auserlesene amerikanische Gewächse nach linneischer Ordnung)* herausgebracht, in dem er seine in Amerika gemachten Funde beschreibt und sie mit nahezu 200 von ihm selbst gezeichneten Bildtafeln illustriert. Diese konnten allerdings nicht überzeugen. Zu den Pflanzen, die in diesem Werk ihre Ersterwähnung finden, gehört die Ölpalme *(Elaeis guineensis),* deren Anbau in Monokultur heute als höchst problematisch gilt.

Aufgrund besagter zeichnerischer Unzulänglichkeiten suchte sich Jacquin Künstler, die seine wertvollen Entdeckungen zum Leben erwecken sollten. 1770–1776 erschien *Hortus botanicus vindobonensis* («Der botanische Garten von Wien») mit 300 handkolorierten Kupferstichen, die der akribische Franz Anton von Scheidel (1731–1801) geschaffen hatte. Das Buch würdigt, welche Leistung Jacquin für den botanischen Garten erbracht hat. Selbst die Illyrische Eselsdistel *(Onopordum illyricum)* wird unter von Scheidels Händen zum Kunstwerk. Auch Jacquins 1773–1778 erschienene fünfbändige *Florae Austriacae* («Flora von Österreich») reiht sich mit ihren 450 großen Bildtafeln der regionalen Flora in eine Reihe wichtiger länderspezifischer Werke jener Zeit ein. Die Pflanzen mögen nicht exotisch sein, dennoch besticht ihre Darstellung durch die große Kunst, mit der der Charakter des winzigen Fransenenzians (*Gentianella ciliata,* bei Jacquin noch *Gentiana ciliata*), der zarten Alpen-Waldrebe (*Clematis alpina,* bei Jacquin findet man sie als *Atragene alpin*a) oder des robusten Speierlings *(Sorbus domestica)* eingefangen wurde.

Doch Jacquins vermutlich spektakulärstes Werk sollte erst noch kommen: 1797–1804 erschien *Icones plantarum rariorum* (etwa «Bilder seltener Pflanzen») mit Porträts vieler außergewöhnlicher Pflanzen, die im kaiserlichen Garten von Schloss Schönbrunn wuchsen. In tropischer Fülle sprießen diverse Amaryllis, Bromelien, Palmen und Aronstabgewächse dem staunenden Betrachter aus den Seiten entgegen.

Jacquin hatte die Gabe, künstlerische Talente unter seine Fittiche zu nehmen und in die richtige Richtung zu lenken. In späteren Jahren nahm er sich des österreichischen botanischen Zeichners Ferdinand Lucas Bauer (1760–1826) an, der in eine Familie von Hofmalern hineingeboren worden war, aber wegen grassierender Armut schon früh zusammen mit seinem Bruder Franz Andreas (1758–1840) in die Obhut eines Priesters gegeben wurde, der den Jungs eine künstlerische Ausbildung angedeihen ließ. 1780 begannen Ferdinand und Franz, am botanischen Garten der Universität Wien zu arbeiten, dessen Direktor Jacquin war.

Nachdem die jungen Männer bei Jacquin Linnésche Taxonomie studiert hatten, empfahl dieser sie nun für mögliche Arbeitsstellen. Ferdinand Bauers historisch gesehen wohl

werden sollte: Die Person, die als Kammerdiener und Assistent des Botanikers Philibert Commerçon (1727–1773) angeheuert hatte, war in Wirklichkeit die als Mann verkleidete französische Botanikerin Jeanne Baret (1740–1807). Die große wissenschaftliche Leistung von Baret und Commerçon während der Reise ist unumstritten. Umstritten ist hingegen, wann ihre wahre Identität enthüllt wurde und ob die Partnerschaft der beiden über die Wissenschaft hinausreichte.

Commerçon sollte nie nach Frankreich zurückkehren, er starb auf Mauritius. Anders seine umfangreichen Sammlungen: Zusammengetragen von beiden gemeinsam und zum Teil auch von Baret ganz allein, befinden sie sich heute im Naturkundemuseum von Paris und umfassen um die 1735 Seiten mit Herbarbelegen. Nach Jeanne Barets Rückkehr wurde ihr Beitrag von offizieller Stelle anerkannt, und sie bekam eine lebenslange Pension.

Besonders Bougainvilles Berichte über die Polynesier waren es, die den Blick auf die Südseeinsulaner veränderten. Fortan galten sie als einfache und arglose, um nicht zu sagen einfältige Leute, die in aller Unschuld eine Art Paradies bewohnten. Denis Diderot (1713–1784) verfasste, nachdem er die Arbeit an seiner *Encyclopédie* (1751–1772) beendet hatte, das *Supplément au voyage de Bougainville (Nachtrag zu Bougainvilles Reise oder Gespräch zwischen A. & B. über die Unsitte, moralische Ideen an gewisse physische Handlungen zu knüpfen, zu denen sie nicht passen),* das 1796 posthum erschien und in dem er genau diese Sichtweise vertrat.

Mit Beginn des 19. Jahrhunderts wurde der Ton rauer – zum Befehlston, möchte man sagen. So gehörte beispielsweise die Fahrt der Beagle von 1831 bis 1836, an der der junge Naturforscher Charles Darwin (1809–1882) teilnahm, zu einer Mission der Royal Navy, also der britischen Kriegsmarine. Vermeintliches Ziel dieser Expedition war die Vermessung der Küsten Südamerikas, doch die Royal Navy brauchte auch einen Vorwand, um die Verteidigung des spanischen Kolonialreichs ausloten und nach Partnern Ausschau halten zu können, die bereit waren, Handelsbeziehungen zu den Briten aufzunehmen. Ähnlich gelagert war die Antarktisreise des jungen Botanikers Joseph Dalton Hooker (1817–1911), der später ein enger Freund Darwins werden sollte, an Bord der Erebus. Zwar brachte Hooker im Ergebnis zwischen 1844 und 1847 die *Flora Antarctica* mit den Illustrationen von Walter Hood Fitch (1817–1892) heraus, jedoch hatte er die Fahrt nicht etwa als Naturforscher angetreten – dafür standen nicht genügend Mittel zur Verfügung –, sondern als junger Schiffsarzt.

Natürlich waren alle europäischen Botaniker und Entdeckungsreisenden überzeugt von ihrem Tun und dem großen Nutzen, der daraus erwachsen würde. Das legen auch die Manuskriptbände nahe, die im Anschluss an mehrere botanische Expeditionen durch Neugranada zwischen 1783 und 1816 entstanden. Federführend hierbei war der spanische Arzt und Botaniker José Celestino Mutis (1732–1808). Unermüdlich hatte er sich im Vorfeld 20 Jahre lang beim spanischen König für

UNTEN

José Celestino Mutis, Gemälde von R. Cristobal (1930)

Der als Priester und Mediziner in Neugranada tätige Mutis leitete die wohl bisher größte koloniale Sammelexpedition, die so umfangreich war, dass die daraus resultierenden Sammlungen nie aufbereitet wurden.

die Bewilligung botanischer Studien in Neugranada eingesetzt, wie das spanische Kolonialreich in Südamerika damals hieß. Mutis war ein akribischer Mensch und entschlossen, nicht nur Pflanzenarten, sondern auch die Nutzung von Hölzern und anderen wirtschaftlich nutzbaren Rohstoffen zu dokumentieren. Doch oft wurde mehr gesammelt, als bearbeitet werden konnte. Circa 30 000 Exemplare in Form von Herbarbelegen und Pflanzenbildern schickte Mutis an den Königlichen Botanischen Garten in Madrid, doch in der spanischen Hauptstadt schenkte man dem Ganzen kaum Beachtung. Heute hingegen sind die Bildtafeln hochgeachtet, die die meist acht Expeditionszeichner und -maler anfertigten. Da Mutis begriffen hatte, dass es auf den Eindruck ankam, den seine Entdeckungen in Madrid machten, waren mehr Künstler als Botaniker an den Expeditionen beteiligt. Doch es half alles nichts – das Werk, das im Ergebnis der Expeditionen entstand, wurde erst ab 1954 veröffentlicht, beläuft sich auf über 60 Bände und blieb dennoch unvollendet.

Dennoch versuchten einige botanisch interessierte Forschungsreisende, sich nicht von nationalen Interessen beeinflussen zu lassen. Einer war Alexander von Humboldt (1769–1859), der einen holistischen Blick pflegte auf die Erde, die Umwelt und alles, was lebt. Mit Erlaubnis des spanischen Königs Carlos IV. reiste Humboldt nach Südamerika und beobachtete, dass sich durch den Anbau von Feldfrüchten für den Export – Zuckerrohr, Kakao oder Baumwolle seien hier exemplarisch genannt – die Umwelt veränderte. Nach seinen

UNTEN

***Essai sur la géographie des plantes* (*Ideen zu einer Geografie der Pflanzen nebst einem Naturgemälde der Tropenländer*), Alexander von Humboldt und Aimé Bonpland (1805, dt. 1807)**

Dieses Blatt, das gefaltet im Einband eingeklebt war, wartet mit einer schematischen Darstellung «der Anden und der sie umgebenden Länder» auf, wie Humboldt schreibt. Sie zeigt, welche Pflanzen in welcher Höhenstufe vorkommen und ist damit eine der ersten Darstellungen, die diese Art der räumlichen Verbreitung bzw. Verteilung von Pflanzenspezies abbilden.

Überlegungen trocknete das großräumige Fällen von Bäumen die Böden aus, was zu geringeren Ernten führt. Damit dürfte er der Erste gewesen sein, der über vom Menschen verursachte schwere Schäden im Ökosystem schrieb. Als er 1801 in Bogota in Kolumbien ankam, traf er sich mit Mutis persönlich, der ihm großzügig Unterstützung gewährte. Humboldt war beeindruckt von der schieren Menge an Künstlern, die für Mutis arbeiteten.

Doch Humboldt reiste weiter, vermaß, zeichnete auf, skizzierte und hielt fest. Als er letzten Endes seine Reisebeschreibungen veröffentlichte, zeichnete er darin ein lebendiges Bild von der Natur Südamerikas und legte die Grundlage für die spätere Umweltwissenschaft. Humboldt legte seine großen Datenmengen oft in Form von grafischen Schaubildern und Diagrammen dar, weil sie, wie er meinte, die Sinne ansprächen, ohne den Verstand zu ermüden, und den Wissenschaftler in die Lage versetzten, eine große Anzahl an Fakten mit einem Schlag zu präsentieren. Als er sich über Vegetationszonen und andere Verteilungsmuster in der Natur, wie beispielsweise unterschiedliche Temperaturen, Gedanken machte, ging er völlig neue Wege. Heute gilt er als Pionier, was das Aufzeichnen und Auswerten wissenschaftlicher Daten und die Darstellung der Muster angeht, die sich daraus ergeben.

Solcherlei westlich geprägte wissenschaftliche Herangehensweise drang auch über den eigentlichen Einflussbereich der Europäer hinaus in andere Sphären vor. Der japanische Botaniker und Pharmakologe Ono Ranzan (1729–1810) studierte zu Beginn seiner Laufbahn die traditionelle chinesische Medizin, interessierte sich aber schon bald für die westliche Arzneimittellehre (Materia medica) und übersetzte das Kräuterbuch *Cruijdeboeck* bzw. *Cruydt-Boeck* des Flamen Rembert Dodoens (1517–1585) ins Japanische. Ono reiste durchs Land, sammelte japanische Arzneipflanzen und gab zwischen 1803 und 1806 sein wichtigstes Werk *Honzō Kōmoku Keimō* (etwa «Aufklärung zum Kompendium der Materia Medica») heraus. Er war entschieden der Meinung, dass die wissenschaftliche Praxis des Westens wie das Experimentieren die traditionelle Medizin ergänzen sollte.

OBEN

Udagawa Yōan (1798–1846)

Der japanische Gelehrte Udagawa Yōan war dafür bekannt, dass er sich in Japan ausführlich mit westlichen Wissenschaften beschäftigte. Viele japanische Begriffe auf dem Gebiet der Morphologie, Anatomie, Physiologie und Taxonomie von Pflanzen gehen auf ihn zurück und werden zu einem Großteil auch heute noch verwendet.

UNTEN

Alexander von Humboldt (1769–1859), Kupferstich von A. Neumann (1883)

Da Humboldt einer wohlhabenden Familie entstammte, war es ihm möglich, seinem lebhaften Interesse an der Natur nachzugehen und zu reisen, zu forschen und zu publizieren.

8 Mit dem Blick der Indigenen – Pflanzendarstellungen in Indien, der Karibik und anderswo

Was die Arbeit im gewohnten Umfeld anging, waren europäische Künstler ungemein versiert, doch wenn es darum ging, die Flora vor Ort in der Fremde festzuhalten, war ein einheimischer Künstler oft die bessere Wahl. Die Britische Ostindien-Kompanie hatte das erkannt, und so entstanden von ortsansässigen Künstlern geschaffene exquisite Darstellungen unter anderem von Pflanzen, Vögeln und Insekten – in bester ökologischer Eintracht sozusagen. Üblicherweise wurden diese Künstler nicht namentlich genannt, sondern lapidar unter dem Sammelbegriff «Company School» bzw. «Kampani kalam» (siehe auch S. 254) subsumiert. Und doch lassen sich neueren Forschungen zufolge einzelne Künstler identifizieren. Und nicht nur das – wie sich herausstellte, fand dabei eine sehr deutliche Verschmelzung der Mal- und Zeichenstile statt: Die ausdrucksstarke, ebenso kräftige wie differenzierte Farbigkeit der indischen Kunst und die Anforderungen der westlichen Botanik gingen eine Symbiose ein, woraus etwas völlig Neues entstand. Die Bilder lassen sich nicht nur einzelnen Malern zuordnen, sondern auch geografisch verorten, da offenbar jede Region ihren eigenen Stil hatte.

Die botanischen Gärten im sich ausbreitenden British Empire bildeten ein loses, inoffizielles Netzwerk, dessen Epizentrum in den Royal Botanic Gardens in Kew lag. Der däni-

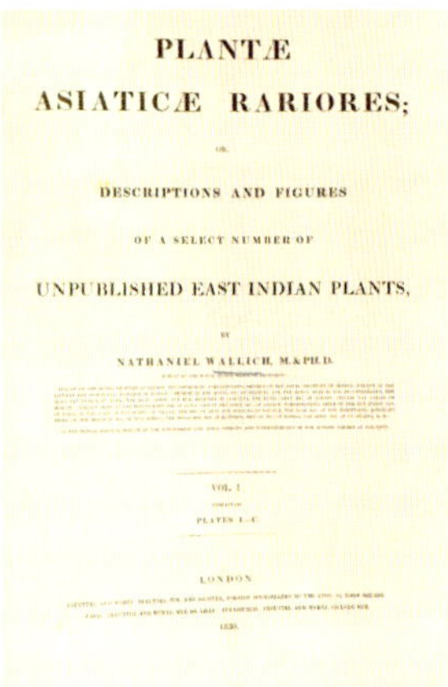

PLANTÆ
ASIATICÆ RARIORES;
OR,
DESCRIPTIONS AND FIGURES
OF A SELECT NUMBER OF
UNPUBLISHED EAST INDIAN PLANTS,
BY
NATHANIEL WALLICH, M.&PH.D.

VOL. I.
PLATES I.–C.

LONDON

sche Arzt und Botaniker Nathaniel Wolff Wallich (1786–1854) wirkte beim Aufbau des botanischen Gartens von Kalkutta mit und fungierte ab 1817 als dessen Superintendent. Neben der Arbeit an seinen eigenen Projekten – so stellte er ein Herbarium zusammen, das etwa 20 000 Pflanzenexemplare enthielt – empfing er auch viele europäische Pflanzensammler und war ihnen bei ihrer Arbeit behilflich. Schließlich erfuhr sein Wirken eine Würdigung, indem die Gattung *Wallichia* nach ihm benannt wurde und sich sein Name auch im

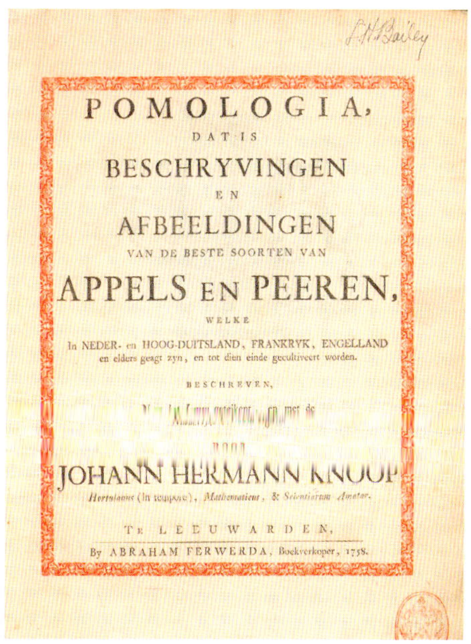
POMOLOGIA,
DAT IS
BESCHRYVINGEN
EN
AFBEELDINGEN
VAN DE BESTE SOORTEN VAN
APPELS EN PEEREN,
WELKE
In NEDER- en HOOG-DUITSLAND, FRANKRYK, ENGELLAND en elders geagt zyn, en tot dien einde gecultiveert worden.
BESCHREVEN,

JOHANN HERMANN KNOOP
Hortulanus (in tempore), Mathematicus, & Scientiarum Amator.
TE LEEUWARDEN,
By ABRAHAM FERWERDA, Boekverkoper, 1758.

DIESE SEITE

Pomologia, Johann Hermann Knoop (vermutlich 1706–1769)

In seiner 1758 zunächst auf Niederländisch erschienenen *Pomologia,* die 1760 auf Deutsch unter dem Titel *Pomologia, das ist Beschreibungen und Abbildungen der besten Sorten der Aepfel und Birnen, welche in Holland, Deutschland, Franckreich, Engeland und anderwärts in Achtung stehen, und deswegen gebauet werden* erschien, beschreibt Knoop über 100 Apfelsorten und begründet damit die Pomologie als neue Wissenschaft, die sich mit dem Obstbau befasst.

GEGENÜBERLIEGENDE SEITE

***A description of the genus Pinus,* Aylmer Bourke Lambert (1761–1842)**

Diese exquisite Kupfertafel zeigt die im Himalaja heimische Emodi-Kiefer, die bei Lambert als *Pinus longifolia* bezeichnet wird, heute jedoch eher unter dem Namen *Pinus roxburghii* bekannt ist und mit dem Artepitheton an den schottischen Botaniker William Roxburgh (1751–1815) erinnert. Lambert war ein umtriebiger Netzwerker, der seinen Wissensschatz ständig zu erweitern suchte und Pflanzenbelege sowie ganze Herbarien von anderen Botanikern erwarb.

einheimischer Künstler, Gorachand und Vishnu Prasad (siehe auch S. 254) mit Namen, die diese wohl zwischen 1830 und 1832 als Vorlage angefertigt hatten. Nicht zuletzt seien an dieser Stelle auch die Traditionen chinesischer Künstler genannt, die in den Handelshäfen und deren Umgebung in Südasien hauptsächlich für westliche Kundschaft, maßgeblich für die Granden der Ostindien-Kompanie, arbeiteten – und meist anonym blieben. Einer der wenigen, dessen Namen wir kennen, ist Win Achun, der im 19. Jahrhundert wirkte.

Der schottische Botaniker Alexander Anderson (1748–1811), der dem botanischen Garten auf der damals britischen Karibikinsel St. Vincent vorstand – übrigens dem ersten in der Karibik –, griff bei dem letztendlich unvollendeten Vorhaben, eine Flora der Karibik zu erstellen, auf Künstler zurück, die ein Leben als Sklaven fristen mussten. In seinem Katalog nennt Anderson die nahezu 2000 Taxa bei ihren lateinischen Namen, erwähnt aber auch die karibischen bzw. afrokaribischen Namen. Im Rahmen der modernen Forschung wird in zunehmendem Maße versucht, die einzelnen Künstler, auch wenn ihre Namen anonym bleiben, wenigstens anhand von stilistischen Unterschieden zu identifizieren. Bemerkenswert ist hingegen, dass ein gewisser John Tyler, ein freier Schwarzer von Antigua, der zwischen 1785 und 1811 für Anderson arbeitete, seine Arbeiten signierte – in makelloser Schönschrift.

9 Pierre-Joseph Redouté

Wissenschaftliche Illustrationen waren mehr und mehr von einem gewissen Pragmatismus geprägt, und doch gab es auch immer wieder Maler, die durch ihre außergewöhnliche künstlerische Meisterschaft auffielen. Pierre-Joseph Redouté (1759–1840) gilt vielen als berühmtester Blumenmaler aller Zeiten. Seine Familie war als Schilder- und Dekorationsmaler unterwegs und später als Kulissenmaler an neuen Pariser Theatern. Im vorrevolutionären Paris begann sich Redouté auf die Blumenmalerei zu verlegen, arbeitete, sofern überhaupt möglich, am lebenden Objekt und baute trotz der aufgeheizten Stimmung zu jener Zeit Netzwerke mit renommierten Botanikern und Gartenexperten auf.

Der entscheidende Durchbruch kam, als er den gefeierten Botaniker Charles Louis L'Héritier de Brutelle (1746–1800) kennenlernte. L'Héritier beauftragte Redouté, für seine beschreibenden Publikationen akkurate botanische Illustrationen zu fertigen, nahm ihn in den 1780er-Jahren auf eine Reise nach Kew mit, um den dortigen botanischen Garten zu besuchen, und brachte ihn nach der Rückkehr im berühmten Jardin des Plantes in Paris unter.

Redouté war von der technischen Seite der Buchillustration fasziniert und studierte sorgsam, wie seine Originale drucktechnisch reproduziert wurden. Bald beherrschte er die Verfahren der Druckgrafik, die zu jener Zeit gerade eine deutliche Wandlung durchliefen, und entdeckte eine Innovation für sich: den Punktstich, bei dem nicht nur sehr feine Tonveränderungen, Schattierungen und fließende Übergänge möglich sind, sondern der neuerdings, als Einplattenfarbstich in Punktiermanier ausgeführt, nun auch noch außergewöhnlich feine Farbeffekte von hoher Brillanz ermöglichte. Diese ließen sich noch dazu leicht und oft reproduzieren – schließlich nutzt sich eine metallene Druckplatte nicht so schnell ab – und stellten damit eine willkommene Ergänzung zur Handkolorierung der Kupfertafeln dar. Redouté verband zwei Welten miteinander – auf der einen Seite

UNTEN

Pierre-Joseph Redouté, Porträt, unterschrieben mit «Peintre de Fleurs», aus *Les Roses* (Text von Claude-Antoine Thory) (1817)

Redouté war schon zu Lebzeiten für seine außergewöhnlichen, botanisch korrekten und gleichzeitig künstlerisch eleganten Blumengemälde berühmt, was schließlich dazu führte, dass selbst Joséphine Bonaparte seine Arbeit förderte.

LINKS

Les Roses, Pierre-Joseph Redouté (1817–1824)

Die anspruchsvolle Technik, die hinter der Darstellung dieser *Rosa centifolia* steckt, ist der Punktstich, der kunstvolle Schattierungen erlaubt. Redouté hat ihn mit seinem Werk zur Perfektion getrieben.

DIESE SEITE

Choix des plus belles fleurs et des plus beaux fruits
(etwa «Einige der schönsten Blumen und Früchte»), Pierre-Joseph Redoute (1827–1833)

Hier hat Pierre-Joseph Redouté offenbar zwei unterschiedliche Narzissen dargestellt, unter anderem eine gefüllte. Im Text ist von *Narcissus gouani* und *Narcissus incomparabilis* die Rede.

GEGENÜBER

Les Liliacées
(«Die Liliengewächse»), Pierre-Joseph Redoute (1802–1816)

Die Lilienart *Lilium superbum,* die Redouté in seine Lilien-Monografie aufgenommen hat, ist in Nordamerika heimisch.

GEGENÜBER OBEN

Alphonse Louis Pierre Pyrame de Candolle (1806–1893)

Alphonse, der Sohn von Augustin-Pyrame de Candolle, dürfte wohl der Erste gewesen sein, der die globalen Vegetationszonen beschrieb, die nach unserem heutigen Verständnis durch Umwelt und Klima bestimmt werden.

GEGENÜBER UNTEN

Coleotrype natalensis **(1881)**

Die südafrikanische Verwandte von Bromelien und Ingwer *Coleotrype natalensis* in einer Beschreibung, die Alphonse de Candolle 1881 publizierte.

malte er außergewöhnliche Blumenbilder für adlige Auftraggeber, auf der anderen fertigte er wissenschaftlich akkurate Illustrationen für die Naturforschung.

Eine seiner bemerkenswertesten Leistungen beruht auf der Zusammenarbeit mit Joséphine, der ersten Frau Napoleon Bonapartes. Die Kaiserin, die sich für Botanik und besonders für Rosen begeisterte, verpflichtete Redouté als offiziellen Hofmaler. Unter ihrer Schirmherrschaft schuf er einige seiner berühmtesten und beliebtesten Werke wie das zwischen 1817 und 1824 veröffentlichte *Les Roses (Die Rosen),* das mit größter Genauigkeit und überaus detailreich gearbeitete, handkolorierte Tafeln von über 170 Rosensorten vereint.

10 Turbulente Zeiten – in Europa und in der Botanik

Aus dem streng akademisch geprägten Zentrum der französischen Botanik, dem Jardin des Plantes, wie der Jardin du Roi nach der Revolution von 1789 hieß, gingen gerade zu jener Zeit mehrere wichtige Protagonisten hervor. Michel Adanson (1727–1806) war wieder vom linnéschen System abgekommen, das sich ja nur auf die für die geschlechtliche Fortpflanzung relevanten Teile der Blüte stützte. Adanson hatte eine fünfjährige Reise in den Senegal unternommen, was seinen Blick auf die Natur stark beeinflusst hatte. Außerdem sprachen ihn die Werke von Tournefort (siehe S. 111) und John Ray (siehe S. 109) an, weil sie in seinen Augen von Nutzen waren und Sinn ergaben. 1763 brachte er das Werk *Familles des plantes* («Pflanzenfamilien») heraus, in dem er versuchte, die Pflanzenwelt im Grunde wie einen Familienstammbaum darzustellen. Damals fand seine Arbeit keinen allgemeinen Zuspruch, die nächste Generation jedoch ließ sich spürbar von ihm beeinflussen.

Der Nächste war Antoine Laurent de Jussieu (1748–1836), ein Bewunderer Adansons und der erste Botaniker, der ein natürliches System begründete, das alle Blütenpflanzen umfasste und berücksichtigte, dass die Mitglieder der einzelnen Gruppen jeweils eng miteinander verwandt sind. 1770 machte er seinen Abschluss in Medizin und bekam unmittelbar darauf eine erste Stelle am Lehrstuhl für Botanik am Jardin du Roi. Seine erste botanische Schrift erschien 1773, in der er sich der Untersuchung der Hahnenfußgewächse (Ranunculaceae) widmete. 1789, als die Französische Revolution alle feudalen Privilegien und Rechte des Adels hinwegfegte, erschien sein Hauptwerk *Genera Plantarum* («Pflanzengattungen»), in dem er 100 Pflanzenfamilien hierarchisch ordnete und in Abteilungen, Klassen und Ordnungen einteilte.

Zwischendurch hatte Jussieu seine botanischen Arbeiten beiseitelegen müssen, weil ihm die Pariser Krankenhäuser unterstellt worden waren. 1790 jedoch, als eine neue Regierung gebildet wurde, war er dabei, als es den Jardin des Plantes neu aufzustellen galt, um ein Museum für Naturgeschichte einzurichten.

Seine wichtigste Erkenntnis war, dass sich die Pflanzenfamilien durch eine ganze Reihe von Merkmalen unterschieden und nicht nur durch einige wenige. Manche dieser Merkmale mochten wichtiger sein als andere, manche mochten von Umweltbedingungen beeinflusst, somit veränderbar und daher für die Klassifizierung weniger brauchbar sein. Sein Prinzip *pesés, et non comptés* – «gewogen, nicht gezählt» – deutet an, dass mit mehr Verstand geurteilt werden solle. Das implizierte, dass Linnés Klassifizierungssystem, das für jeden anwendbar war, der zählen konnte, zu ersetzen sei durch eines, bei dem man ausschließlich auf die Arbeit von Fachleuten vertraute. Heute finden noch 76 der von Jussieu vorgeschlagenen Familien Verwendung – im Gegensatz zu gerade einmal elf von Linné. Sein Werk lässt sich als der Anfang der Botanik als Wissenschaft sehen, die das Werk von Naturforschern, Ärzten, Pflanzen- und Kräuterkundigen sowie Philosophen verschmilzt.

11 Augustin-Pyrame de Candolle

Der Schweizer Naturforscher Augustin-Pyrame de Candolle (1778–1841) wurde in Genf geboren, studierte unter dem Theologen und Botaniker Jean Pierre Vaucher (1763–1841) und fand schnell eine Anstellung bei einem privaten Herbarium. In Paris wurden seine Fähigkeiten beim Klassifizieren bald bemerkt – durch keine Geringeren als Georges Cuvier (1769–1832) und Jean-Baptiste de Lamarck (siehe S. 151). So betraute man ihn zwischen 1805 und 1815 mit der völligen Neubearbeitung von Lamarcks *Flore Française.* Wie Jussieu war er ein Verfechter des Natürlichen Systems und machte sich also daran, ein entsprechendes umfassendes Werk zu schreiben. Zwar konnte er zwischen 1824 und 1839 und damit noch vor seinem Tod im Jahr 1841 sieben Bände des *Prodromus systematis naturalis regni vegetabilis* (etwa «Vom natürlichen System des Pflanzenreichs») fertigstellen und auch sein Sohn Alphonse schrieb unermüdlich weiter daran, doch blieb das Werk unvollendet. Am Ende war es wohl doch zu ambitioniert gewesen.

De Candolle fremdelte zwar mit der Evolutionstheorie, aber die unbändige Vielfalt an Pflanzen, die es auf der Welt gab, ließ ihn zu dem Schluss kommen, dass es wohl um die 20 botanische Zonen geben und dass in jeder von ihnen ein Akt der Schöpfung stattgefunden haben musste. Trotz dieser kreationistischen Sichtweise begann er sich sehr für ein Phänomen zu interessieren, das er «disjunkte Arten» nannte – Pflanzen, die offensichtlich derselben Art angehörten, aber geografisch so weit voneinander entfernt vorkamen, dass dies Fragen nach ihrer Entwicklung in der Vergangenheit aufwarf. In seinen späteren Jahren gelangte er zu der Einsicht, dass die «Abweichung von früheren Formen» möglicherweise die wahrscheinlichste Erklärung dafür sei, was er in der Natur beobachtet hatte – womit er dem auf der Spur war, was andere als Evolution bezeichnen. Neben all seinen Leistungen erfand de Candolle das Wort «Taxonomie» und war der Erste, der das Konzept der Subspezies vorschlug, damit Biologen die Existenz von Merkmalen erklären konnten, die nicht ganz zur Beschreibung einer Art passten. Und tatsächlich wurden diese Vorschläge auf einem der ersten internationalen Biologen-Kongresse in den 1870er Jahren dann übernommen.

12 London und das wissenschaftliche Establishment – die Welt des William Hooker

William Jackson Hooker (1785–1865) war einer der größten botanischen Geister Großbritanniens. Zusammen mit seinem Kollegen Thomas Taylor (1786–1848), einem Arzt und begeisterten Botaniker, veröffentlichte er 1827 das Werk *Muscologia Britannica* (etwa «Die Mose der Britischen Inseln»). Gemeinsam zeichneten sie die Bilder und überwachten die Erstellung der Kupferstiche. Hooker wurde bereits 1806 in die Linnean Society aufgenommen. 1809 unternahm er eine botanische Forschungsreise nach Island. 1820 erfolgte seine Berufung als Professor für Botanik in Glasgow.

Hooker verkörperte den neuen professionellen Geist, der zu Beginn des 19. Jahrhunderts durch die Welt der Wissenschaft wehte. Bei Regierungen und Universitäten rund um den Globus hatte ein Umdenken eingesetzt, wissenschaftliche Arbeit sollte nun offiziell gefördert und dazu auch neue Stellen geschaffen werden, um Unterricht in neuen Fächern und den Erwerb entsprechender Abschlüsse zu ermöglichen. Amateure, die aus Liebhaberei forschten, sollten zwar durchaus auch weiterhin Zugang zur Wissenschaftswelt haben, mussten aber nun an Torwächtern mit Hochschulausbildung vorbei. 1821 brachte Hooker seine *Flora Scotia* («Flora Schottlands») heraus, die viele Neuauflagen erlebte. Bezeichnenderweise hielt Hooker, der sein Buch auf den allgemeinen Gebrauch ausrichtete, am linnéschen System fest, obwohl das neue Natürliche System von Jussieu als das mit der größeren Genauigkeit wahrgenommen wurde – er meinte jedoch, für Amateurbotaniker sei das linnésche System leichter zu beherrschen. Hooker fügte auch noch seine eigene Klassifikation ein, da sie die in seinen Augen wirklich verwandten Pflanzenfamilien widerspiegelte, die tatsächlich voneinander abstammten. Und so machte der vollständige Buchtitel auch klar, dass die Pflanzen «nach der künstlichen und nach der natürlichen Methode» angeordnet seien, auf dass der Leserschaft beides geboten werde und jeder für sich entscheiden könne.

UNTEN

Sir William Jackson Hooker (1785–1865)

Hooker auf einer Fotografie aus seinen späteren Jahren, als er noch immer mit großem Elan als Direktor der Royal Botanic Gardens in Kew wirkte.

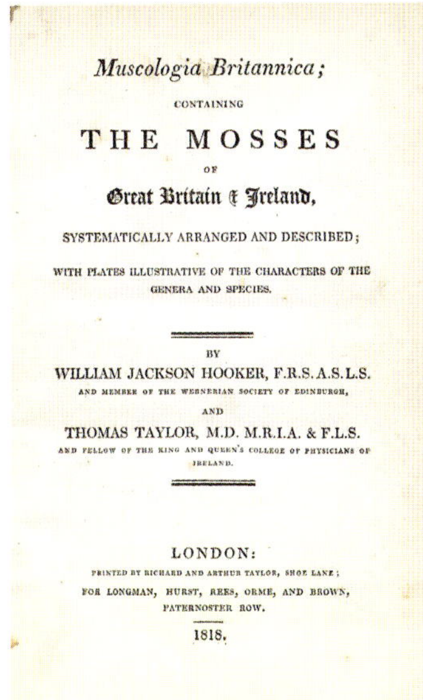
Muscologia Britannica;
CONTAINING
THE MOSSES
OF
Great Britain & Ireland,
SYSTEMATICALLY ARRANGED AND DESCRIBED;
WITH PLATES ILLUSTRATIVE OF THE CHARACTERS OF THE GENERA AND SPECIES.

BY
WILLIAM JACKSON HOOKER, F.R.S. A.S. L.S.
AND MEMBER OF THE WERNERIAN SOCIETY OF EDINBURGH,
AND
THOMAS TAYLOR, M.D. M.R.I.A. & F.L.S.
AND FELLOW OF THE KING AND QUEEN'S COLLEGE OF PHYSICIANS OF IRELAND.

LONDON:
PRINTED BY RICHARD AND ARTHUR TAYLOR, SHOE LANE;
FOR LONGMAN, HURST, REES, ORME, AND BROWN, PATERNOSTER ROW.
1818.

OBEN

***Muscologia Britannica*, William Jackson Hooker und Thomas Taylor (1818)**

Hooker begeisterte sich nicht nur für höhere Pflanzen und. Blütenpflanzen, er war auch ein Fachmann für Laubmoose und Lebermoose. Daher brachte er 1818 zusammen mit seinem Freund Thomas Taylor die *Muscologia Britannica* heraus.

LINKS

***Curtis's Botanical Magazine* (1826)**

William Hooker war ab 1826 Herausgeber der botanischen Fachzeitschrift *Curtis's Botanical Magazine*. Hier eine jener unverkennbar exquisiten Illustrationen, die er in Auftrag gab.

DIESE DOPPELSEITE

***Icones Plantarum*, William Hooker (1837–1854)**

Der Gartenkürbis *(Cucurbita pepo)* aus William Hookers *Icones Plantarum* (etwa «Pflanzenbilder»), einer Serie reich illustrierter Bücher, die auf Grundlage der Herbarbelege des botanischen Gartens in Kew entstanden waren.

FOLGENDE DOPPELSEITE

***Exotic Flora*, William Hooker (1823–1827)**

Links *Goodyera procera,* eine Orchidee der Gattung Netzblatt, und rechts *Synedrella nodiflora.* Beide handkolorierten Kupferstiche wurden von J. Swan nach botanischen Zeichnungen von William Hooker gefertigt.

Tab. 148.

39
Goodyera procera
J. Swan Sculp.

60
Synedrella nodiflora
J. Swan Sculp.t

5

DIE BOTANIK WIRD ZUR WISSENSCHAFT
(1830–1950)

Inzwischen wollten Botaniker einfach besser verstehen, wie Pflanzen wachsen und sich ernähren. Bereits im 17. Jahrhundert hatte man experimentell gezeigt, dass Pflanzen in Gegenwart von Sonnenlicht ein Gas bildeten, das Tiere am Leben erhielt. Im frühen 19. Jahrhundert bestätigte der Schweizer Naturforscher Nicolas de Saussure (1767–1845), dass Pflanzen zum Wachstum Sonnenlicht, Wasser und Kohlenstoffdioxid benötigen. Dem französischen Chemiker und Agrarwissenschaftler Jean Baptiste Boussingault (1801–1887) gelang es nachzuweisen, dass Pflanzen auch dann wachsen konnten, wenn sie statt organischem Material ausschließlich anorganische Stickstoffverbindungen zur Verfügung hatten, und dieses Wachstum proportional zur verfügbaren Stickstoffmenge war. Boussingault und andere Botaniker erkannten nun, dass Pflanzen für ein optimales Wachstum Nitrate und Phosphate benötigten, die als Dünger zugesetzt werden konnten.

Der deutsche Chemiker Justus von Liebig (1803–1873) legte in seinen Büchern – wie *Die organische Chemie in ihrer Anwendung auf Agricultur und Physiologie* (1840) – dar, wie sich die Erkenntnisse der Chemie nutzen ließen, um die landwirtschaftliche Produktion von Nahrungsmitteln zu steigern. Er zeigte, dass das Pflanzenwachstum durch die Ressource begrenzt wurde, die am knappsten war – gleichgültig, ob Licht, Wasser, Kohlenstoffdioxid, Stickstoff oder Spurenelemente.

Die Zellbiologie wurde mit den verbesserten Bildgebungsverfahren (Mikroskope!) und neuen Analysemethoden zu einem wichtigen Forschungsthema; dies führte zum besseren Verständnis der Abläufe in der Zelle. 1837 gelang es Hugo von Mohl (1805–1872) in Tübingen erstmals, Zellen bei ihrer Teilung zu beobachten, und er beschrieb Chloroplasten – später wurde klar, dass diese Organellen für die Fotosynthese verantwortlich sind.

Während man die wichtigsten Zellstrukturen identifizierte, versuchte man, auch die Zellchemie zu verstehen. Der deutsche Physiologe Wilhelm Kühne (1837–1900) verwendete 1877 zum ersten Mal den Begriff «Enzym», um die Verbindungen zu beschreiben, die chemische Reaktionen bei Lebewesen katalysierten. Emil Fischer (1852–1919) propagierte 1894 das Schlüssel-Schloss-Prinzip für die Funktion der Enzyme. Cornelis van Niel (1897–1985) untersuchte Bakterien und gewann dabei wichtige Erkenntnisse zur Fotosynthese. Robin Hill (1899–1991) zeigte schließlich, dass selbst isolierte Chloroplasten in Gegenwart von Licht noch in der Lage waren, Sauerstoff zu produzieren.

Taxonomie sowie Klassifikation und Benennung neuer Pflanzenarten blieben weiterhin sehr wichtig; die linnésche Systematik setzte sich nach und nach überall durch und wurde schließlich weltweit akzeptiert. Mitte des 19. Jahrhunderts wurden bedeutende botanische Entdeckungen von Naturforschern gemacht, die wie Charles Darwin (siehe auch S. 196) fachlich eher Autodidakten waren und ihre Forschungen mit ihrem Privatvermögen finanzierten. Doch ab dem späteren 19. Jahrhundert fanden die wichtigsten botanischen Innovationen immer öfter in Laboratorien mit angestellten Wissenschaftlern statt. Um sich von den begüterten Amateurwissenschaftlern abzusetzen, bezeichnete man die Botanik jetzt als «Phytologie» (Pflanzenkunde). Auch weiterhin wurden luxuriöse, großformatig illustrierte Werke aufgelegt. Für die taxonomische Forschung waren sie allerdings nicht mehr so wichtig, sondern eher für Gärtner, denn darin wurden die seltensten neuen Markteinführungen für die Gartenwelt vorgestellt. In Japan floss der lokale Illustrationsstil in Darstellungen der regionalen Pflanzenwelt ein; ein typisches Beispiel ist Iwasaki Tsunemasas *Honzō Zufu,* das westliche Taxonomie mit japanischen ästhetischen Traditionen verbindet.

1 Die Botanik in Japan

Honzō Zufu («Bildlexikon der Pflanzen»), ein umfangreicher und atemberaubend illustrierter Katalog der japanischen Blütenpflanzen, wurde ab 1828 veröffentlicht und umfasste schließlich 93 Bände. Der Autor, Iwasaki Tsunemasa (1786–1842), wurde auch Iwasaki Kan'en genannt und war Mitglied einer Samurai-Familie aus Edo (dem heutigen Tokio). Iwasaki wurde zum Leiter der Botanischen Gärten des Shoguns (militärischer Anführer) ernannt, unternahm auf der ganzen Insel Honshu Sammelreisen, um die lokalen Pflanzen zusammenzutragen, und veröffentlichte 1818 sein erstes Buch (*Sōmoku sodate-gusa,* «Anzucht von Bäumen und Pflanzen»).

Der deutsche Botaniker Philipp von Siebold (1796–1866) – er lebte ab 1823 in Japan – befasste sich eingehend mit der japanischen Flora, sammelte Pflanzen und ließ von lokalen Künstlern wie Kawahara Keiga (1786–um 1860) botanische Illustrationen anfertigen. Siebold sandte seine Sammlungen zurück nach Europa und verfasste nach seiner Rückkehr *Flora Japonica* («Flora von Japan»), gemeinsam mit dem Botaniker Joseph Gerhard Zuccarini (1797–1848). Iwasaki war als lokaler Botaniker natürlich daran interessiert, Siebold zu treffen und sich über die Klassifikation endemischer japanischer Pflanzenarten auszutauschen. Siebolds Sammlungen hatten langfristige Auswirkungen auf die japanische Botanik (Ähnliches sollte sich auch in anderen Ländern wiederholen): Da der Sammler und Erstbeschreiber – in diesem Fall Siebold – ein Europäer war, gelangten viele «Typusexemplare» (das Exemplar einer Pflanze, anhand dessen eine Art beschrieben und abgegrenzt wird) in europäische Sammlungen, wo sie seither aufbewahrt werden.

UNTEN

***Honzō Zufu,* Iwasaki Tsunemasa (auch genannt Iwasaki Kan'en) (1828)**

Ursprünglich lag diese Sammlung berühmter Holzschnitte in Bänden mit «Japanbindung» vor, auch *fukuro* genannt, wie sie vor 1868 in Edo (heute Tokio) üblich war: Die nur einseitig bedruckten Bögen sind in der Mitte gefaltet und werden an der offenen (gegenüberliegenden) Kante zusammengeheftet.

DIESE DOPPELSEITE

***Honzō Zufu*,**
Iwasaki Tsunemasa (1828)

Abbildungen von Kamelien aus Iwasakis maßgeblichem Werk; es zählte zu den ersten, in denen Linnés Nomenklatur mit dem japanischen Wissen über die lokale Flora kombiniert wurde.

本草圖譜
巻之八十八
一種
三

DIESE DOPPELSEITE

***Hisui Hyakkafu* («Album der 100 Blumen»), Sugiura Hisui (1920–1922)**

Aconitum uncinatum (links; ein Eisenhut) und *Allium fistulosum* (Winterheckenzwiebel; rechts) aus Sugiuras «Album der 100 Blumen». Für die japanischen Grafiker des *fin de siecle*, wie Sugiura Hisui, war dieser realistische, aber minimalistisch elegante Stil recht typisch.

OBEN

Makino Tomitarō (1862–1957)

Makino gilt als «Vater der japanischen Botanik»; er veröffentlichte 1940 eine umfassende Flora von Japan, die bis heute nachgedruckt wird.

Iwasaki war Schüler bedeutender Botaniker, insbesondere von Ono Ranzan (1729–1810); anders als diese war er allerdings der Meinung, der Mangel an Illustrationen sei ein Manko der japanischen Botaniktexte. Onos Hauptwerk war beispielsweise nach dem System des chinesischen *Bencao gangmu* (siehe S. 126) organisiert, das aus dem 16. Jahrhundert stammte und ursprünglich selbst keine Illustrationen enthielt. Im Vorwort von *Honzō Zufu* sprach Iwasaki dieses Problem an und erklärte, dass Texte und Abbildungen sich ideal ergänzten, um die Bestimmung einer Pflanze zu erleichtern.

Für Iwasaki waren insbesondere Farbabbildungen wichtig. Im Gegensatz zu anderen zeitgenössischen japanischen Büchern war sein Werk von Linnés neuer Nomenklatur beeinflusst, die den Akzent auf Strukturen setzte, vor allem von Früchten und Blüten. Iwasaki fertigte jedoch keine pauschal standardisierten Abbildungen an, sondern wählte eine Darstellung, die das «Wesen» der Pflanze am besten vermittelte. Dank dieses Stils konnte er viele unverkennbare «Pflanzenporträts» schaffen.

2 Der Blick durchs Mikroskop

In ihrer Anfangszeit war die Mikroskopie technisch noch nicht ausgereift. Trotz der unvollkommenen Linsen gelang es Charles-François Brisseau de Mirbel (1776–1854) in seiner *Traité d'anatomie et de physiologie végétale* von 1802 («Abhandlung über Pflanzenanatomie und -physiologie») nachzuweisen, dass alle Pflanzenzellen von einer durchgehenden Zellmembran umgeben sind. Der Kieler Botaniker Johann Jakob Paul Moldenhawer (1766–1827) konnte bei seinen histologischen Studien grundlegende Strukturen wie Leitbündel und Spaltöffnungen identifizieren.

Weil die Bilder aber so verschwommen waren, blieb die Wissenschaft dem Mikroskop gegenüber bis etwa 1830 skeptisch. Da war ferner das Problem des Halo-Effekts – unvollkommene Linsen erzeugten verschiedene Farbeffekte, sodass das Objekt von einem Halo umgeben war. Trotzdem war Joseph Jackson Lister (1786–1869) davon überzeugt, dass man Mikroskope durch einen veränderten Aufbau verbessern könne, und beauftragte eine Firma für optische Instrumente mit dem Bau. Diese neuen Mikroskope setzten sich rasch durch; mikroskopische histologische Befunde halfen zum Beispiel Listers Freund Thomas Hodgkin dabei, das Hodgkin-Lymphom zu beschreiben.

Die Nachfrage nach Mikroskopen nahm zu, und bald galten sie in den Laboren von ganz Europa als Standardausrüstung. Der schottische Botaniker Robert Brown (1773–1858) stellte vor der Linnean Society 1831 einen Bericht über seine Identifizierung des Zellkerns vor, die nur durch das Mikroskop möglich geworden war. In der Folge begann man, die wichtigen Unterschiede zwischen Tier- und Pflanzenzellen zu verstehen, und erkannte, dass eine Zellwand (im Gegensatz zur Zellmembran) nur bei Pflanzen vorkommt. Im Jahr 1839 formulierten zwei Deutsche, der Botaniker Matthias Schleiden (1804–1881) und der Anatom und Physiologe Theodor Schwann (1810–1882), gemeinsam die Zelltheorie (Zellen sind die Grundbausteine des Lebens). Sie illustrierten ihre Ergebnisse mit wunderschönen mikroskopischen Bildern – Schleiden für die Pflanzen (*Beiträge zur Phytogenesis,* 1838), Schwann für Pflanzen und Tiere (*Mikroskopische Untersuchungen über die Uebereinstimmung in der Struktur und dem Wachsthum der Thiere und Pflanzen,* 1839).

Übrigens vergab Schleiden etliche Aufträge an den junge Carl Zeiss (1816–1888) und bestärkte diesen darin, sich mit seiner Firma auf Feinoptik zu spezialisieren. Schleiden erkannte als Erster, dass sämtliche Teile einer Pflanze aus Zellen bestehen, auch ihre Früchte einschließlich der Samen. Daraus ergab sich die Frage, wie denn die Befruchtung funktionierte, wenn jedes Elternteil hälftig zum Erbe der Nachkommenpflanze beitragen sollte.

Dank der Erkenntnis, dass alles Leben auf Zellen basiert, konnte die Biologie erstmals als eigenständiges Gebiet wahrgenommen werden. Doch gleichzeitig begann sich die wissenschaftliche Praxis zu verändern: Langsam ersetzten Profis mit Spezialausbildung und Universitätsabschluss in den entsprechenden Fächern die begüterten Amateurwissenschaftler und gebildeten Damen der höheren Gesellschaft, die das Fach im frühen 19. Jahrhundert geprägt hatten. Dieser Wandel erfolgte nicht plötzlich – in Deutschland zwar früher und auffälliger als andernorts –, doch er sollte schließlich das Wesen der gesamten Botanik prägen.

3 Orchideenfieber

Orchideen zählten zu den «angesagtesten» Sammlerobjekten des 19. Jahrhunderts; seltene Orchideen erzielten immense Preise. Die Verlage versuchten rasch, vom Orchideenfieber zu profitieren. Ein gutes Beispiel ist *Illustrations of Orchidaceous Plants* (1830–1838), ein Werk mit Illustrationen des Pflanzenmalers Franz Bauer (siehe S. 160) sowie Vorwort und Anmerkungen des Botanikers und Gärtners John Lindley. Dank der Fortschritte in der Glasherstellung, Heizungstechnik und Bekämpfung von Pflanzenschädlingen konnten tropische Orchideen inzwischen auch in Londoner Gewächshäusern erfolgreich kultiviert werden, und die beiden Orchideenliebhaber konnten sich für ihr Unternehmen zusammentun.

Bauer hatte begonnen, mithilfe des Mikroskops die winzigen Fortpflanzungsorgane von Orchideen zu untersuchen (und zu zeichnen), um die Taxonomie der Orchideen aufzuklären. In seinem Vorwort erklärte Lindley, dass man beschlossen hatte, von Kupferstichen zu den teureren, aber detailreicheren Lithografien zu wechseln, um diese morphologischen Feinheiten wiedergeben zu können. Auf manchen Abbildungen waren bis zu 400-fach vergrößerte anatomische Einzelheiten dargestellt. Lindley führte eine maßgebliche Klassifizierung der Orchideen nach der Anordnung des «Polliniums» an der «Säule» ein, die heute noch in Gebrauch ist.

Der britische Botaniker James Bateman (1811–1897) schuf auch eines der erstaunlichsten Orchideenbücher, die je verlegt wurden: *The Orchidaceae of Mexico and Guatemala* (1836–1843; «Die Orchidaceae von Mexiko und Guatemala») wog bei einer Höhe von 75 Zentimetern über 17 Kilogramm und war damit eines der größten botanischen Bücher, das jemals veröffentlicht wurde. Die Abbildungen wurden von Sarah Anne Drake (1803–1857), Augusta Withers (um 1793–um 1864) und anderen angefertigt und demonstrieren die spektakuläre

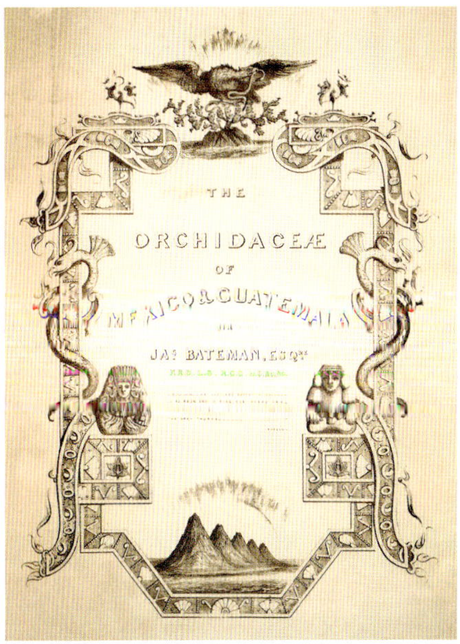

GEGENÜBER UNTEN

Matthias Schleiden, unbekannter Künstler (um 1855)

Schleiden trug sehr viel dazu bei, dass das Mikroskop in den Lebenswissenschaften zum Standard wurde, sodass man biologische Prozesse erstmals auf zellulärer Ebene untersuchen konnte.

UNTEN

***The Orchidaceae of Mexico and Guatemala*, James Bateman (um 1845)**

Dieses attraktive Frontispiz lässt kaum erahnen, welche wundervollen Illustrationen dieses Orchideenbuch enthält – eines der größten botanischen Bücher, das jemals veröffentlicht wurde.

DIESE DOPPELSEITE

The Orchidaceae of Mexico and Guatemala, James Bateman (um 1845)

Epidendrum erubescens, jetzt *Artomira erubescens,* aus Mexiko sowie *Galeandra baueri,* die nach Bauer benannt wurde, aus dem Amazonasbecken.

GALEANDRA BAUERI.

Artenfülle der Orchideenfamilie. Etwa 90 Prozent der Illustrationen im Buch zeigten Pflanzen, die hier zum ersten Mal abgebildet wurden. Wegen der extrem spezialisierten Technik des Lithografiedrucks mussten die Drucke von Hand koloriert und anschließend mehrere Firnisschichten aufgetragen werden, um die Farbqualität der Bilder zu intensivieren. Insgesamt wurden nur 125 Exemplare hergestellt, sodass das Werk auf Auktionen inzwischen bis zu 100 000 US-Dollar erzielen kann.

4 Darwin und die Stellung der Pflanzen in der Evolutionstheorie

Die Evolutionstheorie hatte entscheidenden Einfluss auf die Botanik des 19. Jahrhunderts. Sobald man akzeptiert hatte, dass die verschiedenen Arten von einem gemeinsamen Vorfahren abstammten, konnte man offensichtliche Beziehungen zwischen verschiedenen Pflanzenfamilien als echte Verwandtschaftsbeziehungen erkennen. Aber auch in der funktionellen Anatomie und Pflanzenphysiologie konnte man jetzt verstehen, wie evolutionäre Anpassungen Pflanzen ein Überleben ermöglichten. Es kursierten damals in der Öffentlichkeit auch andere Evolutionstheorien, doch schließlich war es der englische Naturforscher Charles Darwin (1809–1882), der die wissenschaftliche Basis für die breite Akzeptanz der Evolution legte.

Darwins Interesse an Pflanzen begann bereits während seiner Zeit an der Universität Cambridge; sein dortiger Botanikprofessor war John Stevens Henslow (1796–1861). Er brachte Darwin bei, wie man Pflanzen sammelt, beschreibt, bestimmt und ein Mikroskop einsetzt; und Henslow schlug Darwin für die Position des Naturforschers auf der Beagle vor.

Darwins Bericht von *The Voyage of the Beagle* (*Die Fahrt der Beagle,* 2006) wurde 1839 in England veröffentlicht und mit großem Interesse aufgenommen. Seine Erzählungen von Ausritten in der Pampa oder von Galapagos-Riesenschildkröten sind kurzweilig und interessant. Privat beschäftigte er sich allerdings mit ernsthafteren Themen: mit der Frage, was eine Art ist und wie sie entsteht. Wie konnte es so viele verschiedene, nahe verwandte Pflanzen- oder Tierarten auf den verschiedenen Inseln einer Inselgruppe geben, wobei jede Art einzigartig war? Konnte die Erklärung darin liegen, dass die Arten selbst «mutierbar» waren?

Das war ein schwieriges Postulat, denn es stand im Gegensatz zu religiösen Lehrmeinungen (Schöpfungslehre). Selbst Menschen, die akzeptieren konnten, dass Pflanzen- und Tierarten sich im Lauf der Evolution entwickelt hatten, hätten vermutlich keinesfalls akzeptiert, dass auch die Menschen diesem Prozess unterworfen waren. Denn dann wären ihre «edelsten» Gefühle wie Liebe, Nächstenliebe und Glaube während der «Fortentwicklung» aus menschenaffenähnlichen Vorfahren entstanden. Darwin wusste, dass eine Veröffentlichung dieser Ansichten kontrovers aufgenommen werden würde. Er sah viele Jahre lang von der Publikation ab, bis der weniger bekannte Naturforscher und Forschungsreisende Alfred Russel Wallace (1823–1913) eine sehr ähnliche Evolutionstheorie entwickelte und Darwin unter Zugzwang geriet.

Darwin belegte seine Vorstellungen über die Evolution im Detail in *On the Origin of Species* (1859; *Die Entstehung der Arten,* 1860). Es war die Zusammenfassung seiner Arbeit und der Informationen, die er über zwei

UNTEN

Charles Darwin, fotografiert von Julia Margaret Cameron (1868)

Darwin suchte Cameron 1868 in ihrem Domizil auf der Isle of Wight auf, um für eine Porträtfotografie zu sitzen. Das Foto gehörte nach seiner Aussage zu seinen Lieblingsbildern.

Jahrzehnte zusammengetragen hatte: Er hatte sich an Taubenzüchter, Gemüsebauern und Hundezüchter gewandt, um von diesen Experten Beispiele für den tatsächlichen Ablauf der Vererbung zu sammeln. Unter Berücksichtigung der Informationen, die er zuerst von Tier- und Pflanzenzüchtern auf der ganzen Welt gesammelt hatte, konnte er seine Selektionstheorie eindrucksvoll belegen. Er erläuterte, dass die «domestizierten» Tiere oder Pflanzen (Nutztiere und Nutzpflanzen) in ihrem Körper ein Entwicklungspotenzial bewahrt hatten. Durch Züchtung und Selektion ließen sich viele unterschiedliche Erscheinungsformen erzielen, die gegenwärtig nicht ausgeprägt wurden. Diese «Mutabilität» oder Wandelbarkeit, so argumentierte Darwin, wurde von den Menschen gezielt eingesetzt, um bessere Nutztier- und Nutzpflanzenrassen zu selektieren. In der Natur könnte eine natürliche Selektion dafür verantwortlich sein, dass eine Pflanze zufällig ein Merkmal stärker als ein anderes ausprägte und infolgedessen möglicherweise besser an ihre aktuelle Umwelt angepasst wäre: Durch verbesserte Angepasstheit wäre diese Pflanze in der Lage, zu überleben und Nachkommen zu haben.

OBEN

***Angraecum sesquipedale*, *Curtis's Magazine* (1859)**

Diese Abbildung des «Sterns von Madagaskar» stammt aus dem Entdeckungsjahr der Art (1859). Darwin untersuchte den langen Nektarsporn der Blüte und sagte korrekt voraus, dass diese nur von einem Falter mit einem ca. 30 cm langen Saugrüssel bestäubt werden konnte.

Darwin vertiefte seine botanischen Interessen weiter mit seinen Büchern *On the Various Contrivances by Which British and Foreign Orchids Are Fertilised by Insects, and On the Good Effects of Intercrossing* (1862; *Über die Einrichtungen zur Befruchtung britischer und ausländischer Orchideen durch Insekten und über die günstigen Erfolge der Wechselbefruchtung,* 1862) sowie mit *Insectivorous Plants* (1875; *Insectenfressende Pflanzen,* 1876). Die Abbildungen in Darwins Orchideenbuch gaben die neuesten Erkenntnisse wieder, die damals zur Koevolution von Blüten und ihren Bestäubern – meistens Nachtfaltern – vorlagen. In früherer Zeit hatte man Insekten, die Blüten besuchten, im besten Fall als unwesentlich angesehen, im schlimmsten Fall sogar als schädlich für die Früchte – jetzt zeigte Darwin, dass Blüte und Bestäuber füreinander essenziell waren.

Als James Bateman (Autor der «mexikanischen Orchideen») Darwin eine Orchidee aus Madagaskar zusandte (*Angraecum sesquipedale,* «Stern von Madagaskar»), fiel Darwin auf, dass diese Art Blüten mit einem herunterhängenden, sehr langen grünlichen Sporn besaß, der Nektar enthielt. Darwin postulierte daraufhin, dass es einen Nachtfalter geben müsse, dessen Saugrüssel circa 30 Zentimeter lang sei, sodass er bis an den Grund des Sporns reichte. Es sollte bis zum Jahr 1907 dauern, bis ein derartiger Nachtfalter in Madagaskar entdeckt und bestimmt wurde. Zu Ehren Darwins nannte man ihn *Xanthopan morganii* subspecies *praedicta.*

5 Ein Platz für Frauen und Angehörige der Arbeiterklasse?

Inzwischen – um die Mitte des 19. Jahrhunderts – wurde Wissenschaft absolut professionell betrieben, was dazu führte, dass Frauen und Angehörige der Arbeiterklasse, die nur sehr begrenzte Bildungschancen hatten, weniger Zugang zu verantwortlichen Positionen hatten. Mikroskope, Laboratorien samt Ausstattung und akademische Abschlüsse wurden unverzichtbar, um «richtige Wissenschaft» zu betreiben. Frauen waren zwar als Demonstratorin-

OBEN

Matilda Smith (1854–1926)

Matilda Smith, Joseph Hookers Cousine, wurde während der viktorianischen Ära zu einer der wichtigsten botanischen Illustratorinnen in London. Sie war die Erste, die umfassende Illustrationen für eine Flora von Neuseeland anfertigte.

UNTEN

Joseph Dalton Hooker, fotografiert von Maull & Polyblank (um 1855)

Dieses Foto stammt aus Hookers jüngeren Jahren; damals veröffentlichte er gerade seine botanischen Arbeiten aus Tasmanien und Neuseeland und diente gleichzeitig als Diskussionspartner für Darwins neue Theorien.

nen, Assistentinnen, Übersetzerinnen und Illustratorinnen noch präsent, doch es war extrem schwierig für sie, die wissenschaftliche Forschung eigenständig voranzutreiben.

Es gab jedoch einige Ausnahmen. So erhielt Anna Atkins (1799–1871) von ihrem Vater eine äußerst gründliche wissenschaftliche Ausbildung; sie war sein einziges Kind und ihre Mutter kurz nach der Geburt gestorben. Atkins gilt als Erste überhaupt, die ein Buch mit fotografischen Abbildungen veröffentlichte: Sie erzeugte diese, indem sie – typischerweise zyanblaue – Kontaktabzüge britischer Meeresalgen anfertigte. Da Atkins nur wenige Exemplare von *Photographs of British Algae: Cyanotype Impressions* (1843; «Fotografien britischer Algen; Cyanotypie-Impressionen») herstellte, hat das Buch Seltenheitswert. In den 1850er-Jahren fertigte sie nach derselben Methode einige Bücher über Farne an.

Doch selbst für Männer war es nicht immer einfach, wissenschaftliche Positionen zu finden. Darwins wissenschaftliche Forschung wurde immer durch ein Netzwerk von Partnern unterstützt, zum Beispiel durch Joseph Hooker (1817–1911), den Sohn William Hookers (siehe S. 177). Da Hooker nicht so vermögend war, dass er naturkundliche Reisen als Privatier unternehmen konnte, musste er sich als Schiffsarzt verdingen, um an einer Südpolar-Expedition der Royal Navy (Ross-Expedition, ab 1839; siehe S. 161) teilzunehmen. Aus diesem Grund hatte er auf der Reise deutlich weniger Zeit zum Botanisieren. Mitte des 19. Jahrhunderts gelang es Hooker, sich beim Geological Survey (of Great Britain) eine bezahlte Anstellung als Botaniker zu sichern, und er suchte in Kohlefeldern nach versteinerten Pflanzen. Nur dank Vitamin B konnte er von Kew Gardens und der «Admiralität» Mittel für eine botanische Sammelexpedition (1847) in den Himalaja einwerben – genau mit dieser Reise sollte er sich später einen Namen machen. Dass Hooker sich überhaupt Fördermittel sichern konnte, lag teilweise auch daran, dass das Expeditionsgebiet wegen der intensiven kommerziellen und politischen Interessen in dieser Region für Großbritannien wichtig war.

Hookers Bücher wurden oft mithilfe von Zuschüssen veröffentlicht, vor allem Druckkostenbeihilfen. Erst als Hooker in der zweiten Hälfte des 19. Jahrhunderts ein Regierungsstipendium erhielt und bessere Publikationsmöglichkeiten hatte, konnte er seinen (wohlverdienten) Ruf als Botaniker festigen. Seine *Flora of India* (ab 1872; «Flora von Indien», 7 Bände) basierte auf seiner Sammeltätigkeit im Himalaja; deren Ergebnisse wiederum waren unter anderem in *Rhododendrons of Sikkim-Himalaya* (1849–1851; «Rhododendren von Sikkim-Himalaja») und *Illustrations of Himalayan Plants* (1855; «Illustrationen von Himalaja-Pflanzen») veröffentlicht worden.

Die Lithografien für *Illustrations of Himalayan Plants* wurden von Walter Hood Fitch (1817–1892) angefertigt, seit den 1830er-Jahren Hauptillustrator von *Curtis's Botanical Magazine.* In den 1870er-Jahren steuerte auch Hookers Tochter Harriet Hooker (1854–1945) Illustrationen bei, bis ihre Cousine Matilda Smith (1854–1926) im Jahr 1880 Hauptillustratorin wurde. Smith fertigte bis 1923 Abbildungen für das *Magazine* an, in dieser Zeit aber auch laufend für Kew Gardens. Ihre Beiträge waren so bedeutend, dass sie die silberne «Veitch Memorial Medal» der Royal Horticultural Society (RHS, «Königliche Gartenbau-Gesellschaft» Regierungsstipendium) erhielt, und sie wurde 1921, erst als zweite Frau, zum assoziierten Mitglied der Linnean Society gewählt. All diese Frauen waren in einer botanisch sehr interessierten Umgebung aufgewachsen und zudem hervorragende Beobachterinnen; sie wurden jedoch als reine Illustratorinnen und nicht als Wissenschaftlerinnen angesehen.

LINKS

Die *Titanenwurz oder «Leichenblume»*, Matilda Smith (1891)

Die von Matilda Smith 1891 gemalte Titanenwurz *(Amorphophallus titanum)* stammt aus Sumatra und wurde 1878 entdeckt und beschrieben. Sie riecht nach Aas und lockt so bestäubende Insekten an.

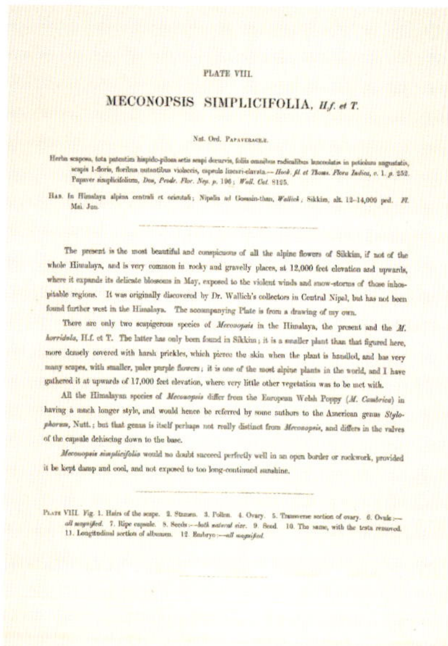

PLATE VIII.

MECONOPSIS SIMPLICIFOLIA, *H.f. et T.*

Nat. Ord. PAPAVERACEÆ.

Herba scaposa, tota patentim hispido-pilosa setis scapi decurvis, foliis omnibus radicalibus lanceolatis in petiolum angustatis, scapis 1-floris, floribus nutantibus violaceis, capsula lineari-clavata.—*Hook. fil. et Thoms. Flora Indica, v. 1. p.* 252. Papaver simplicifolium, *Don, Prodr. Flor. Nep. p.* 196; *Wall. Cat.* 8125.

HAB. In Himalaya alpina centrali et orientali; Nipalia ad Gossain-than, *Wallich*; Sikkim, alt. 12–14,000 ped. *Fl.* Mai. Jun.

The present is the most beautiful and conspicuous of all the alpine flowers of Sikkim, if not of the whole Himalaya, and is very common in rocky and gravelly places, at 12,000 feet elevation and upwards, where it expands its delicate blossoms in May, exposed to the violent winds and snow-storms of those inhospitable regions. It was originally discovered by Dr. Wallich's collectors in Central Nipal, but has not been found further west in the Himalaya. The accompanying Plate is from a drawing of my own.

There are only two scapigerous species of *Meconopsis* in the Himalaya, the present and the *M. horridula*, H.f. et T. The latter has only been found in Sikkim; it is a smaller plant than that figured here, more densely covered with harsh prickles, which pierce the skin when the plant is handled, and has very many scapes, with smaller, paler purple flowers; it is one of the most alpine plants in the world, and I have gathered it at upwards of 17,000 feet elevation, where very little other vegetation was to be met with.

All the Himalayan species of *Meconopsis* differ from the European Welsh Poppy (*M. Cambrica*) in having a much longer style, and would hence be referred by some authors to the American genus *Stylophorum*, Nutt.; but that genus is itself perhaps not really distinct from *Meconopsis*, and differs in the valves of the capsule dehiscing down to the base.

Meconopsis simplicifolia would no doubt succeed perfectly well in an open border or rockwork, provided it be kept damp and cool, and not exposed to too long-continued sunshine.

PLATE VIII. Fig. 1. Hairs of the scape. 2. Stamen. 3. Pollen. 4. Ovary. 5. Transverse section of ovary. 6. Ovule:—*all magnified.* 7. Ripe capsule. 8. Seeds:—*both natural size.* 9. Seed. 10. The same, with the testa removed. 11. Longitudinal section of albumen. 12. Embryo:—*all magnified.*

DIESE SEITE

***Illustrations of Himalayan Plants*, Joseph Hooker (1855)**

Auf dem Titelblatt ist ausdrücklich der Künstler John Cathcart aufgeführt, der vor der Veröffentlichung des Werks starb. Cathcart hatte seinerseits die Arbeiten unbekannter indischer Zeichner als Grundlage genutzt.

Die Künstlerinnen und Künstler waren nur *ein* Teil im Herstellungsprozess der Abbildungen. Walter Hood Fitch betreute die Lithografien für Hooker, die nach Illustrationen eines bengalischen Beamten namens John Ferguson Cathcart (1802–1851) erstellt wurden. Dieser nutzte seinerseits Bilder, die von lokalen Künstlern, deren Namen wir nicht kennen, angefertigt wurden. Cathcart hatte auf diese Weise über 1000 Darstellungen von Himalaja-Pflanzen zusammengetragen. Die Lithografien sind vorzüglich – es zählen sowohl botanische Details als auch großformatige Darstellungen lebender Pflanzen in ihrer Umgebung dazu – und gehören wohl zu den schönsten jemals geschaffenen Pflanzenillustrationen.

Wie bereits zuvor in der Kolonialzeit griff man weltweit auf indigene Menschen zurück, um botanisches Wissen für Außenstehende verfügbar zu machen; die Einheimischen arbeiteten als Sammler, Händler, Makler und Experten. Die Machtverteilung führte oft dazu, dass die Beziehung ausbeuterisch war, doch die lokalen Bewohner besaßen das Wissen vor Ort.

Ambitionierte Zeitgenossen konnten sich im 19. Jahrhundert vielleicht für populärwissenschaftliche Vorträge oder Veröffentlichungen begeistern, doch Menschen mit diesen Interessen stammten meist aus der oberen Mittelklasse. In der neueren Forschung versucht man nun, die Bedeutung von Pflanzenspezialisten aus dem Handwerkermilieu aufzuklären. Diese Experten kamen oft in Pubs zusammen, um einen gemeinsamen Treffpunkt zu haben, wo eine Kiste mit Büchern und Herbar sicher aufbewahrt werden konnte. «Wir leiten uns gegenseitig an, indem wir uns ständig treffen, sodass das Wissen des einen zum Wissen aller wird», sagte John Horsefield (1792–1854), Präsident der Prestwich Botanical Society (in der Nähe von Manchester, damals eine wachsende Industriestadt).

Diese Amateurbotaniker sammelten neue Arten, bestimmten die lokal häufigen Pflanzen und tauschten sich rund ums Botanisieren aus. Unabdingbar war es jedoch, die jeweiligen Pflanzenarten mit den wissenschaftlichen (lateinischen) Namen nach der Linné-Nomenklatur zu bezeichnen. Leo Grindon (1818–1904), ein Kollege Horsefields, legte ein derart umfangreiches Herbar an, dass es schließlich die Basis des 1860 gegründeten Manchester Museums bildete. Feldführer wie Grindons *Manchester Flora* (1859; «Flora von Manchester») waren wie geschaffen für die oben erwähnten Amateurbotaniker: In der Einleitung wurden die nötigen botanischen Begriffe (auf Englisch) in verständlicher Sprache erklärt, dazu kamen klare Illustrationen der morphologischen Details.

Es war ein mühsames Geschäft, die Botanik für breitere Kreise zugänglich zu machen. In ihrem Buch *Botany for Ladies* (1842; «Botanik für Damen») beklagte Jane Loudon (1807–1858) die Komplexität vieler Botaniktexte und meinte, diese seien für sie «Bücher mit sieben Siegeln». Sogar in John Lindleys *Ladies' Botany* (1834) habe sie nicht einmal auf die Hälfte ihrer Fragen Antworten gefunden und einen Großteil des Inhalts gar nicht verstanden. Loudon bemerkte, diese Bücher seien anscheinend alle in der Annahme geschrieben worden, dass immer jemand für Erklärungen bei der Hand sei. Die moderne Leserschaft

UNTEN

***Botany for Ladies*, Jane Loudon (1842)**

Botany for Ladies war eine auf Englisch verfasste Einführung in die Botanik für alle, die in der Schule kein Latein gelernt hatten. Die Autorin, Mrs Jane Loudon, ordnete die Arten nach dem «natürlichen System» von de Candolle und nicht nach dem System von Linné, das damals unmodern wurde.

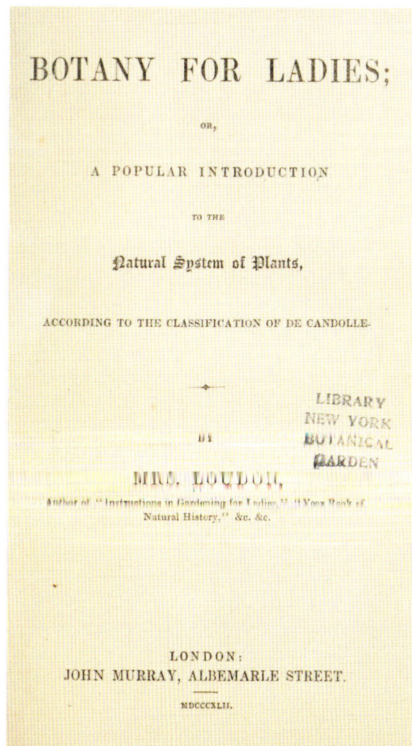

BOTANY FOR LADIES;

OR,

A POPULAR INTRODUCTION

TO THE

Natural System of Plants,

ACCORDING TO THE CLASSIFICATION OF DE CANDOLLE.

BY

MRS. LOUDON,

Author of "Instructions in Gardening for Ladies," "Your Book of Natural History," &c. &c.

LONDON:

JOHN MURRAY, ALBEMARLE STREET.

MDCCCXLII.

UNTEN

***Himalayan Journals*, Joseph Hooker (1854)**

«Blick aus Hodgsons Bungalow auf den Kangchendzönga», aus Joseph Hookers *Himalayan Journals* von 1854.

Cyanotypie-Bilder, Anna Atkins

Diese vier Cyanotypien sind ein Beispiel für das Werk von Anna Atkins, die als erste Fotografin gilt. Typisch für Cyanotypien ist der tiefblaue Hintergrund mit der helleren Silhouette des abgebildeten Gegenstands. Oben links *Spiraea aruncus* (Wald-Geißbart, heute *Aruncus dioicus*); oben rechts eine *Eryngium*-Art (Gattung Mannstreu). Beide Abbildungen stammen aus einem seltenen Album im Besitz des Getty-Museums. Unten links und rechts zwei Titelblätter aus *Photographs of British Algae;* es gilt als das erste Buch mit Fotoabbildungen.

OBEN

Jane Loudon (1807–1858)

Als Autorin beschäftigte sich Jane Loudon nicht nur mit Botanik; tatsächlich zählt sie zu den frühen Science-Fiction-Autorinnen und lernte ihren späteren Mann, den Botaniker John Loudon, über ihren Roman *The Mummy* («Die Mumie») kennen, den er positiv besprochen hatte.

RECHTS

Die Garten-Aurikel (*Primula* × *pubescens*) war eine Lieblingspflanze der viktorianischen Zeit.

GEGENÜBER

***The Ladies' Flower-Garden of Ornamental Perennials,* Jane Loudon (1849)**

Eine handkolorierte Chromolithografie (damals eine neue Drucktechnik) auf der verschiedene Sorten von *Dahlia superflua* (heute *Dahlia pinnata*) zu sehen sind: die Sorten 'Sir Robert Peel', 'Harris' Inimitable' und 'Levic's Incomparable'.

Pl 46
1 Dahlia superflua (the origin of all the garden varieties) 2 the Sir Robert Peel 3 Harris' "Inimitable"
4 Ione's "Incomparable"

DIESE SEITE

The Ladies' Flower-Garden of Ornamental Perennials, Jane Loudon (1849)

Gefüllte Kronen-Anemonen *(Anemone coronaria)*

GEGENÜBER

The Ladies' Flower-Garden of Ornamental Bulbous Plants, Jane Loudon (1841)

Belladonnalilien *(Amaryllis belladonna)*

Pl. 28
3
1
2
1. Belladonna purpureus. 2. Belladonna blanda. 3. Belladonna purpureus pallida.

DIESE SEITE

Kolorierte Lithografie aus *British Ferns*, unbekannter Künstler (um 1885)

Das Sammeln von Farnen wurde im viktorianischen England zur regelrechten Manie, und es entstand ein Markt für alles, das mit Farnen zu tun hatte.

GEGENÜBER

***The Instructive Picturebook, or Lessons from the Vegetable World,* Charlotte Mary Yonge (1858)**

Eine Darstellung für die junge Leserschaft: Flechte, Pilz, Alge, Moos, Farn, Gras und Palme (tatsächlich handelt es sich um einen Palmfarn).

a Lichen.
b Fungus.
c Alga.
d Moss.
e Fern.
f Grass.
g Palm.

benötige etwas, so Loudon, das sich wirklich zum Selbststudium eigne. Die Diskussion über die «richtige Sprache», um die einzelnen Teile einer Pflanze zu beschreiben, hielt weiter an. Auch heutige Bestimmungsbücher auf Fachniveau verzichten zugunsten der beschreibenden Texte oft weitgehend auf Abbildungen.

6 Bentham & Hooker, Farnfieber & Botanisieren

Mit jeder neuen Generation von Botanikern wurden neue Methoden eingeführt, um die Pflanzenwelt zu ordnen; denn jede Generation glaubte, dass ihre Innovationen die Probleme der Vorgänger lösen würden. Während seiner langen Jahre in Kew Gardens wachte Joseph Hooker wie ein Cerberus darüber, ob frisch benannte Pflanzenarten, die aus der ganzen Welt nach Kew gesandt wurden, wirklich als Spezies anerkannt werden konnten – und wies die meisten zurück. Auf dem Höhepunkt seines Wirkens begann er mit seinem älteren Kollegen George Bentham (1800–1884) an einem Klassifikationssystem der Pflanzen zu arbeiten, das auf der Idee basierte, dass sich die Taxonomie an den natürlichen Ähnlichkeiten orientieren sollte.

Bentham war bereits seit der Jugend ein eifriger Botaniker, musste aber anderweitig sein Geld verdienen, bis er nach dem Tod seines Onkels ein finanziell unabhängiges Leben führen konnte. Daraufhin besuchte er so viele Herbarien in Europa wie möglich, um Pflanzenarten zu kompilieren und das Material zu publizieren. Ab 1857 war er von der Regierung damit betraut, Floren der zahlreichen britischen Kolonien und Besitzungen zu erstellen. Den Anfang machte 1861 die *Flora Hongkongensis* («Flora von Hongkong»), später erschien mit *Flora Australiensis* (1863–1878; «Flora von Australien») das erste botanische Übersichtswerk über einen gesamten Kontinent.

UNTEN

George Bentham, Kopie des Originals von Lowes Dickinson, Emily Merrick zugeschrieben (19. Jh.)

Bentham war ein unermüdlicher und gewissenhafter Botaniker; oberstes Prinzip war für ihn, dass er alles, worüber er schrieb, aus eigener Anschauung kennen müsse.

Es war jedoch *Genera plantarum* (1862–1863), das gemeinsame Projekt der beiden, das schließlich bei britischen Botanikern als «Bentham & Hooker» sprichwörtlich wurde. Das streng wissenschaftliche Werk behandelte nur die Samenpflanzen (also keine Moose und Farne), hatte keine Abbildungen und war auf Latein verfasst. Es enthielt 97 000 Pflanzenarten (samt detaillierten Beschreibungen), die in rund 200 Familien gruppiert waren. Die Klassifizierung galt vor allem auf den Britischen Inseln als so maßgeblich, dass sie bis weit ins 20. Jahrhundert zum Beispiel die Anordnung der Beete in Kew Gardens bestimmte. In Nordamerika und auf dem europäischen Kontinent bevorzugte man meist das «Engler-System»: Es beruhte auf dem vielbändigen Standardwerk *Die natürlichen Pflanzenfamilien* (1887–1915), das der deutsche Botaniker Adolf Engler (1844–1930) zusammen mit Karl Prantl (1849–1893) verfasst hatte.

Die Universitätsbotanik wurde immer stärker zu einem ernsthaften, eigenständigen Fach und war nicht mehr Teil der medizinischen Fakultät. Im Lauf der Zeit begann man auch, Schautafeln bei den Vorlesungen einzusetzen. Das war vor allem deshalb wichtig, weil die entsprechenden Pflanzen zur Vorlesungszeit unter Umständen nicht in Blüte waren. In seinem *Botanical Atlas* (1883) brachte der schottische Botaniker Daniel McAlpine (1849–1932) seinen Studenten bei, eine Pflanze als Gesamtorganismus zu sehen, und beschriftete alle Pflanzenteile genauestens. Das

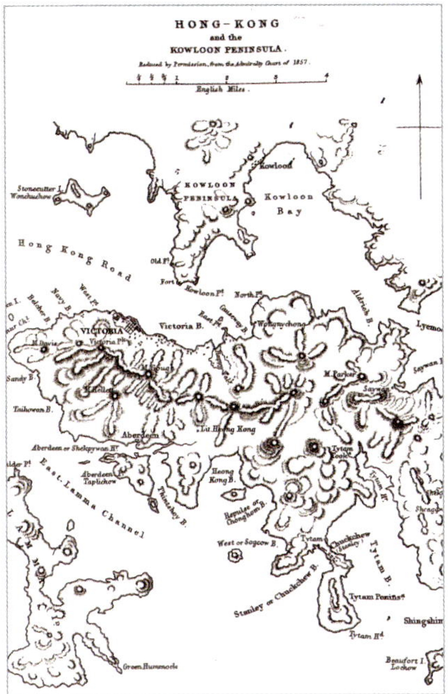

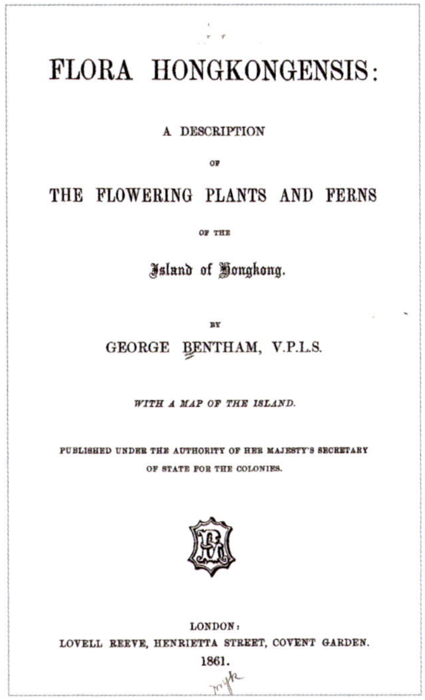

FLORA HONGKONGENSIS:

A DESCRIPTION

OF

THE FLOWERING PLANTS AND FERNS

OF THE

Island of Hongkong.

BY

GEORGE BENTHAM, V.P.L.S.

WITH A MAP OF THE ISLAND.

PUBLISHED UNDER THE AUTHORITY OF HER MAJESTY'S SECRETARY OF STATE FOR THE COLONIES.

LONDON:
LOVELL REEVE, HENRIETTA STREET, COVENT GARDEN.
1861.

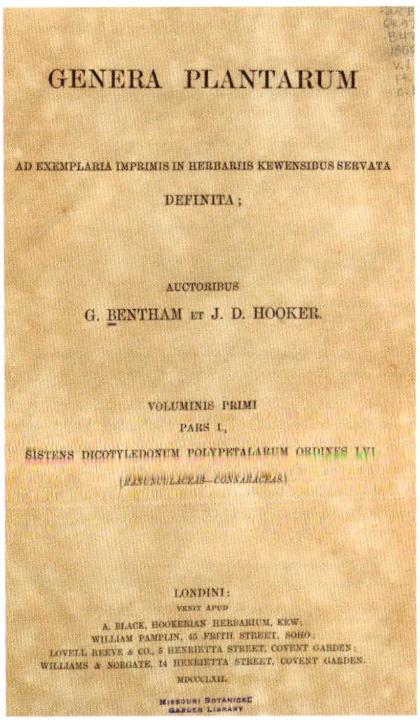

GENERA PLANTARUM

AD EXEMPLARIA IMPRIMIS IN HERBARIIS KEWENSIBUS SERVATA DEFINITA;

AUCTORIBUS
G. BENTHAM ET J. D. HOOKER.

VOLUMINIS PRIMI
PARS I,
SISTENS DICOTYLEDONUM POLYPETALARUM ORDINES LVI
(RANUNCULACEAS—CONNARACEAS).

LONDINI:
VENIT APUD
A. BLACK, HOOKERIAN HERBARIUM, KEW;
WILLIAM PAMPLIN, 45 FRITH STREET, SOHO;
LOVELL REEVE & CO., 5 HENRIETTA STREET, COVENT GARDEN;
WILLIAMS & NORGATE, 14 HENRIETTA STREET, COVENT GARDEN.
MDCCCLXII.

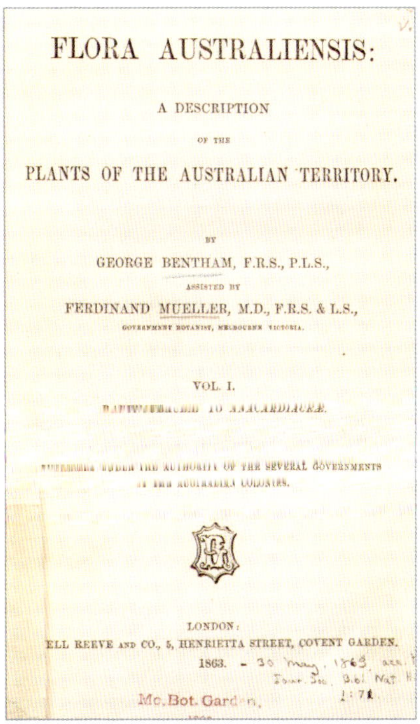

FLORA AUSTRALIENSIS:

A DESCRIPTION

OF THE

PLANTS OF THE AUSTRALIAN TERRITORY.

BY

GEORGE BENTHAM, F.R.S., P.L.S.,

ASSISTED BY

FERDINAND MUELLER, M.D., F.R.S. & L.S.,

GOVERNMENT BOTANIST, MELBOURNE, VICTORIA.

VOL. I.

LONDON:
...ELL REEVE AND CO., 5, HENRIETTA STREET, COVENT GARDEN.
1863.

OBEN UND UNTEN RECHTS

***Flora Hongkongensis*, George Bentham (1861) und *Flora Australiensis*, George Bentham und Ferdinand Mueller (1863)**

Bentham war für eine Reihe von Florenwerken verantwortlich, die die einzelnen Kolonien des Britischen Empire behandelten.

UNTEN LINKS

***Genera Plantarum* («Die Gattungen der Pflanzen»), George Bentham und Joseph Hooker (1902)**

Bentham ist vor allem als Autor von *Genera Plantarum* in Erinnerung, dem maßgeblichen Werk, in dem er gemeinsam mit Joseph Hooker versuchte, alle damals bekannten Pflanzen der Erde in Familien zu gruppieren.

Zeichnen von Pflanzen wurde im Botanikstudium zur Regel, da man überzeugt war, durch das Zeichnen besser sehen zu können, «was vor den Augen dir liegt» (Friedrich Schiller).

Zudem wurde Botanik als Liebhaberei immer populärer, und man richtete auch mehr Aufmerksamkeit auf die lebende Pflanze selbst. Phoebe Lankester (1825–1900) förderte diese Einstellung nach Kräften. Sie betonte, dass man durch Botanisieren, genaues Beobachten und Zeichnen am meisten über Pflanzen lerne. Diese Ansicht passte genau zu einer weiteren großen Passion der viktorianischen Ära: der Sammelleidenschaft für Naturalien.

Am deutlichsten zeigte sich dies am Farnfieber (Pteridomanie), laut David Elliston Allen «die zerstörerischste Modeerscheinung der Naturbegeisterung». Zu Beginn des 19. Jahrhunderts wurde der Tourismus populär, und man wollte neue Erfahrungen jenseits der typisch englischen Landschaft sammeln, beispielsweise beim Bergsteigen und Waldspaziergängen. «Farnschluchten» kamen in Mode (beispielsweise im Botanischen Garten von Belfast oder in Ascog auf der schottischen Insel Bute), aber nicht nur auf den Britischen Inseln; für diese Pflanzungen wurden viele Farne jedoch der freien Natur entnommen. Bis in die 1850er-Jahre blieb das Interesse an Farnen eher ein Spezialisten-Hobby, doch dann gelangten schlagartig populärwissenschaftliche «Führer zum Sammeln von Farnen» auf den Markt, und in den Zeitungen wurde berichtet, wie negativ sich die eifrige Suche nach Farnen in freier Natur auszuwirken begann.

Im Gefolge des «Gothic Revival» wurden Textilien und Gartenmöbel, Essbestecke und Grabsteine, Geschirr und sogar eine bestimmte Kekssorte mit Farnmotiven verziert. Nona Bellairs (1824–1897, Autorin von Reiseführern mit botanischem Schwerpunkt) forderte gar: «Wir brauchen ‹Farn-Gesetze› und müssen die Farne wie das Jagdwild hegen.» Auch in anderen Teilen der Welt brach das Farnfieber aus, meist nicht so stark wie auf den Britischen Inseln, doch in Australien schmückte man Bahnhöfe und andere öffentliche Gebäude mit Farnen, die aus Wildsammlungen stammten. Sogar William Hooker schrieb ein Farnbuch (*A Century of Ferns,* 1854; «Ein Jahrhundert der Farne»), das handkolorierte Abbildungen enthielt.

7 Gregor Mendel, die Vererbung und die Anfänge der Genetik

Der österreichisch-tschechische Priester Gregor Mendel (1822–1884) gehörte nicht zu den «Laborbiologen», was vielleicht erklärt, warum seine Forschung zu Lebzeiten wenig bekannt war. Mendel war Augustinermönch in der Abtei St. Thomas in Brno (Brünn, damals Teil von Österreich-Ungarn). Im zwei Hektar großen Klostergarten betrieb er Pflanzenzucht und beobachtete, wie die Merkmale der Pflanzen von einer Generation zur nächsten weitergegeben wurden. Von 1856 bis 1863 führte er Kreuzungsexperimente mit verschiedenen Erbsensorten durch, die er vorher wegen spezieller Merkmale gezielt ausgewählt hatte. Er zog rund 28 000 Erbsenpflanzen an und wertete die Ergebnisse aus.

Die dabei gefundenen Muster ermöglichten ihm, einige allgemeingültige Vererbungsregeln zu erkennen und zu formulieren. Mendel stellte diese bei einer Versammlung des naturforschenden Vereins in Brünn vor und veröffentlichte sie 1866 in den *Verhandlungen des naturforschenden Vereines in Brünn* unter dem Titel *Versuche über Pflanzen-Hybriden.* Unter anderem fand er heraus, dass ein bestimmtes Merkmalspaar, beispielsweise die Blütenfarben Weiß und Violett, in der zweiten Generation (F_2) im Verhältnis 3:1 auftreten. Mendel wusste nicht, warum dies passierte, erkannte aber, dass es sich um ein Muster der

GREGOR MENDEL
Abbot of Brünn
Born 1822. Died 1884.

From a photograph kindly supplied by the Very Rev. Dr Janetschek, the present Abbot.

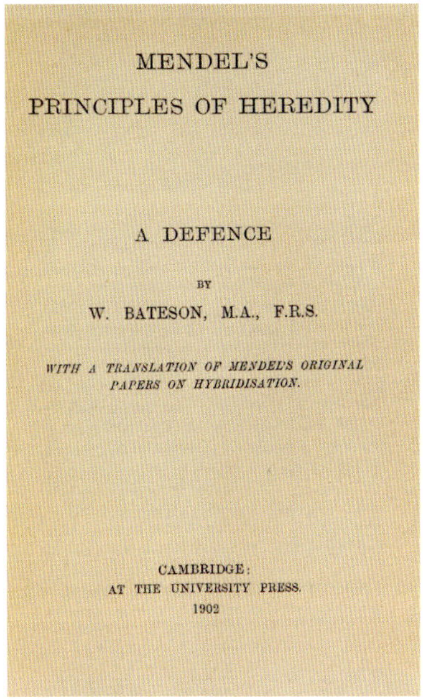

MENDEL'S
PRINCIPLES OF HEREDITY

A DEFENCE

BY

W. BATESON, M.A., F.R.S.

WITH A TRANSLATION OF MENDEL'S ORIGINAL PAPERS ON HYBRIDISATION.

CAMBRIDGE:
AT THE UNIVERSITY PRESS.
1902

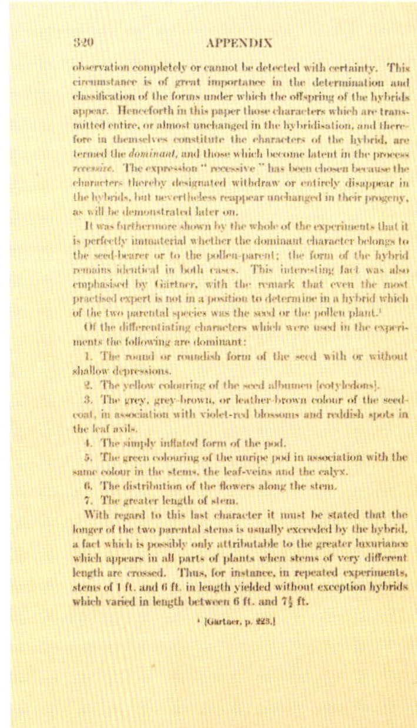

320 APPENDIX

observation completely or cannot be detected with certainty. This circumstance is of great importance in the determination and classification of the forms under which the offspring of the hybrids appear. Henceforth in this paper those characters which are transmitted entire, or almost unchanged in the hybridisation, and therefore in themselves constitute the characters of the hybrid, are termed the *dominant*, and those which become latent in the process *recessive*. The expression "recessive" has been chosen because the characters thereby designated withdraw or entirely disappear in the hybrids, but nevertheless reappear unchanged in their progeny, as will be demonstrated later on.

It was furthermore shown by the whole of the experiments that it is perfectly immaterial whether the dominant character belongs to the seed-bearer or to the pollen-parent; the form of the hybrid remains identical in both cases. This interesting fact was also emphasised by Gärtner, with the remark that even the most practised expert is not in a position to determine in a hybrid which of the two parental species was the seed or the pollen plant.[1]

Of the differentiating characters which were used in the experiments the following are dominant:

1. The round or roundish form of the seed with or without shallow depressions.
2. The yellow colouring of the seed albumen [cotyledons].
3. The grey, grey-brown, or leather-brown colour of the seed-coat, in association with violet-red blossoms and reddish spots in the leaf axils.
4. The simply inflated form of the pod.
5. The green colouring of the unripe pod in association with the same colour in the stems, the leaf-veins and the calyx.
6. The distribution of the flowers along the stem.
7. The greater length of stem.

With regard to this last character it must be stated that the longer of the two parental stems is usually exceeded by the hybrid, a fact which is possibly only attributable to the greater luxuriance which appears in all parts of plants when stems of very different length are crossed. Thus, for instance, in repeated experiments, stems of 1 ft. and 6 ft. in length yielded without exception hybrids which varied in length between 6 ft. and 7½ ft.

[1] [Gärtner, p. 223.]

OBEN

Frontispiz (Gregor Mendel), Titelblatt und Textseite aus *Mendel's Principles of Heredity: A Defence*, William Bateson (1902)

Mit diesem Buch machte der englische Biologe William Bateson Mendels grundlegende Veröffentlichung von 1866 *(Versuche über Pflanzen-Hybriden)* zu Beginn des 20. Jh. auch für den englischen Sprachraum zugänglich. Es enthielt eine Übersetzung von Mendels Text [illegible] Erläuterungen und Verteidigung von Mendels Vererbungstheorie.

gesamten lebenden Welt handelte. Ihm wurde ferner klar, dass eine bestimmte Pflanze die Blütenfarbe von einem Elternteil, die Form und Farbe der Samen aber vom anderen Elternteil erben konnte. Dies ist die «Unabhängigkeitsregel». Mendel untersuchte die Gesetzmäßigkeiten, nach denen Enkel (F_2) Merkmale von ihren Großeltern (F_0) erben können, und stellte die Theorie auf, dass die Elterngeneration (F_1) eine verborgene Information in sich tragen müsse, die bei ihr selbst nicht offensichtlich sein könne, aber bei den Nachkommen wieder erscheine.

In seiner Veröffentlichung hatte Gregor Mendel zwar klare Regeln zu den Gesetzmäßigkeiten der Vererbung formuliert, doch seine Forschungsergebnisse blieben weitgehend unbeachtet. Erst im frühen 20. Jahrhundert wurde ihre grundlegende Bedeutung erkannt, als mehrere frühe Genetiker Mendels Ergebnisse unabhängig bestätigten und seine Arbeit wiederentdeckten. Der Niederländer Hugo de Vries (1848–1935) vermutete in seinem Werk *Die Mutationstheorie* (1901–1903), dass das Erscheinungsbild eines Organismus durch «Partikel» festgelegt werde, die jeweils unterschiedliche «Anweisungen» für eine bestimmte physische Ausprägung, wie die Blütenfarbe, enthielten.

Unabhängig von Mendel führte de Vries Kreuzungsexperimente mit der Nachtkerze *(Oenothera)* durch und beobachtete bei der F_2-Generation dasselbe 3:1-Verhältnis bei der Merkmalsverteilung. Das rezessive Gen ist zwar bei anderen Individuen vorhanden, wird aber nur bei den Individuen exprimiert, die zwei Kopien besitzen.

Die Entdeckungen Gregor Mendels und der Nachfolgegeneration wurden von Pflanzenzüchtern begierig aufgegriffen und praktisch umgesetzt. Luther Burbank (1849–1926), ein US-amerikanischer Pionier der Pflanzenzüchtung, baute eine der größten wissenschaftlichen Versuchsfarmen des Landes auf und züchtete die bekannte Kartoffelsorte 'Russet Burbank' – sie ist resistent gegen Krautfäule und die meistangebaute Sorte der USA. Burbanks Lebenswerk als Pflanzenzüchter wurde belohnt, als 1930 ein Gesetz über die Patentierbarkeit von Pflanzensorten erlassen wurde, um das geistige Eigentum von Pflanzenzüchtern zu schützen.

OBEN

Gertrude Jekyll im Garten von *The Deanery, Sonning*; Fotograf unbekannt, wahrscheinlich aber Maxwell Lyte (um 1905)

Den Garten von *The Deanery* hatte Jekyll gestaltet; das Haus hatte Edwin Lutyens entworfen, mit ihm arbeitete sie über lange Jahre zusammen. Der Garten ist ein gutes Beispiel für Jekylls Interesse an natürlich wirkenden Pflanzungen, die sich in ihre Umgebung einpassen.

8 Gärtner als Botaniker und das neue Interesse an Wildblumen

Gegen Ende des 19. Jahrhunderts war das Gärtnern mit Exoten in England nicht mehr so beliebt, und man wandte sich den altmodischeren Pflanzen des Bauergartens *(cottage garden)* zu. Der Ire William Robinson (1838–1935), ab 1861 als Gärtner im Regent's Park in London tätig, spezialisierte sich dort auf heimische Wildblumen. Er wurde 1866 in die Linnean Society aufgenommen. Robinson gründete eine eigene Zeitschrift, *The Garden;* darin wurden Artikel veröffentlicht, die ein postdarwinistisches Verständnis für die Beziehungen zwischen Pflanzen und ihrem Lebensraum aufzeigen – darunter allein 26 von Alfred Russel Wallace.

In seinem Buch *The Wild Garden* (1870; «Der wilde Garten») stellte Robinson die Konzepte vor, nach denen er auch den Garten auf seinem Besitz Gravetye Manor in Sussex gestaltete: Er pflanzte Blumenzwiebeln in lockeren Gruppen, beispielsweise Narzissen in lichten Baumbeständen, um den Garten ohne harte Übergänge mit der umliegenden Landschaft zu verbinden. Sogar in den klassischen Beeten rund ums Haus wurden Wildgarten-Prinzipien berücksichtigt, und die Bepflanzung war so dicht, dass keine nackte Erde sichtbar war. Typisch ist ein Artikel über Wildgärten in *The Garden* (1872): Die dort abgebildete Gartenszene wirkt so, als ob kaum ein Gärtner je Hand angelegt hätte!

Als Liebhaber von Steingartenpflanzen unternahm Robinson Sammelreisen in ganz Europa und den Rocky Mountains; diese beschrieb er in *Alpine Flowers for Gardens: Rock, Wall, Marsh Plants, and Mountain Shrubs* (1870; «Alpine Pflanzen für den Garten: Steingarten-, Mauer- und Sumpfpflanzen sowie Gebirgssträucher»).

Robinson war seit 1875 eng befreundet mit seiner Gärtnerkollegin Gertrude Jekyll (1843–1932). Jekylls Thema war das ländliche England, vor allem in ihrer Heimat, der Grafschaft Surrey, wo sich das traditionelle Landleben im Zug der modernen Zeit rasch veränderte. Ihr Buch *Wood and Garden* (1899; *Wald und Garten,* 1906) ist nicht streng wie ein Pflanzenkatalog gegliedert, sondern eher wie ein Weg, der von Monat zu Monat durch den Garten führt, und zeigt damit eine andere Einstellung zu Pflanzen: Sie werden als Gemeinschaft gesehen, die als Ganzes wächst und an ihre Umwelt angepasst ist – nicht als gesonderte einzelne Organismen. Hier lässt sich bereits ein stärker holistisches Naturverständnis erahnen.

Der dänische Botaniker Eugen Warming (1841–1924) stand für eine ähnliche Verschiebung der Akzente. Nach verschiedenen Stationen war er Professor für Botanik an der Universität Kopenhagen und veröffentlichte ein Buch, das auf seinen pflanzengeografischen Vorlesungen beruhte. Darin erklärte er, wie sich Pflanzen – häufig durch ähnliche Mechanismen – an verschiedene Umweltbedingungen und Habitate anpassen: *Plantesamfund – Grundtræk af den økologiske Plantegeografi* (1895; *Lehrbuch der Ökologischen Pflanzengeographie,* 1896) war das erste Lehrbuch, das den Begriff «ökologisch» im Titel führte.

GEGENÜBER UNTEN

William Robinson, Gartengestalter, auf einer Fotografie um 1930

Robinson interessierte sich sehr dafür, wie Pflanzen in ihrer natürlichen Umwelt wachsen und gedeihen, und insbesondere für ihre Anpassung an verschiedene Habitate.

DIESE SEITE

***Hibiscus archeri*, kolorierter Druck (1899)**

Im Lauf seines Berufslebens legte Robinson Gärten an, arbeitete als Autor, aber auch als Herausgeber von Zeitschriften. Prächtig kolorierte Illustrationen wie dieser *Hibiscus* waren wichtig, damit diese Veröffentlichungen auch wirtschaftlich ein Erfolg waren.

OBEN

Arthur Tansley während des Studiums in Cambridge (1893)

Tansley propagierte das Konzept des «Ökosystems» und setzte sich für die Schaffung von Organisationen ein, die dem Schutz des ländlichen Raums in Großbritannien dienten.

Warmings Arbeiten beeinflussten eine ganz Generation jüngerer Wissenschaftler wie Arthur Tansley (1871–1955) und Frederic Clements (1874–1945). Zum ersten Mal untersuchte man Pflanzen in ihrem natürlichen Habitat und berücksichtigte die Vergesellschaftung der verschiedenen Pflanzenarten. Diese Teildisziplin, die Pflanzensoziologie, wurde maßgeblich vom Schweizer Botaniker Josias Braun-Blanquet (1884–1980) begründet. Die Ökologie beschäftigte sich außerdem aber auch mit der Messung von Stoff- und Energieflüssen: So gelangt die von Pflanzen eingefangene Sonnenenergie in veränderter Form über äsende Tiere schließlich zu deren Fressfeinden. Dieser Ansatz konzentrierte sich auf das Gesamtsystem, nicht auf die einzelne Art.

Tansley wurde Professor für Botanik in Oxford und zählte zu den Gründern der British Ecological Society. Aufgrund seiner Arbeit fühlte sich Tansley dem Naturschutzgedanken verpflichtet. Er wirkte nach dem Zweiten Weltkrieg an der Einrichtung der Nature Conservancy (einer Regierungsbehörde für Naturschutz) mit. Diese konnte dank des entsprechenden Gesetzes von 1949 (National Parks Act) botanisch wichtige Flächen unter Schutz stellen. Der US-Amerikaner Clements beschäftigte sich mit der natürlichen Umbildung von Pflanzengesellschaften über verschiedene Stadien (Sukzession) und prägte den Begriff «Klimax-Gesellschaft» für eine (stabile) Gemeinschaft von Pflanzenarten. Schließlich führte Aldo

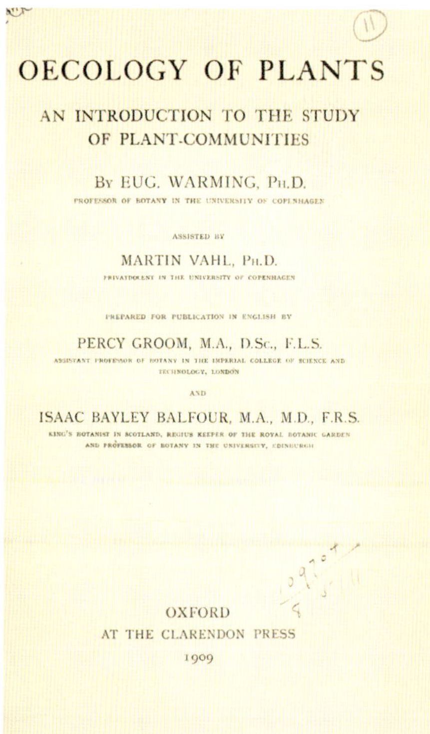

OECOLOGY OF PLANTS

AN INTRODUCTION TO THE STUDY OF PLANT-COMMUNITIES

BY EUG. WARMING, PH.D.

PROFESSOR OF BOTANY IN THE UNIVERSITY OF COPENHAGEN

ASSISTED BY

MARTIN VAHL, PH.D.

PRIVATDOCENT IN THE UNIVERSITY OF COPENHAGEN

PREPARED FOR PUBLICATION IN ENGLISH BY

PERCY GROOM, M.A., D.SC., F.L.S.

ASSISTANT PROFESSOR OF BOTANY IN THE IMPERIAL COLLEGE OF SCIENCE AND TECHNOLOGY, LONDON

AND

ISAAC BAYLEY BALFOUR, M.A., M.D., F.R.S.

KING'S BOTANIST IN SCOTLAND, REGIUS KEEPER OF THE ROYAL BOTANIC GARDEN AND PROFESSOR OF BOTANY IN THE UNIVERSITY, EDINBURGH

OXFORD
AT THE CLARENDON PRESS
1909

GENUS 7. FERN FAMILY. 21

9. Dryopteris Filix-más (L.) Schott. Male Fern. Fig. 45.

Polypodium Filix-mas L. Sp. Pl. 1090. 1753.
Aspidium Filix-mas Sw. Schrad. Journ. Bot. 1800²: 38. 1801.
Dryopteris Filix-mas Schott, Gen. Fil. 1834.

Rootstock stout, woody, ascending or erect, chaffy. Leaves up to 4° high, in an erect crown; stipes 4′–10′ long, densely chaffy below; blades nearly evergreen, 1°–3° long, 6′–11′ broad, broadly oblong-lanceolate, acuminate, narrowed at the base, nearly or quite 2-pinnate; pinnae narrowly deltoid-lanceolate to oblong-lanceolate, acuminate; segments adnate, oblong, obtuse and biserrate, or partially adnate, ovate-oblong, acutish and deeply incised; sori numerous, large, nearer the midvein than the margin; indusia orbicular-reniform, glabrous.

In rocky woods, Newfoundland and Labrador to Alaska, south to Vermont, northern Michigan, South Dakota, Arizona and California. Aug. Also in Greenland. Numerous related forms of wide distribution are referred to this species; the type is European. The rootstock of this and the preceding species furnish the drug Filix-mas used as a vermifuge. Basket-fern. Male shield-fern. Shield-roots. Bear's-paw-roots. Sweet or knotty brake.

10. Dryopteris spinulòsa (Muell.) Kuntze. Spinulose Shield-fern. Fig. 46.

Polypodium spinulosum Muell. Fl. Fridr. 113. *f.* 2. 1767.
Aspidium spinulosum Sw. Schrad. Journ. Bot. 1800²: 38. 1801.
Dryopteris spinulosa Kuntze, Rev. Gen. Pl. 2: 813. 1891.

Rootstock stout, creeping, chaffy. Leaves in an incomplete crown, the taller erect, the others spreading, stipes 4′–14′ long, with pale brownish scales; blades 4°–1½° long, 3½′–9′ broad, ovate-lanceolate to oblong, acuminate, deeply 2-pinnatifid; pinnae usually oblique, pinnately divided, the lower ones unequally deltoid, those above lanceolate from a broad base, acuminate; pinnules flat, oblong to lanceolate, acute, decurrent, pinnately cut, segments incised, teeth mucronate, falcate, appressed; sori submarginal, terminal on veinlets; indusia without glands.

In rich low woods, Labrador to Selkirk and Idaho, to Virginia and Kentucky. Also in Europe. Called also Narrow Prickly-toothed Fern.

11. Dryopteris dilatàta (Hoffm.) Gray. Spreading Shield-fern. Fig. 47.

Polypodium dilatatum Hoffm. Deutschl. Fl. 2: 7. 1795.
Aspidium spinulosum var. *dilatatum* Hook. Brit. Fl. 444. 1830.
Dryopteris spinulosa var. *dilatata* Underw. Nat. Ferns, ed. 4, 116. 1893.

Rootstock creeping, or ascending. Leaves equal, spreading, in a complete crown; stipes ½°–1½° long, with dark brownish often darker-centered scales; blades ⅔°–2⅔° long, 4′–16′ broad, triangular to ovate or broadly oblong, acuminate, 3-pinnatifid; pinnae variable, the lower ones broadly and unequally ovate or triangular, those above lanceolate to oblong, acute or acuminate, the lowermost at least pinnately divided; pinnules convex, oblong to lanceolate, acute, the largest not decurrent, pinnately divided, segments pinnately lobed, teeth mucronate, straight or falcate, usually not appressed; sori mostly subterminal; indusia glabrous, or with a few glands.

A high mountain species of rocky woods, Newfoundland to Alaska, California, Idaho, Tennessee and North Carolina, Greenland. Also in Eurasia, Japan and the Madeira Islands. Broad Prickly-toothed Wood-fern.

RECHTS

***Oecology of Plants* (1909) von Eugen Warming, englische Übersetzung der dänischen Originalausgabe *Plantesamfund* von 1895**

Warmings Lehrbuch der Pflanzenökologie begründete eine neue Disziplin; es wurde in zahlreiche Sprachen übersetzt und beeinflusste eine ganze Generation von Botanikern.

LINKS

Aldo Leopold, Professor an der Universität Wisconsin

Aldo Leopold widmete sein ganzes Privat- und Berufsleben dem Naturschutz und erreichte die Ausweisung des ersten Wildnisschutzgebiets der USA.

RECHTS

***A Sand Country Almanac*, von Aldo Leopold, Erstausgabe von 1949**

Leopold schloss das Manuskript erst kurz vor seinem Tod ab und erlebte nicht mehr, dass das Buch in mehr als ein Dutzend Sprachen übersetzt wurde und sich insgesamt über 2 Mio. Exemplare verkauften (auf Deutsch: *Am Anfang war die Erde. Plädoyer zur Umwelt-Ethik,* 1992).

UNTEN

Fernglas mit Lederköcher aus dem Besitz von Aldo Leopold, Ausstellungsstück in seinem alten Farmhaus

Leopold kaufte ein karges, wildes Gelände in Wisconsin und beschrieb seine Erfahrungen auf der Farm in *A Sand Country Almanac;* das Gelände ist inzwischen ein «Gedenkstätten [illegible]

Leopold (1887–1948) den Naturschutzgedanken einen Schritt weiter und begründete die Umweltethik, indem er argumentierte, dass alle Arten ein ethisch gleichwertiges Existenzrecht besitzen. Leopold wandte sich gegen den Straßenbau in unberührten Naturräumen, gegen eine utilitaristische Landnutzung (wie bei Staudammprojekten) und befürwortete das Existenzrecht von Spitzenprädatoren, beispielsweise Wölfen.

OBEN

John Muir, Kämpfer für die Einrichtung von Nationalparks in den USA

Hier steht Muir inmitten von Baumriesen, die dort wachsen, wo das heutige, nach ihm benannte Schutzgebiet liegt: Muir Woods National Monument in der Nähe von San Francisco, Kalifornien.

9 Beginn der Naturschutzbewegung und drohender Krieg

John Muir (1838–1914) gehörte zu den Gründervätern des modernen Naturschutzes. Seine Art, auf die natürliche Umwelt und Naturerfahrung zu blicken, hat eine Weltsicht beeinflusst, die uns Menschen nichts als separate Einheiten, sondern uns alle als Teil eines großen Ganzen auffasst. Muir erzielte seinen ersten Erfolg, als das Yosemite-Gebiet zum ersten Nationalpark der USA erklärt wurde; dies erreichte er mithilfe der US-Presse, die den Kongress zum Erlass von Schutzgesetzen aufforderte.

Muir war 1863 nach Ontario (Kanada) gezogen, um der Einberufung in den Amerikanischen Bürgerkrieg zu entgehen, und begann dort ernsthaft mit dem Botanisieren. Er lebte als Hirte inmitten des Yosemite-Gebiets, baute sich dort ein Blockhaus und erfasste die Küstenmammutbäume; dies beschrieb er in *My First Summer in the Sierra* (1911; *Mein erster Sommer in der Sierra,* 2016)

Muir war der Ansicht, dass ein Nationalpark ein Ort der geistigen Erholung ohne utilitaristischen Wert sein solle, während seine Gegner meinten, er müsse zum Nutzen der Menschen bewirtschaftet werden. Er glaubte fest an die Idee von Wildnis (im Gegensatz zu Menschheit) und hielt die Wildnis für inhärent besser, einfach deshalb, weil sie wild war. Diese Debatte findet heute immer noch statt, aber Muirs Einfluss hat sie geprägt. Zwar wurde der erste Nationalpark 1783 in der Mongolei geschaffen (Bogd Khan Uul, heute Biosphärenreservat), doch Muir hat das Thema im Westen ins Blickfeld gerückt.

Dies markiert auch einen wichtigen Moment für andere bekannte Naturschutzbewegungen. Fast genau zur selben Zeit wurde 1895 in Großbritannien der National Trust gegründet. Eine wichtige Persönlichkeit war Beatrix Potter (1866–1943), die sich vor ihrer Zeit als Kinderbuchautorin intensiv mit Pilzen beschäftigte. Sie reichte sogar eine Veröffentlichung bei der Linnean Society ein. Potters Illustrationen wurden in *Wayside and Woodland Fungi* (1967; «Pilze der Wegränder und Wälder») von W. P. K. Finlay (1904–1985) verwendet. Beatrix Potter vermachte ihren Landbesitz (rund 160 Hektar) nach ihrem Tod dem National Trust.

Es kam zu immer stärkeren Bestrebungen, das Erbe der britischen Obstsorten zu erfassen und zu bewahren. *Pomona Britannica* von George Brookshaw (1812) war ein weitsichtiger Vorläufer gewesen (eine «Pomona», Pomologie oder Pomologia ist ein Katalog von Baum-Obstsorten). Dann publizierte Robert Hogg (1818–1897) seine *British Pomology* (1851; «Britische Pomologie») und äußerte ähnliche Befürchtungen. Bereits in den 1870er-Jahren hatten Hogg und sein Kollege Henry Graves Bull (1818–1885, ein Gefängnisarzt und Pilzexperte) *The Herefordshire Pomona* («Die Pomona von Herefordshire») geschrieben, um alle Apfelsorten von Herefordshire zu erfassen. Die *Pomona* kam in Einzellieferungen heraus; die Gesamtausgabe in grünem Saffianleder gilt als echtes Sammlerstück. Die wunderbaren Farblithografien der Äpfel wurden nach Gemälden von Alice Blanche Ellis (fl. 1876–1916) und Edith Elizabeth Bull (Lebensdaten unbekannt) angefertigt. Sogar ein

OBEN

Beatrix Potter vor ihrem Haus im Lake District (1913)

Mit dem Geld aus ihren weltberühmten Kinderbüchern kaufte Beatrix Potter Land im Lake District und lebte auf diesem Anwesen.

LINKS

Granatroter Saftling (*Hygrophorus puniceus*, oben) und Judasohr (*Himeola auricula*, unten)

Als junge Frau beschäftigte Potter sich intensiv mit Pilzkunde (Mykologie) und malte etliche Pilz-Aquarelle – ihr künstlerisches Talent ist unverkennbar.

DIESE SEITE

Rauer Schirmling (*Lepiota friesii*, oben) und Gemeiner Strubbelkopfröhrling (*Strobilomyces strobilaceus*, unten)

Die präzisen Pilzdarstellungen von Beatrix Potter sind für heutige Mykologen eine Hilfe bei der Pilzbestimmung.

LINKS

***Pomona Britannica*, George Brookshaw (1817)**

Bildtafel mit Blüten, Blättern und Früchten der Nektarine *(Prunus persica)*.

DIESE DOPPELSEITE

Pomona Britannica, George Brookshaw (1817)

Abbildung mit drei Sorten der Kirsche *(Prunus avium):* 'George II's Cherry', 'Graffien' oder 'Biggarou' sowie 'Harrison's Heart'. Weintraube *(Vitis vinifera)* 'Raisin de Calmes' (gegenüber). Um die Mitte des 19. Jh. galt es in den «oberen Klassen» als Statussymbol, Weintrauben und andere Exoten im Gewächshaus zu kultivieren.

OBEN

The Herefordshire Pomona, illustriert von Alice Evans und Edith Bull (1878–1884)

Evans und Bull fertigten insgesamt über 400 überaus exakte Aquarelle an, die als Vorlage für eine Spezialdruckerei dienten.

schlecht erhaltenes Exemplar kann über 10 000 GBP einbringen. Die Pilzzeichnungen von Henry Graves Bull werden in Kew Gardens aufbewahrt.

Der französische Botaniker Gaston Bonnier (1853–1922) machte das Leben für (französischsprachige) Amateurbotaniker leichter, als er 1908 gemeinsam mit Georges de Layens (1834–1897) die *Flore complète de la France et de la Suisse* («Vollständige Flora von Frankreich und der Schweiz») veröffentlichte; diese «Taschenflora» umfasste auch Belgien und ist in aktualisierter Form nach wie vor erhältlich. Bonniers großes Werk, *Flore complète illustrée en couleurs de France, Suisse et Belgique* (1911–1934; «Vollständige illustrierte Flora von Frankreich, Belgien und der Schweiz») enthält sehr schöne Farbabbildungen, wurde aber erst nach seinem Tod von Robert Douin (1892–1965) vollendet. Etwa gleichzeitig brachte der bedeutende Schweizer Botaniker Gustav Hegi (1876–1931) die 13-bändige *Illustrierte Flora von Mittel-Europa* heraus, auch sie erschien mehrfach in neuen Auflagen.

Das erfolgreiche Londoner Verlagshaus Frederick Warne & Co. begann 1937, also kurz vor dem Zweiten Weltkrieg, die Serie der *Observer's Books* herauszugeben; der erste Band behandelte Vögel, der zweite britische Wildblumen. Trotz Papierknappheit kamen während des Krieges weitere Titel heraus – nicht nur über die Natur, sondern auch ein Band über Flugzeuge, damit die Bevölkerung feindliche Flugzeuge besser erkennen konnte.

Diese eingängigen Abbildungen ermunterten eine neue Generation von Naturbeobachtenden, sich botanisch zu engagieren, indem sie nach Pflanzenarten suchten und sich dann ans Bestimmen machten. So wurde Botanik für sie – ähnlich wie für ihre viktorianischen Vorfahren, aber mit weniger «moralischem Überbau» – zu einem lohnenden Hobby. Für sie lag der Wert im Aufenthalt an der frischen Luft, im Erforschen und Kennenlernen ihrer Heimat, im Erleben der Natur und folglich in einem Gefühl von Freiheit. Dank Fahrrädern und (später) Automobilen konnten sie ihren Aktionsradius erweitern.

10 Labor – Welt –Zukunft

Währenddessen wurden Pflanzen im Labor zunehmend auf zellulärer Ebene analysiert. Der deutsche Chemiker Richard Willstätter (1872–1942) hatte postuliert, der grüne Pflanzenfarbstoff Chlorophyll müsse Lichtenergie absorbieren, die dann über mehrere Reaktionen die Umwandlung von Kohlenstoffdioxid (CO_2) und Wasser in Zucker bewirke (für diese Arbeiten erhielt er 1915 den Nobelpreis). Kernphysiker wie Ernest Lawrence (1901–1958), der Erfinder des Zyklotrons, schlugen vor, das relativ langlebige Radioisotop Kohlenstoff-14 (^{14}C) als Marker einzusetzen: In den 1940ern klärten Melvin Calvin (1911–1997) und Andrew Benson (1917–2015) mithilfe von ^{14}C-markiertem Kohlenstoffdioxid den Weg des Kohlenstoffs von CO_2 bis zu Zucker auf – dabei wandeln die Pflanzenzellen Lichtenergie in chemische Energie um. Calvin erhielt für seine Arbeiten 1961 den Chemie-Nobelpreis.

Etwa zur gleichen Zeit hatte die restliche botanische Welt ein Problem mit der historischen Dominanz der «westlichen» Botanik. Japanische Botaniker fanden es beispielsweise frustrierend, dass wichtige Typusexemplare der japanischen Flora in Europa aufbewahrt wurden und aufgrund der knappen Beschreibung für japanische Forschungsfragen nur begrenzt nutzbar waren. Anscheinend ging man davon aus, alle Botaniker mit speziellen Fragestellungen könnten problemlos Zugang zu den großen europäischen Herbarien erhalten. Zu Beginn des 20. Jahrhunderts gab es eine größere Kontoverse um die Klassifizierung der «klassischen» japanischen Zierkirsche, die untrennbar mit der japanischen Kirschblüte (Sakura) verbunden ist und wie kaum eine andere Pflanze zum Wesen Japans gehört. Es gibt unzählige Lokalsorten dieser Zierkirschen; der japanische Botaniker Matsumura Jinzō (1856–1928) klassifizierte die zugrunde liegende Art 1901 als *Prunus yedoensis,* denn er sah es als sein Recht an, den «Nationalbaum» Japans taxonomisch einzuordnen.

Japanische Zierkirschen waren zu Beginn des 20. Jahrhunderts im Westen ungeheuer populär geworden – bis dahin kannte man diese zauberhaften Frühlingsblüher vor allem aus Arboreten. In den damaligen Katalogen japanischer Baumschulen finden wir prächtige, sehr präzise Abbildungen von Zierkirschen. Folglich interessierte sich der Botaniker und Pflanzenjäger Ernest Henry Wilson (1876–1930) auf seiner Sammelreise (1913, für das Arnold-Arboretum) vor allem für Zierkirschen. Die Ergebnisse publizierte er in *Cherries of Japan* («Die Kirschen von Japan», 1916), einem Buch mit Schwarz-Weiß-Fotos. Darin zweifelte Wilson Matsumuras Klassifikation an und postulierte, *P. yedoensis* sei nur eine Hybride, die in Japan ursprünglich gar nicht «heimisch» sei. Zur selben Zeit behauptete ein deutscher Botaniker, dass diese Art gar nicht aus Japan, sondern aus Korea stamme. Für die japanischen Botaniker war es frustrierend, dass westliche Botaniker ihre Klassifizierung anzweifelten. Die «Yedoensis-Debatte» zeigt, wie stark westliche Arboreten das Narrativ der Botanik damals dominierten und kontrollierten. Im nächsten Kapitel werden aktuelle Maßnahmen vorgestellt, um dieses Ungleichgewicht zu korrigieren.

Im Jahr 1950 veröffentlichte der deutsche Biologe Willi Hennig (1913–1976) seine *Grundzüge einer Theorie der phylogenetischen Systematik.* Darin legte er dar, dass Klassifikationssysteme auf der evolutionären Verwandtschaft der Organismen basieren mussten. Zwei Organismen gelten demnach als nahverwandt, wenn sie einen gemeinsamen Vorfahren aufweisen. Hennig berief sich auf die Arbeiten des deutschen Botanikers Walter Zimmermann (1892–1980), der versucht hatte, Pflanzenstammbäume zu rekonstruieren, die den Verlauf der Evolution und die evolutionären Zwänge für Merkmalsveränderungen berücksichtigten. Im nächsten Kapitel werden wir erfahren, wie es nach der Aufklärung der DNA-Struktur zu Beginn der 1950er Jahre möglich war, einen neuen Stammbaum für das Pflanzenreich aufzustellen, der auf der genauen Ermittlung der genetischen Verwandtschaft zwischen zwei gegebenen Arten beruhte und der Botanik damit ungeahnte Möglichkeiten eröffnete.

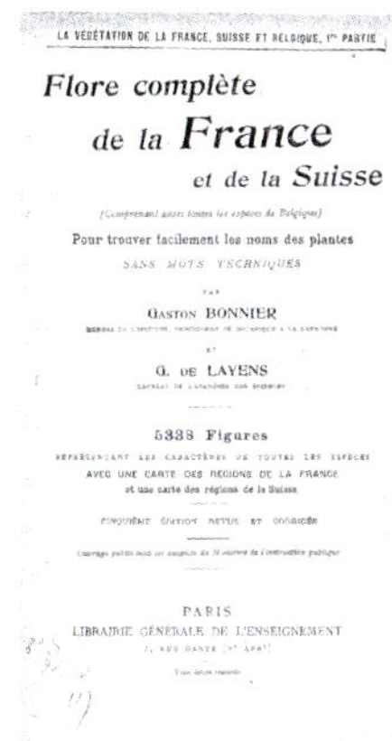

LA VÉGÉTATION DE LA FRANCE, SUISSE ET BELGIQUE, 1re PARTIE

Flore complète de la France et de la Suisse

Pour trouver facilement les noms des plantes

SANS MOTS TECHNIQUES

PAR

GASTON BONNIER

ET

G. DE LAYENS

5333 Figures

AVEC UNE CARTE DES RÉGIONS DE LA FRANCE

et une carte des régions de la Suisse

PARIS

LIBRAIRIE GÉNÉRALE DE L'ENSEIGNEMENT

OBEN UND UNTEN

Gaston Bonnier, französischer Botaniker und Autor der *Flore complète de la France et de la Suisse*

Bonniers Flora umfasste auch die Schweiz und Belgien; sie wird immer wieder aktualisiert und als «der Bonnier» bezeichnet.

RECHTS

***Index Plantarum Japonicarum* («Index der Pflanzen Japans») (1904)**

MITTE RECHTS

***Nippon Shokubutsumeii* (Nomenklatur japanischer Pflanzen auf Latein, Japanisch und Chinesisch), Matsumura Jinzo (1884)**

GANZ RECHTS

***The Cherries of Japan*, E. H. Wilson (1916)**

In diesem Buch zweifelte der britische Botaniker Wilson die Klassifikation des japanischen Botanikers Matsumura an.

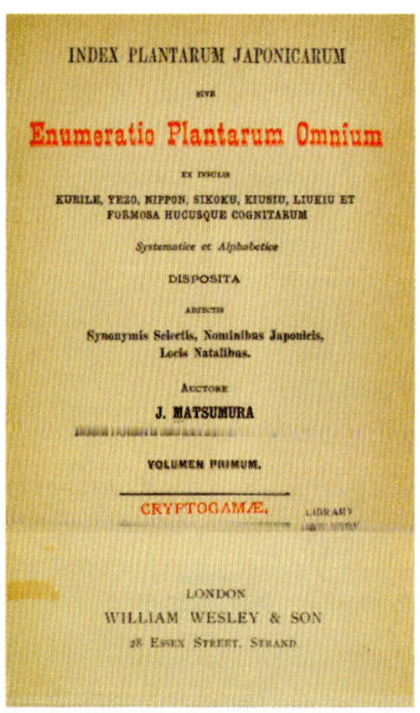

INDEX PLANTARUM JAPONICARUM

SIVE

Enumeratio Plantarum Omnium

EX INSULIS

KURILÆ, YEZO, NIPPON, SIKOKU, KIUSIU, LIUKIU ET FORMOSA HUCUSQUE COGNITARUM

Systematice et Alphabetice

DISPOSITA

ADJECTIS

Synonymis Selectis, Nominibus Japonicis, Locis Natalibus.

AUCTORE

J. MATSUMURA

VOLUMEN PRIMUM.

CRYPTOGAMÆ.

LONDON

WILLIAM WESLEY & SON

28 ESSEX STREET, STRAND

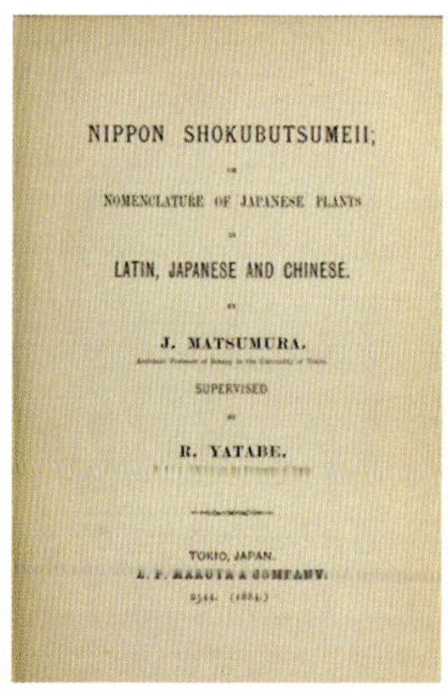

NIPPON SHOKUBUTSUMEII;

NOMENCLATURE OF JAPANESE PLANTS

LATIN, JAPANESE AND CHINESE.

J. MATSUMURA.

SUPERVISED

R. YATABE.

TOKIO, JAPAN.

Z. P. MARUYA & COMPANY.

(1884.)

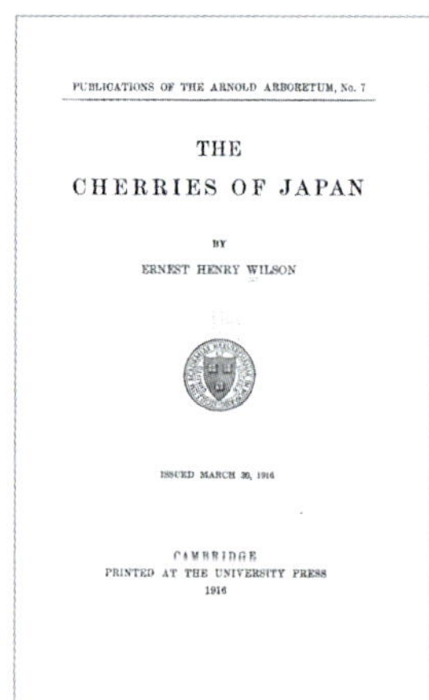

PUBLICATIONS OF THE ARNOLD ARBORETUM, No. 7

THE

CHERRIES OF JAPAN

BY

ERNEST HENRY WILSON

ISSUED MARCH 30, 1916

CAMBRIDGE

PRINTED AT THE UNIVERSITY PRESS

1916

OBEN

Willi Hennig, der Begründer der phylogenetischen Systematik

Hennig war davon überzeugt, dass eine belastbare Systematik der heute lebenden (rezenten) Organismen sich aus ihren Stammbäumen erschließt.

LINKS

Ernest Lawrence, der US-amerikanische Kernphysiker

Das Forschungslabor von Ernest Lawrence wurde nach dem 2. Weltkrieg wegweisend für andere Disziplinen, wie die Botanik.

GEGENÜBER OBEN

Richard Willstätters Labor in Berlin, 1913

Willstätter forschte an Pflanzenfarbstoffen, insbesondere an Chlorophyll, und trug dazu bei, die wichtige Rolle des Chlorophylls in Pflanzenzellen zu verstehen.

6

DIE MODERNE BOTANISCHE BIBLIOTHEK ENTSTEHT (1950–GEGENWART)

Die moderne Abteilung unserer botanischen Bibliothek reicht von 1950 bis zur Gegenwart und sieht völlig anders aus als die Abteilungen in den früheren Jahrhunderten. Die großen Papyrusrollen oder Pergament-Handschriften der alten Zeit suchen wir vergeblich; auch opulente, üppig illustrierte Bände, die in den Kapiteln über das 16. bis 19. Jahrhundert beschrieben werden, fehlen weitgehend. Allerdings finden wir einen großen Bestand an Zeitschriften und Lehrbüchern – dies spiegelt die zahlreichen Fachgebiete wider, die in den Pflanzenwissenschaften ständig dazukommen. Weiterhin werden etliche wichtige Florenwerke publiziert. Daneben gibt es viele populäre Sachbücher, die botanische Themen allgemeinverständlich darstellen. Die Bibliotheksbestände sind zunehmend auch in «unsichtbarer» digitaler Form «online» verfügbar; ebenso gehören Datenbanken heute zum wichtigen Werkzeug des Botanikers.

Visuell mögen die Werke dieser Bibliotheksabteilung zwar nicht so beeindruckend sein wie die der früheren Jahre, doch das sollte nicht über die Fülle an neuen Erkenntnissen hinwegtäuschen, die seit Mitte des 20. Jahrhunderts in Universitäten und Forschungseinrichtungen dazugekommen sind. Diese neuen wissenschaftlichen Ergebnisse werden meist in wissenschaftlichen Zeitschriften publiziert, die vielfach bereits seit dem 19. Jahrhundert existieren; diese «Paper» (Veröffentlichungen) werden normalerweise durch «Peer-Review» begutachtet. Allein in englischer Sprache gibt es mehr als 50 botanische Fachzeitschriften – von *Annals of Botany* (sämtliche Aspekte der Botanik) über *Plants, People, Planet* (gesellschaftlich relevante Aspekte der Pflanzenwissenschaften) bis zu *Plant Physiology and Biochemistry* (alle Bereiche der Pflanzenphysiologie und -biochemie). Dabei darf man die Dominanz der Wissenschaftssprache Englisch nicht vergessen: auch die Zeitschrift *Planta,* 1925 begründet und ursprünglich deutschsprachig, erscheint inzwischen nur mehr auf Englisch. Außerdem gibt es interdisziplinäre Journale wie die renommierte Fachzeitschrift *Nature,* in der oft bahnbrechende Originalarbeiten aus allen Gebieten der Naturwissenschaft, also auch der Botanik, publiziert werden.

1 Eine Entdeckung eröffnet neue Wege für die Botanik

Einer dieser bahnbrechenden Artikel erschien 1953 in *Nature: Molecular Structure of Nucleic Acids: A Structure for Deoxyribose Nucleic Acid* («Molekulare Struktur von Nukleinsäuren: Eine Struktur für Desoxyribonukleinsäure»), publiziert vom englischen Biophysiker Francis Crick (1916–2004) und dem US-amerikanischen Molekularbiologen James Watson (*1928). Sie beschrieben darin die Raumstruktur des Makromoleküls Desoxyribonukleinsäure (DNA). Diese bildet die chemische Basis für die Information, die in den Genen aller Lebewesen gespeichert ist, und beeinflusst Wachstum, Entwicklung, Funktion und Fortpflanzung. Nachdem der Schweizer Mediziner und Physiologe Friedrich Miescher (1844–1895) die DNA als solche 1869 entdeckt hatte, klärte man nach und nach ihre chemischen Bausteine auf und fand heraus, wie diese miteinander verbunden sind. 1952 erzielten die britische Physikochemikerin Rosalind Franklin (1920–1958) und ihr Doktorand Raymond Gosling (1926–2015) Röntgenbeugungsfotografien der DNA, die hohe Schärfe besaßen. Dank dieser Bilder konnten Crick und Watson ermitteln, dass es sich bei der DNA-Raumstruktur um eine Doppelhelix aus zwei spiralig aufgerollten Strängen handelte, die über Basenpaare verbunden waren. Jetzt konnte man endlich verstehen, wie Gene Information speichern, sich selbst kopieren und die Information an kommende Generationen weiter-

LINKS

The Botanical Magazine; Or Flower-Garden Displayed (1790)

Echinacea purpurea von Sydenham Edwards, so wie sie in einer frühen Ausgabe des «Magazins» dargestellt wurde. Heute heißt diese Zeitschrift nach ihrem ersten Herausgeber William Curtis *Curtis's Botanical Magazine;* sie ist die älteste kontinuierlich erscheinende botanische Zeitschrift der Welt. Inzwischen wird sie vom Verlag Wiley herausgegeben und ist nach wie vor ein wichtiges Forum für Botaniker und alle, die sich für botanische Illustration interessieren.

geben konnten. Dies bedeutete eine Revolution für das Verständnis von Evolution und Vererbung. Die Entdeckung der DNA-Doppelhelix gilt als einer der größten wissenschaftlichen Durchbrüche des 20. Jahrhunderts und bildete die Grundlage für viele Fortschritte in der Botanik. Die DNA-Forschung lieferte insbesondere Werkzeuge und Erkenntnisse, um die Biologie der Pflanzen besser zu verstehen, die Systeme von Taxonomie und Klassifizierung zu verfeinern, die evolutionäre Entwicklung von Arten zu rekonstruieren und Pflanzen mit bestimmten erwünschten Merkmalen zu züchten.

Etwa zu der Zeit, als die Raumstruktur der DNA aufgeklärt wurde, erkannten einige Biologen, dass sich die komplexen Fragestellungen der Pflanzenphysiologie möglicherweise besser an einem Modellorganismus erforschen ließen. Dieser könnte aufgrund der relativ engen Verwandtschaft der Blütenpflanzen quasi als Stellvertreter für die anderen dienen. Als Kandidat bot sich die Acker-Schmalwand *(Arabidopsis thaliana)* an, denn sie hat einen kurzen Entwicklungszyklus, ist nahe mit wichtigen Nutzpflanzen verwandt, gedeiht gut unter Laborbedingungen und besitzt ein kleines Genom (Gesamtheit der Gene einer Zelle oder eines Organismus). Seit den 1980er-Jahren dient *Arabidopsis thaliana* zunehmend dazu, die klassischen Disziplinen der Pflanzenwissenschaften mit den ständig wachsenden Erkenntnissen der Molekularbiologie und Genetik zu verbinden. Im Jahr 2000 wurde das *Arabidopsis-thaliana*-Genom (als erstes Genom einer Blütenpflanze) vollständig sequenziert und in *Nature* publiziert.

Die Untersuchungen an *Arabidopsis thaliana* ermöglichten neue Einblicke in die molekularen Mechanismen der Zell- und Entwicklungsbiologie, die dem Pflanzenleben zugrunde liegen. So konnte man vieles besser verstehen: wie sich Pflanzen entwickeln, etwa durch Ausbilden von embryonalen Sprossen und Wurzeln; wie Fotosynthese und Kohlenstofffixierung ablaufen; wie Pflanzen auf Umweltreize wie Licht und Wasser reagieren; welche Rolle Hormone bei Wachstum, Entwicklung sowie den Antworten auf Stress spielen und wie Gene derartige Prozesse regulieren; schließlich die epigenetischen Mechanismen, die die Genexpression beeinflussen. Dank dieser Forschung konnte man sogar die Interaktionen von Pflanzen mit Mikroorganismen besser verstehen, z. B. Wechselwirkungen mit Symbionten und Pathogenen. Bis 2015 gab es bereits über 50 000 Originalarbeiten zu *Arabidopsis thaliana;* neue Forschungsergebnisse wurden zudem über *The Arabidopsis Book («Das Arabidopsis-Buch»)* für die große «Arabidopsis-Gemeinde» zugänglich gemacht – eine kostenfreie Online-Serienpublikation mit «Peer-Review», die von 2002 bis 2019 von der American Society of Plant Biologists herausgegeben wurde. In diesem Buch werden verschiedenste Fachgebiete, von der Landwirtschaft bis zur Medizin, behandelt. Da inzwischen bessere Sequenzierungs- und molekularbiologische Methoden zur Verfügung stehen, können auch andere Pflanzenarten detaillierter untersucht werden, denn man möchte die genetischen Grundlagen für einzigartige Stoffwechselprozesse in anderen Pflanzenarten aufklären.

2 Die Beziehungen zwischen Pflanzen entschlüsseln – eine immerwährende Herausforderung

Die Erkenntnisse aus aktuellen botanischen Untersuchungen flossen auch in die Projekte zur Klassifizierung der gesamten Pflanzenwelt ein. Diese taxonomische Forschung war nach dem Zweiten Weltkrieg noch das Feld einzelner Botaniker oder kleiner Gruppen. Allgemein begann man die Systeme zu verwenden, die Armen Tachtadschjan (1910–2009, armenischer Botaniker der UdSSR) und Arthur Cronquist (1919–1992, US-amerikanischer Botaniker) entwickelt hatten. Tachtadschjans System beruhte auf den neuesten Erkenntnissen aus Morphologie, Embryologie, Struktur und Funktion von Pflanzenzellen, Molekularbiologie und Pollenanalysen und unterteilte die Blütenpflanzen im engeren Sinn (Angiospermen) in zwei Klassen: Liliopsida (Einkeimblättrige) und Magnoliopsida (Zweikeimblättrige). Tachtadschjan veröffentlichte seine Ergebnisse in *Systema Magnoliophytorum* (1987; «System der Magnoliophyten»), *Diversity and Classification of Flowering Plants* (1997; «Diversität und Klassifikation der Blütenpflanzen») sowie *Flowering Plants* (2009; «Blütenpflanzen»), dem Höhepunkt seines langjährigen Schaffens. Cronquist wandelte Tachtadschjans System ab und bezog sich auf die Arbeiten von Charles E. Bessey (1845–1915). Seine Ergebnisse veröffentlichte Cronquist in mehreren Arbeiten und Monografien: *The Evolution and Classification of Flowering Plants* (1968; «Die Evolution und Klassifizierung der Blütenpflanzen») sowie *An Integrated System of Classification of Flowering Plants*

GEGENÜBER LINKS

***Sylva Hercynia*, Johannes Thal (1588)**

Dieser Holzschnitt ist die früheste bekannte Darstellung von *Arabidopsis thaliana* (Acker-Schmalwand), die Thal noch als *Pilosella siliquata* bezeichnete. *Sylva Hercynia* war die erste Flora, in der alle Pflanzen eines Gebiets beschrieben wurden – nicht nur Arzneipflanzen. Thal gilt als «Vater der Floristik».

GEGENÜBER RECHTS

***Flora Londinensis*, William Curtis (1777–1798)**

In dieser sechsbändigen Flora wurde *Arabidopsis thaliana* unter den Pflanzen aufgeführt, die im späten 18. Jh. in der Umgebung von London wuchsen. Curtis fand aber, sie sei von keinem besonderen Interesse oder Nutzen.

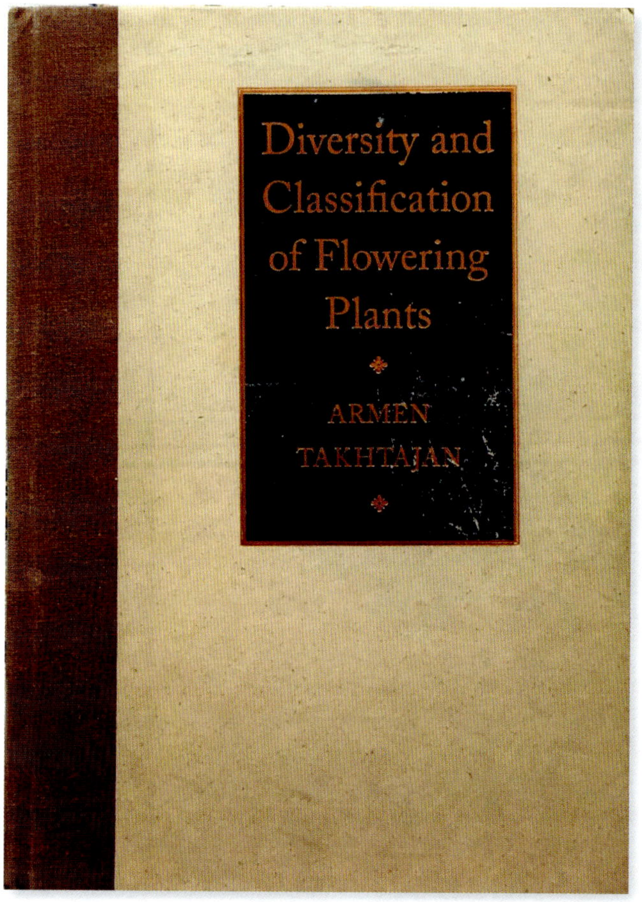

DIESE SEITE

Armen Tachtadschjan (1910–2009)

Tachtadschjan, ein armenischer Botaniker der Sowjetunion, leistete mit seinem Buch *Diversity and Classification of Flowering Plants* einen wichtigen Beitrag zur Evolutionsbiologie und Systematik von Blütenpflanzen.

(1981; «Ein integratives Klassifizierungssystem der Blütenpflanzen»). Häufig kam es zu hitzigen Diskussionen unter den Spezialisten, wenn es darum ging, dass bestimmte Botaniker (wenn auch Kapazitäten auf ihrem Gebiet) als Namensgeber für Klassifizierungssysteme fungieren sollten.

Während Cronquist und Tachtadschjan versuchten, ihr Lebenswerk zu vervollständigen, veränderte sich das Konzept zur Klassifizierung von Pflanzen. Mit der Systematik entwickelte sich ein neues Gebiet, das auf der Vorstellung beruhte, eine taxonomische Klassifizierung solle «genealogische» (Darwin) Beziehungen widerspiegeln, statt auf physischen morphologischen Ähnlichkeiten zu basieren. Dieses Konzept wurde hier nicht zum ersten Mal zur Debatte gestellt – Charles Darwin hatte in *Über die Entstehung der Arten im Thier- und Pflanzen-Reich* (1860) bereits geschrieben: «Unsere Klassifikationen werden, so weit wie möglich, zu Genealogien werden […].» Auch Joseph Hooker hatte dieses Konzept für wichtig gehalten. Doch erst Mitte des 20. Jahrhunderts wurden zwei neue Ansätze entwickelt, wie man dies erreichen könnte.

DIESE SEITE

Arthur Cronquist (1919–1992)

Cronquists Buch *Integrated System of Classification of Flowering Plants* (1981) hatte großen Einfluss auf die Botanik.

Peter Sneath (1923–2011) und Robert R. Sokal (1926–2012) schlugen vor, objektive, quantitative und numerische Merkmale zu verwenden, um die Ähnlichkeit zwischen Organismen zu bestimmen; diesen Ansatz stellten sie in *Numerical Taxonomy* (1973; «Numerische Taxonomie») vor. Willi Hennig, Begründer der phylogenetischen Systematik (siehe S. 225), zog den Begriff «Schwestergruppen» vor; für ihn waren zwei Taxa Schwestergruppen, wenn sie untereinander näher verwandt waren als mit einem dritten Taxon was durch Merkmale offensichtlich wurde, die den Schwestergruppen gemeinsam waren, in der anderen Gruppe aber fehlten. Hennigs Buch *Phylogenetic Systematics* (1966, *Phylogenetische Systematik,* 1982) legte dar, wie solche phylogenetischen Stammbäume angelegt werden und ihre Verzweigungsmuster als Klassifikationsgrundlage dienen mussten («Kladistik»).

Als man begann, Hennigs Regeln der Kladistik mit den Ergebnissen von DNA-Sequenzierungen zu kombinieren, ergaben sich völlig neue Erkenntnisse zu den Verwandtschaftsverhältnissen zwischen den Pflanzenarten. Den Beginn machte 1993 ein Paper von über 40 Autoren in *Annals of the Missouri Botanical Garden.* Darin wurden die phylogenetischen

UNTEN

John Reeves Collection, Natural History Museum, London (spätes 18. bis frühes 19. Jh.)

DNA-Daten zeigten, dass die Indische Lotosblume (*Nelumbo nucifera,* siehe Abbildung) näher mit Platanen als mit Seerosen verwandt ist.

Verwandtschaftsverhältnisse von fast 500 Blütenpflanzenarten analysiert und dargestellt, die man aus der DNA-Sequenzierung eines wichtigen Fotosynthese-Gens abgeleitet hatte. Das Konsortium der 40 Autoren gab sich den Namen Angiosperm Phylogeny Group (APG). Die Ergebnisse von 1993 bestätigten einige bereits erwartete Verwandtschaftsverhältnisse, sorgten aber auch für Überraschung. Die «Einkeimblättrigen», wie Gräser, Lilien und Orchideen, stellten sich als «monophyletische» Gruppe (aus *einer* Abstammungslinie) dar, doch bei den «Zweikeimblättrigen» («Magnoliopsida» bei Tachtadschjan), wie Magnolien, Rosen, Lorbeerverwandten und Korbblütlern, verhielt es sich anders. Sie präsentierten sich jetzt nicht als monophyletische Gruppe, sondern als eine Reihe definierter Entwicklungslinien innerhalb der Angiospermen.

Dass die Indische Lotosblume *(Nelumbo nucifera)* näher mit Platanen *(Platanus)* und Banksien *(Banksia)* verwandt sein sollte als mit den sehr ähnlich aussehenden Seerosen *(Nymphaea),* war ein derartiger Schock für die Autoren, dass sie das fragliche *Nelumbo*-Gen nochmals sequenzierten. Doch das Ergebnis blieb identisch. Auch die Analyse entsprechender Sequenzdaten für andere DNA-Regionen bestätigte die phylogenetischen Gruppierungen, sodass die Autoren 1998 ein neues Klassifizierungssystem vorstellten, die sogenannte APG-I-Klassifikation. Es folgten Aktualisierungen, als neuere Daten verfügbar waren, nämlich 2003 (AGP II), 2009 (APG III) und 2016 (APG IV).

OBEN

Genera Palmarum (2008)

Im Lauf der letzten drei Jahrzehnte hat sich die Klassifikation der Palmen rasch weiterentwickelt.

Das APG-System wurde von vielen botanischen Gärten und Herbarien übernommen, brachte allerdings recht viel Aufwand mit sich: In Herbarien musste man die Belege in den Lagerschränken neu sortieren, in den botanischen Gärten die Beete der Systematischen Abteilung nach APG neu bepflanzen. Auch Publikationen, die sich mit der Klassifizierung innerhalb bestimmter Pflanzenfamilien beschäftigten, mussten aktualisiert werden, beispielsweise diejenigen über Palmen.

Als *Genera Palmarum: The Evolution and Classification of Palms* («Die Gattungen der Palmen: Evolution und Klassifikation der Palmen») 1987 in der Erstauflage erschien, enthielt das umfassende Nachschlagewerk 2700 Palmenarten in 200 Gattungen. In der zweiten Auflage (2008) waren 2500 Arten in 183 Gattungen enthalten. Durch methodische Fortschritte wie DNA-Analysen hatten sich Taxa, die früher als eigene Arten galten, nur als Varianten bereits existierender Arten herausgestellt; zudem waren auch völlig neue Arten dazugekommen. Zu Letzteren zählte *Tahina spectabilis,* eine sehr große Fächerpalme aus Madagaskar mit bis zu 5 Meter breiten Blattspreiten, die nicht nur eine neue Art, sondern auch eine neue Gattung darstellte. Zwei der Autoren, William Baker (*1972) und John Dransfield (*1945), konnten 2016 in einem Artikel im *Botanical Journal of the Linnean Society* nochmals aktualisierte Zahlen präsentieren, nämlich 181 Gattungen und 2600 Arten. Die Insel Neuguinea wies besonders viele Palmenarten auf: Im neuesten Palmenbuch

UNTEN

Celia Rosser, fotografiert von Wayne Taylor

Die australische Pflanzenillustratorin Celia Rosser mit einem blühenden Zweig von *Banksia rosserae,* die nach ihr benannt wurde. Rosser arbeitete 25 Jahre an den Illustrationen aller *Banksia*-Arten; nachdem sie fertig war, vergrößerte sich die Artenzahl der Gattung aufgrund von DNA-Analysen massiv.

von Baker und Co-Autoren, *Palms of New Guinea* (2024; «Palmen von Neuguinea») werden 250 Arten vorgestellt; davon wurden 91 während der jahrzehntlangen Entstehungszeit des Buches erstmals wissenschaftlich beschrieben.

Im Jahr 2007 wuchs die Gattung *Banksia* auf mehr als das Doppelte, nachdem DNA-Analysen gezeigt hatten, dass die 94 Arten der Gattung *Dryandra* in die Gattung *Banksia* überführt werden sollten. Viele australische Botaniker stimmten dieser Änderung zu, doch der Banksien-Experte Alex George (*1939) war dagegen. Er fand, eine Klassifizierung von Pflanzen solle «praktisch und von kundigen Personen nutzbar sein, die aber nicht unbedingt Experten sein müssten», und daher solle die Klassifizierung weiterhin auf «leicht zu ermittelnden morphologischen Merkmalen» basieren. George hatte unter anderem die Monografie *The genus Banksia L.f. (Proteaceae)* (1981; «Die Gattung *Banksia* L.f. (Proteaceae)») verfasst. Dies war die erste systematische Reklassifizierung der Gattung seit Benthams *Flora Australiensis* (1863–1878). George hatte ferner die Texte für Celia Rossers dreibändiges Werk *The Banksias* (1981–2000; «Die Banksien») beigesteuert. Die Pflanzenmalerin Celia Rosser (*1930) hatte in 25-jähriger Arbeit Illustrationen sämtlicher damals bekannten *Banksia*-Arten angefertigt – beim Erscheinen des letzten Bandes im Jahr 2000 waren 76 Arten bekannt. Es war das erste Mal, dass sämtliche Arten einer Gattung abgebildet worden waren. Die Klassifikation von Pflanzen ist nach wie vor im Fluss, und Taxonomie-Dispute können sogar zu Zeiten des gemeinschaftlichen APG-Systems anhalten.

3 Große Florenprojekte

Wie bereits erwähnt, tragen Florenwerke seit Langem dazu bei, strittige Fragen der Pflanzenbestimmung und Nomenklatur zu klären. In der zweiten Hälfte des 20. Jahrhunderts wurden einige wichtige Großprojekte in Angriff genommen, wie die fünfbändige *Flora Europaea* (1964–1993), die 30-bändige *Flora of the USSR* (1931–1964), schließlich die monumentale 80-bändige *Flora Reipublicae Popularis Sinicae* (englische Ausgabe: *Flora of China*), ein Unternehmen von 45 Jahren Dauer (1959–2004) und eines der größten derartigen Projekte überhaupt. Vier Generationen chinesischer Taxonomen waren daran beteiligt; es wurden 31 000 Pflanzenarten beschrieben, die Hälfte davon in China endemisch (nur dort heimisch).

Das *Flora-of-Australia*-Projekt wurde nach 25-jähriger Vorplanung 1979 bewilligt, der erste von 60 geplanten Bänden erschien 1981. *Flora of North America* entwickelte sich etwa um diese Zeit aus einem früheren, jedoch eingestellten Projekt und ist auf 30 Bände angelegt. Seit Mitte des 20. Jahrhunderts wurden auch zahlreiche vielbändige Floren verschiedener Tropenregionen erstellt, wie *Flora of Tropical East Africa.* Diese dokumentierte sämtliche in Tansania, Uganda und Kenia heimischen Pflanzen – was 3–4 Prozent aller bis dato bekannten Pflanzenarten der Welt entsprach – und wurde zur umfangreichsten regionalen tropischen Flora, die jemals veröffentlicht wurde. Das Projekt begann in den 1940er-Jahren und wurde 2012 abgeschlossen.

UNTEN

Flora Europaea, diverse Autoren (1964–1993)

Mithilfe der *Flora Europaea* konnte man die Blütenpflanzen, Koniferen und Farne Europas bis zur Ebene der Unterart bestimmen.

DIESE DOPPELSEITE

***Flora Reipublicae Popularis Sinicae* (1959–2004)**

Diese Flora, eines der größten floristischen Projekte der Welt, umfasste beim Abschluss 80 Bände in 126 Teilen – insgesamt mehr als 40 000 Seiten.

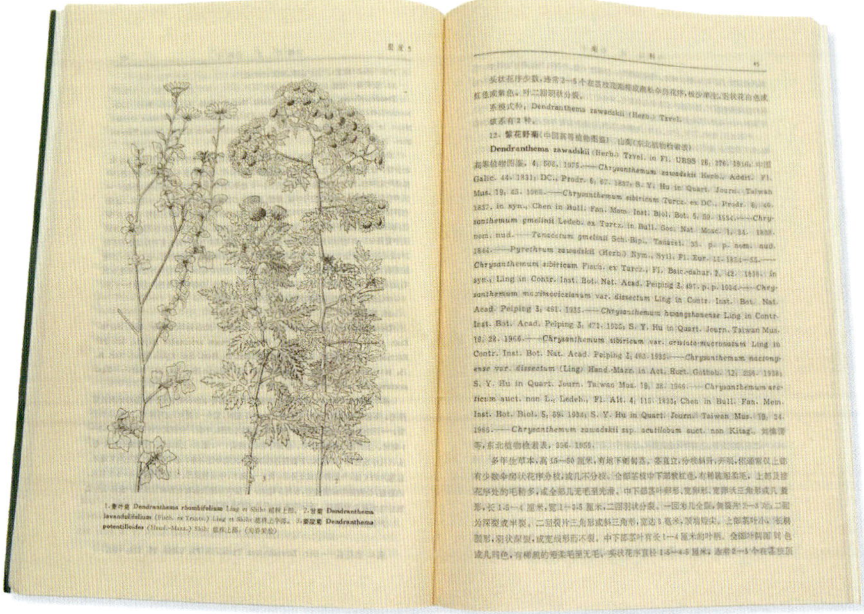

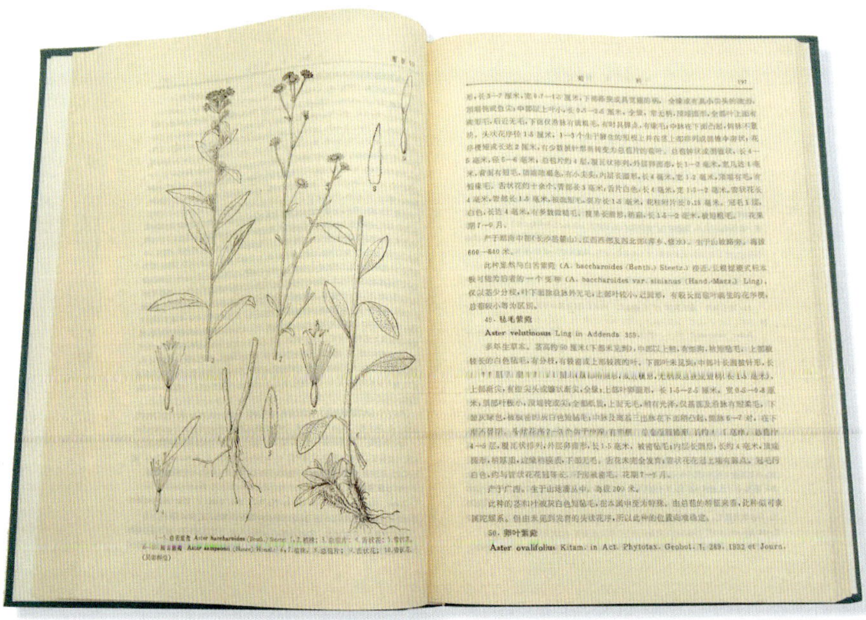

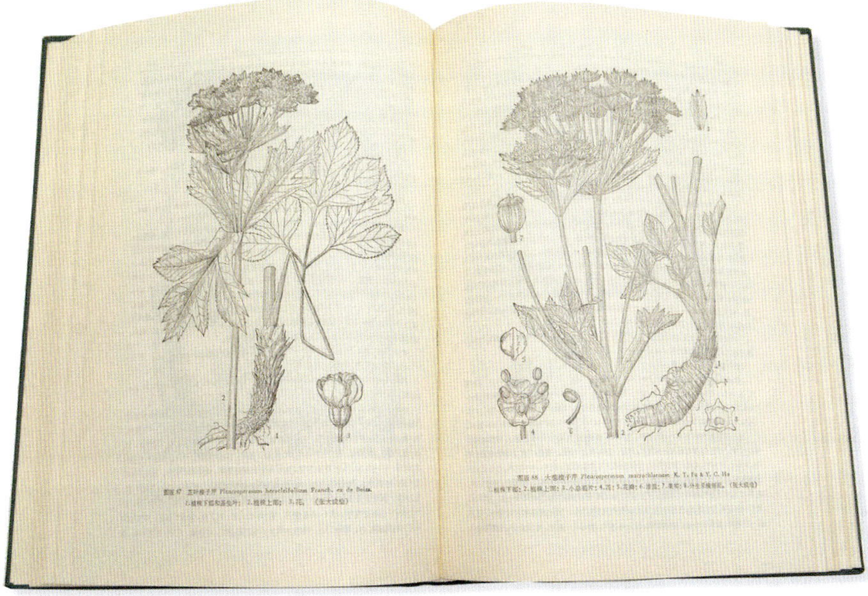

中国植物志

DIESE SEITE

***Herbário Virtual – REFLORA*, zahlreiche Mitwirkende (2006 gestartet)**

Die digitalisierten Scans von brasilianischen Pflanzen (vor allem Typusexemplare), die in europäischen Herbarien aufbewahrt werden, sollen brasilianischen Wissenschaftlern helfen, die Flora ihres Landes zu erforschen.

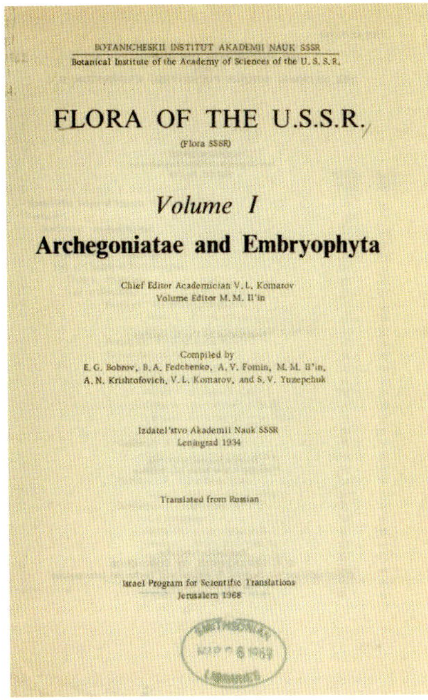
BOTANICHESKII INSTITUT AKADEMII NAUK SSSR
Botanical Institute of the Academy of Sciences of the U.S.S.R.

FLORA OF THE U.S.S.R.
(Flora SSSR)

Volume I
Archegoniatae and Embryophyta

Chief Editor Academician V. L. Komarov
Volume Editor M. M. Il'in

Compiled by
E. G. Bobrov, B. A. Fedchenko, A. V. Fomin, M. M. Il'in,
A. N. Krishtofovich, V. L. Komarov, and S. V. Yuzepchuk

Izdatel'stvo Akademii Nauk SSSR
Leningrad 1934

Translated from Russian

Israel Program for Scientific Translations
Jerusalem 1968

OBEN

***Flora of the U.S.S.R.*, diverse Autoren (1964)**

Diese Flora entstand aus einem von mehreren größeren Projekten des 19. Jh., die die Dokumentation nationaler und regionaler Pflanzen zum Ziel hatten.

Seit Ende des 20. Jahrhunderts hat die Computertechnik großen Einfluss auf die Verfügbarkeit botanischer Informationen gewonnen. Florenwerke sind so wichtig wie eh und je, werden aber zunehmend in digitaler Form zur Verfügung gestellt. Die Onlineversion der *Flora Europaea* wurde beispielsweise inzwischen mit *Med-Checklist, Flora of Macaronesia* und weiteren Datenbanken zusammengeführt; zusammen bilden sie die neue *Euro+Med Plant-Base,* mit Zugriffsmöglichkeit über ein Datenportal. Die *Flora of Australia* wurde 2018 von einer Buchreihe in eine Onlineplattform überführt. Hingegen wird *Flora of North America* gleichzeitig online und in gedruckter Form verfügbar gemacht. Da 1100 der dort vorgestellten Pflanzenarten erst in den letzten 20 Jahren beschrieben wurden, liegen die Vorteile eines Onlinesystems, das sich leicht aktualisieren lässt, auf der Hand. Auch E-Books haben ihre Vorteile: So wurde *Flora of West Tropical Africa* (1954–1972) als erste regionale tropische Flora 2014 digitalisiert und lässt sich nun auf dem Smartphone nutzen – früher mussten Taxonomen drei schwere Bände durch Savanne und Regenwald mitschleppen!

Herbarbelege werden inzwischen ebenfalls digitalisiert und online zur Verfügung gestellt, um den Zugang zu Belegexemplaren zu erleichtern. Ein Beispiel ist das REFLORA-Projekt, das vom brasilianischen Nationalen Rat für Wissenschaftliche und Technologische Entwicklung koordiniert wird. So möchte man Herbarbelege von Arten, die vom 18. bis ins 20. Jahrhundert in Brasilien gesammelt wurden und heute in den großen europäischen Herbarien aufbewahrt werden, «virtuell repatriieren». Dies soll auch südamerikanischen Forschenden den Zugriff auf (und die wissenschaftliche Arbeit mit) floristische Daten heimischer Pflanzen ermöglichen, die während der Kolonialzeit von ausländischen Sammlern zusammengetragen wurden.

4 Unsere Umwelt und ihre Probleme geraten in den Blick

Als im letzten Drittel des 20. Jahrhunderts immer mehr grundlegende Daten über Pflanzen und Umwelt zusammenkamen, die sich dank der digitalen Revolution gut auswerten ließen, konnte man die «Gesundheit» unseres Planeten besser einschätzen. Dadurch wurde immer deutlicher, dass der Mensch das Klima und die biologische Vielfalt der Erde durch seine Aktivitäten stark gefährdet. Im Jahr 1975 führte der US-amerikanische Geochemiker Wallace Broecker (1931–2019) den Begriff der «globalen Erwärmung» *(global warming)* in einem wegweisenden Artikel in der Zeitschrift *Science* ein. 1990 wurde der *Erste Sachstandsbericht des IPCC* (Intergovernmental Panel on Climate Change) fertiggestellt, der den Klimawandel als Herausforderung mit weltweiten Folgen beschrieb und potenzielle zukünftige Klimaveränderungen und Auswirkungen vorhersagte. Im Millennium Ecosystem Assessment, das von 2001 bis 2005 von 1360 Experten aus der ganzen Welt durchgeführt wurde, stellte man fest, dass der Mensch die Ökosysteme in den vergangenen 50 Jahren rascher und stärker verändert hatte als je zuvor während eines vergleichbaren Zeitraums in der Menschheitsgeschichte. Schließlich stellte der *Fünfte Sachstandsbericht des IPCC* (2014) eine signifikante Erwärmung des Erd-Klimasystems fest und konstatierte, dass insbesondere die Emission von Treibhausgasen mit hoher Wahrscheinlichkeit die wichtigste Ursache für die seit der Mitte des 20. Jahrhunderts festgestellte Erwärmung darstelle.

Zwei Jahre später veröffentlichten Kew Gardens (London) erstmals den *State of the World's Plants* («Zustandsbericht zur Lage der Pflanzenwelt»). Er lieferte eine Basisbewer-

DIESE SEITE

***IPCC-Sachstandsberichte*, diverse Autoren**

Das IPCC («Weltklimarat») begann 1990, regelmäßige wissenschaftliche Sachstandsberichte zu publizieren, die den aktuellen Stand des Klimawandels und dessen wahrscheinliche Auswirkungen (auch auf die Pflanzenwelt) darstellten.

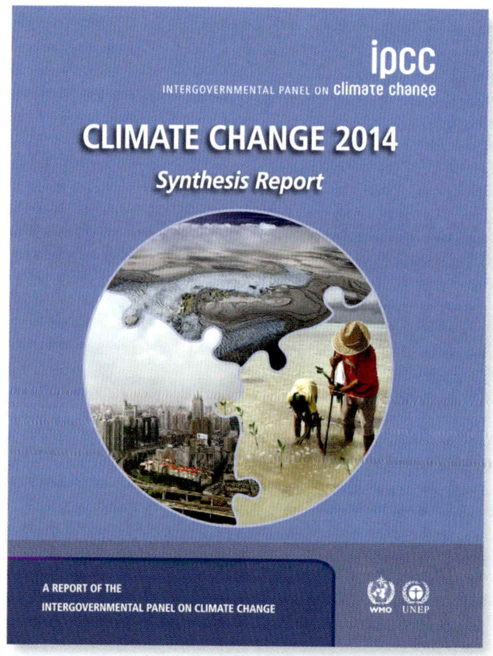

tung, was die Diversität der gesamten Pflanzenwelt, ihre globale Gefährdung und Schutzmaßnahmen anging. Zu Letzteren zählte die *Convention on International Trade in Endangered Species of Wild Fauna and Flora* (CITES, auch «Washingtoner Artenschutzübereinkommen» genannt), die sicherstellen soll, dass der internationale Handel mit Tieren und Pflanzen ihr Überleben nicht gefährdet, ferner das Nagoya-Protokoll, ein Zusatzübereinkommen zur *Convention on Biological Diversity* von 1992 (CBD, *Übereinkommen über die biologische Vielfalt*), das sicherstellen soll, dass die Profite aus der Nutzung genetischer Ressourcen fair und gleichberechtigt geteilt werden. Die Tage der Entdeckungsreisenden, die an fremden Küsten rücksichtslos Pflanzen sammelten, waren zwar vorbei, dafür wurden die Schäden offenbar, die durch die lang andauernde Ausbeutung der Umwelt entstanden. Laut dem vierten Kew-Bericht (2020) sind geschätzt zwei von fünf Pflanzenarten vom Aussterben bedroht; in diesem Bericht wurden neben den Pflanzen auch die Pilze behandelt. (Pilze werden seit 1969 als eigenes Organismenreich abgegrenzt, aber immer noch häufig zusammen mit Pflanzen untersucht.) Er konzentrierte sich auf den potenziellen Nutzen von Pilz- und Pflanzenressourcen, um neue und nachhaltige Quellen für Nahrung, Arzneistoffe und Energie zu erschließen.

Am fünften Bericht (*State of the World's Plants and Fungi,* SOTWPF; 2023) waren 200 Wissenschaftlerinnen und Wissenschaftler aus 102 Institutionen und 30 Ländern beteiligt. Er konzentrierte sich auf das Ziel, die globale Flora vollständig zu erfassen. Er ging besonders auf die *World Checklist of Vascular Plants* (WCVP, «Welt-Checkliste der Gefäßpflanzen») ein, eines der vier großen Inventare der globalen Pflanzenwelt, das 350 386 Arten samt taxonomischen und geografischen Daten umfasst. Die WCVP wurde 1988 vom belgischen Botaniker Rafaël Govaerts (*1968) gestartet, der während seiner Studentenzeit Pflanzen bestimmen wollte, die möglicherweise durch die Zerstörung des Regenwalds

DIESE SEITE

***State of the World's Plants and Fungi*, Berichte von 2016, 2020 und 2023**

Die Royal Botanic Gardens, Kew (London, UK) geben seit 2016 regelmäßig evidenzbasierte zusammenfassende Berichte heraus, die das aktuelle Wissen über die Pflanzen und Pilze der Welt umreißen.

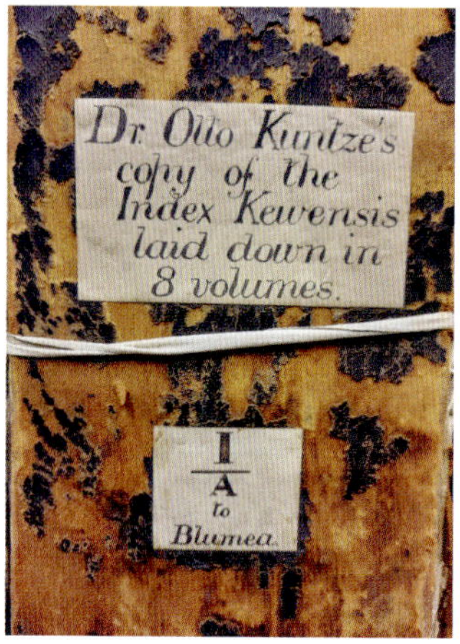

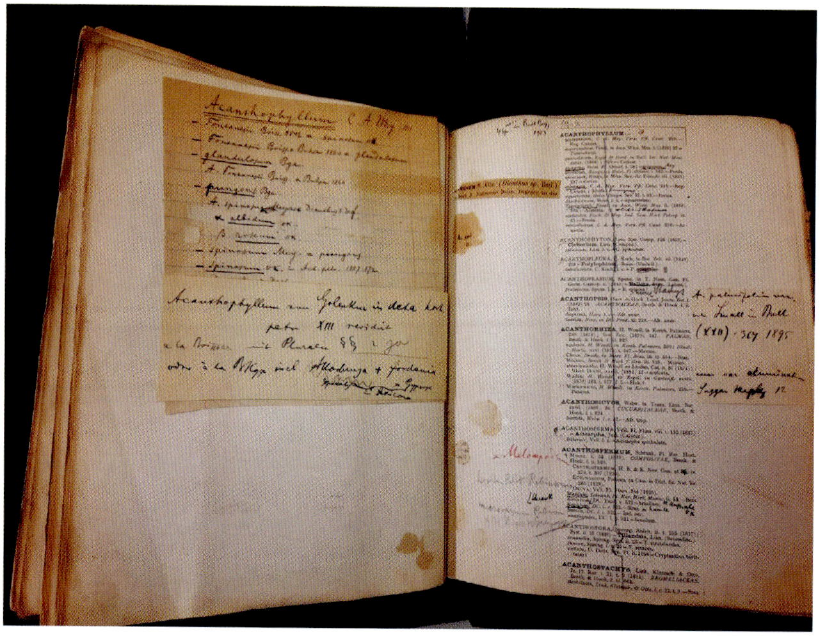

DIESE SEITE

***Index Kewensis* (ab 1893)**

Diese Liste von Samenpflanzen (Blütenpflanzen) wurde von den Royal Botanic Gardens, Kew (London, UK) regelmäßig fortgeschrieben und führte später zur *World Checklist of Vascular Plants* (WCVP), einem der vier aktuellen großen Pflanzen-Inventare.

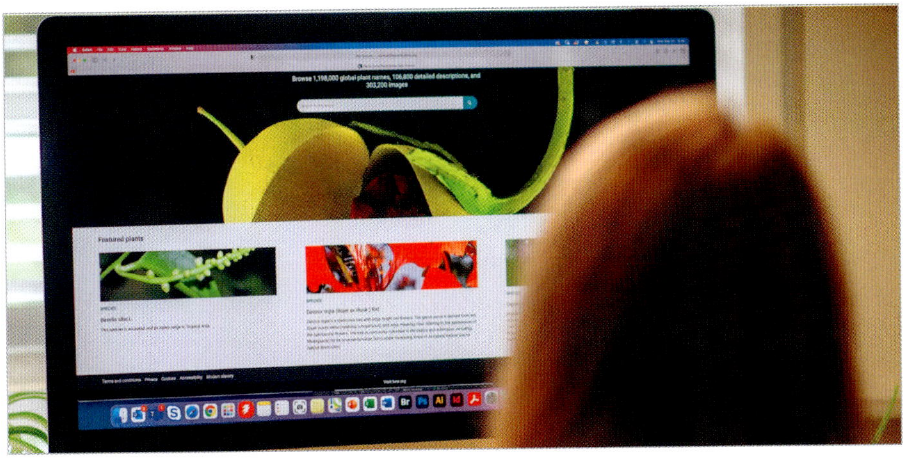

OBEN

Plants of the World Online

Man kann über das Portal *Plants of the World Online* eine Pflanzenart recherchieren, die in der *World Checklist of Vascular Plants* (WCVP) enthalten ist.

bedroht waren. Als er bei botanischen Gärten in Brüssel um eine Welt-Pflanzenliste bat, sagte man ihm, diese existiere nicht; daraufhin beschloss er, selbst eine anzulegen. Im Zuge dieses Projekts musste Govaerts für jedes Pflanzentaxon (also eine Art, Gattung, Familie usw.) sämtliche einschlägigen Informationen sammeln, die dieses Taxon charakterisieren, und ebenso den «akzeptierten» Namen und alle Synonyme bestätigen. Er benötigte drei Jahrzehnte für diese Aufgabe. Später kamen Verbreitungsangaben für jede Pflanzenart hinzu, sodass verlässliche geografische Analysen erleichtert wurden. Charles Darwin, der ein Jahrhundert früher eine ähnliche Liste angestrebt hatte, half durch ein Vermächtnis zugunsten von Kew Gardens indirekt bei der Finanzierung des Projekts. Darwins Geld hatte die Erstellung von *Index Kewensis* ermöglicht, einer Liste der Samenpflanzen (Blütenpflanzen), die ab 1893 durch Kew fortgeschrieben wurde. Später wurde *Index Kewensis* in den *International Plant Names Index* (IPNI) eingearbeitet, auf dem wiederum die WCVP basierte.

SOTWPF 2023 demonstrierte, welches Potenzial in der Kombination der taxonomischen und geografischen Informationen der WCVP mit genetischen und anderen Daten enthalten war. Er enthielt eine Analyse, die zeigte, dass Temperatur und Niederschlagsmenge eine wichtige Rolle bei der Evolution von einjährigen gegenüber mehrjährigen Pflanzen gespielt hatten. Ferner wurde berichtet, wie man es geschafft hatte, den bisher umfassendsten Stammbaum der Orchideenfamilie zu rekonstruieren und nachzuweisen, dass Orchideen 83 Millionen Jahre zurückdatieren. Schließlich wurde aufgeführt, dass über 220 000 Pflanzenarten endemisch (auf ein einziges Land beschränkt) und daher von der Naturschutzpolitik des jeweiligen Landes abhängig sind.

Doch ein Problem bestand nach wie vor: eine komplette Pflanzenliste der Welt war noch längst nicht verfügbar. Laut dem Bericht mussten schätzungsweise 15 Prozent der Weltflora – etwa 50 000 Arten – noch lokalisiert, offiziell beschrieben und benannt werden. Wenn jedoch, wie im *Globalen Bericht des Weltbiodiversitätsrats* (2019) konstatiert wird, die Natur und ihre lebenswichtigen Leistungen, die gemeinsam die Biodiversität und die Ökosystemfunktionen und -dienstleistungen darstellen, sich weltweit verschlechtern, wird die Zeit knapp, um diese unbeschriebenen Pflanzen zu finden.

Unsere Informationen zum Allgemeinzustand einzelner Pflanzenarten können wir hauptsächlich der Roten Liste der gefährdeten Arten entnehmen, der wichtigsten Informationsquelle über den Schutzstatus von Tieren, Pilzen und Pflanzen. Diese 1964 von der IUCN (*International Union for the Conservation of Nature*, Internationale Union zur Bewahrung der Natur) erstmals publizierte Liste weist den Arten verschiedene Kategorien zu: ausgestorben (EX), in der Natur ausgestorben (EW), vom Aussterben bedroht (CR), stark gefährdet (EN), gefährdet (VU), potenziell gefährdet (NT), nicht gefährdet (LC), unzureichende Datengrundlage (DD) – bezogen auf die gesamte Welt, ein Land oder eine Region. Diese Daten sind als Grundlage für die Naturschutzpolitik wichtig. Bisher liegt jedoch erst für 157 000 bekannte Pflanzenarten eine Beurteilung nach Rote-Liste-Kriterien (IUCN) vor; zudem gelten drei Viertel der bisher unbenannten Arten als wahrscheinlich vom Aussterben bedroht. Bei den Pilzen ist die Situation noch schlimmer: Laut SOTWPF-2023-Bericht müssen 92–95 Prozent der Pilze überhaupt erst benannt werden. Eine rasche Beurteilung mithilfe von Künstlicher Intelligenz hilft den Botanikern dabei, Naturschutzprioritäten schneller auszumachen.

5 Botanische Illustrationen bleiben für die Pflanzenwissenschaften wichtig

Man könnte erwarten, dass die Höhenflüge der Pflanzenwissenschaften botanische Illustrationen obsolet gemacht hätten. Weit gefehlt! Sie sind immer noch wichtiger Teil der Klassifikation, denn wissenschaftliche Illustratoren sind in der Lage, die einzelnen wesentlichen Merkmale gekonnt zu Papier zu bringen. Belege, die im Feld gesammelt werden, werden zur Konservierung oft getrocknet und gepresst – diese Exemplare dienen den Taxonomen

RECHTS

Victoria boliviana

Diese neue Art der Riesenseerose wurde erst 2022 beschrieben; ausschlaggebend waren die genauen Beobachtungen der botanischen Illustratorin Lucy T. Smith.

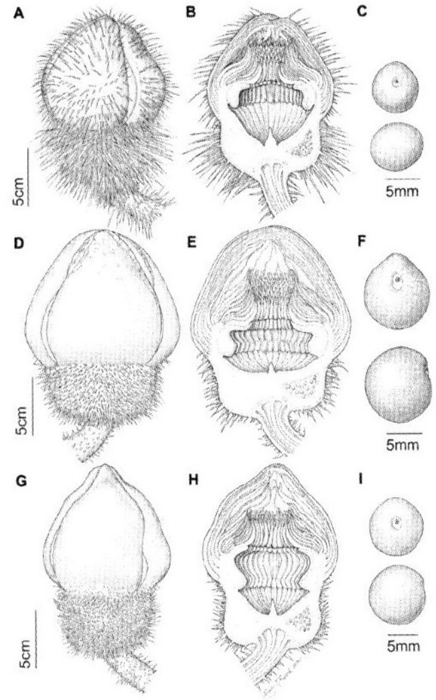

DIESE SEITE

Frontiers in Plant Science, diverse Autoren (2022)

Auf diesen Abbildungen sind die entscheidenden Details dargestellt, durch die sich *Victoria boliviana* von den beiden anderen *Victoria*-Arten (Riesenseerosen) unterscheidet.

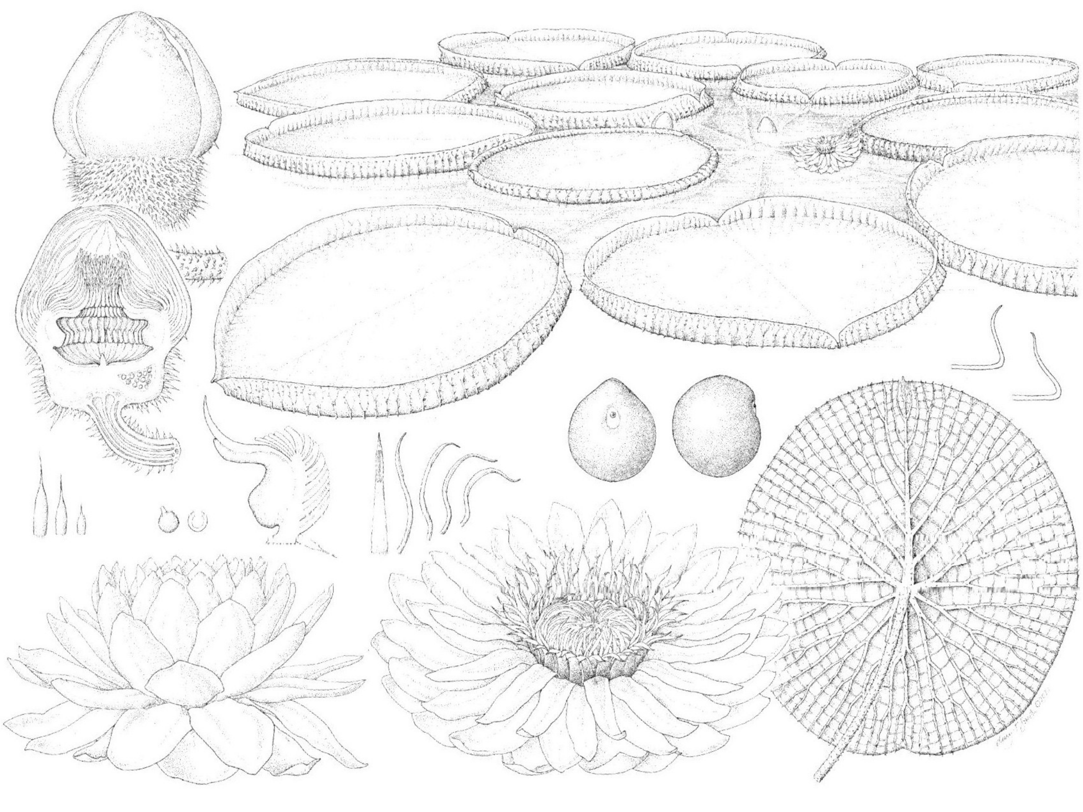

OBEN

The Florilegium: The Royal Botanic Gardens Sydney: Celebrating 200 Years (2018)

Das Werk wurde zum 200-jährigen Jubiläum der Royal Botanic Gardens in Sydney (Australien) geschaffen und stellt Pflanzen vor, die in diesem Garten wachsen.

dann zur Beschreibung und Klassifizierung der Art. Beim Skizzieren eines bestimmten Belegs kann ein botanischer Illustrator Teile, die für die Klassifizierung wichtig sind, besonders herausarbeiten, sodass der Taxonom den Herbarbeleg besser mit anderen vergleichen kann – und die Pflanze entweder als bekannte Art oder als für die Wissenschaft bisher nicht beschriebene Art klassifizieren kann. Auch Fotografien sind in diesem Zusammenhang nützlich, um zum Beispiel die Farben einer Blüte zu dokumentieren, doch die Kamera kann aus einem zweidimensionalen Herbarbeleg nicht auf dieselbe Weise ein lebensechtes botanisches Exemplar erschaffen wie ein Künstler.

Gelegentlich gibt die botanische Kunst sogar einen Impuls, neue Arten zu entdecken. So war es bei *Victoria boliviana,* mit 3 Meter breiten Blättern die größte Seerose der Welt, die erst 2022 beschrieben wurde. Auslöser war ein persönliches Projekt der botanischen Künstlerin Lucy T. Smith, die sich vorgenommen hatte, alle Seerosenarten in Lebensgröße abzubilden. Smith konnte schlüssig aufzeigen, dass eine der Riesenseerosen, die sie bearbeitete, sich von den beiden bekannten Riesenseerosen (*V. amazonica* und *V. cruziana*) unterschied. Damit gab sie den Anstoß zur taxonomischen Revision der Gattung *Victoria,* bei der dann die neue Art bestätigt wurde. Wie sich herausstellte, besaß das Herbarium von Kew bereits seit 177 Jahren einen Beleg der Art. Als 2022 die wissenschaftliche Veröffentlichung in der Zeitschrift *Frontiers in Plant Science* erschien, war Lucy T. Smith Erstautorin, und ihre Illustrationen belegten, warum *V. boliviana* eine eigene neue Art darstellt. Inzwischen wurden Illustrationen aus Smiths «persönlichem Projekt» in der Shirley Sherwood Gallery in Kew Gardens ausgestellt. Diese Kunstgalerie war die erste, die ausschließlich klassischer und zeitgenössischer Kunst gewidmet ist, und geht auf die Initiative der Botanikerin und Kunstsammlerin Shirley Sherwood zurück. Dort werden Bilder aus Sherwoods persönlicher Sammlung, aber auch aus den Sammlungen von Kew Gardens gezeigt.

Große, üppig bebilderte Bände, die spezifischen Pflanzensammlungen gewidmet sind, erscheinen heute seltener als früher, doch eines dieser Werke sticht hervor: *The Highgrove Florilegium* (2016). Für dieses zweibändige, großformatige Werk wurden 72 führende botanische Künstlerinnen und Künstler aus der ganze Welt gebeten, ausgewählte Pflanzen aus dem Garten von Highgrove, dem Landsitz des damaligen Prince of Wales (jetzt König Charles III.) in Gloucestershire (UK) zu malen. Das Werk umfasst 124 Tafeln, mit Abbildungen, die vom prächtigen *Rhododendron* bis zum zarten *Cistus* reichen, samt Begleittexten mit dem wissenschaftlichen Namen und dem Habitat der jeweiligen Pflanze. Es wurden 175 nummerierte Sets des Werks aufgelegt; sie werden für mehr als 12 000 GBP verkauft, die Tantiemen werden für wohltätige Zwecke gespendet. Der damalige Prince of Wales gab auch *The Transylvania Florilegium* (2018) in Auftrag: Es enthält Darstellungen verschiedenster siebenbürgischer Wildpflanzen, wie Glockenblume, Krokus und Storchschnabel, die von 36 botanischen Künstlern beigesteuert wurden.

Eine Reihe von Florilegium-Gesellschaften widmet sich der Dokumentation spezifischer Pflanzensammlungen und gibt künstlerische Darstellungen in Auftrag. Einige werden in

OBEN

The Transylvania Florilegium **(2018)**

Diese beiden Prachtbände stellen die Flora Siebenbürgens (Zentralrumänien) in einzelnen Pflanzenporträts vor.

UNTEN

The Shirley Sherwood Collection**, Shirley Sherwood (2019)**

Die Shirley-Sherwood-Sammlung zeigt zeitgenössische botanische Kunst und gilt als wichtigste Privatsammlung ihrer Art auf der ganzen Welt. Das Buch bietet einen Querschnitt durch die Sammlung.

OBEN

***The Alcatraz Florilegium* (2016)**

Das Buch stellt Illustrationen von Pflanzen vor, die in den Gärten des ehemaligen Hochsicherheitsgefängnisses auf der Insel Alcatraz (USA) wachsen.

UNTEN LINKS

***The Alcatraz Florilegium* (2016)**

Pflanzen wie dieser Fingerhut (Sorte 'Camelot Rose') brachten früher etwas Farbe in das eintönige Leben, das Gefangene und Wärter auf Alcatraz teilten. Illustration von Susan Hill-McEntee.

UNTEN RECHTS

***The Alcatraz Florilegium* (2016)**

Paraserianthes lophantha (früher *Albizia distachya,* eine Verwandte der Albizie), gemalt von Sally Petru. Dieser kleine Baum ist in Südwestaustralien und Indonesien heimisch und gedeiht auch im subtropischen Wüstenklima von Alcatraz.

LINKS

***The Alcatraz Florilegium* (2016)**

Dahlien – immer ein Gartenfavorit; hier die Sorte 'Thomas Edison', gemalt von Stephanie Rozzo.

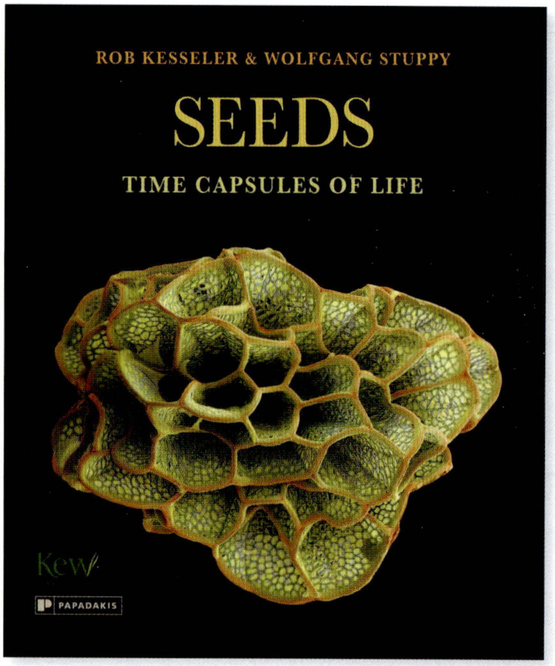

OBEN

***Seeds: Time Capsules of Life*, Rob Kesseler and Wolfgang Stuppy (Ausgabe von 2024)**

Wissenschaft und Kunst vermischen sich in diesem Bildband, der Samen in Raster-EM-Aufnahmen präsentiert.

Buchform herausgegeben, andere in Ausstellungen oder online gezeigt. Veröffentlicht wurden zum Beispiel *A Florilegium: Sheffield's Hidden Garden,* herausgegeben von der Florilegium Society at Sheffield Botanical Gardens and Oxley, UK (2021); *The Florilegium: The Royal Botanic Gardens Sydney: Celebrating 200 Years,* 2018 in Australien erschienen; schließlich das *Alcatraz Island Florilegium* (2016), dessen Illustrationen von Mitgliedern der Northern California Society of Botanical Artists angefertigt wurden. Letzteres hängt eng mit der interessanten Geschichte der Insel Alcatraz (Isla de los Alcatraces, «Insel der Pelikane») zusammen. Diese Felsinsel in der Bucht von San Francisco (Kalifornien, USA) wurde 1850 als Fort befestigt, anfangs von der US-Armee und 1934–1963 als Hochsicherheitsgefängnis genutzt. Man legte auch Gärten im viktorianischen Stil an, die aber nach der Schließung des Gefängnisses verfielen und erst 2003 restauriert wurden.

Inzwischen versucht man immer mehr, anhand von botanischen Illustrationen die kolonialen Hintergründe von Sammlungen kenntlich zu machen. Insbesondere die indischen Künstler, die im 18. und 19. Jahrhundert wunderbare Pflanzenbilder für die Britische Ostindien-Kompanie angefertigt haben, sollen nach Möglichkeit namentlich identifiziert werden. Ihre Identität ging nämlich verloren, da alles unter der pauschalen Angabe «Company School» oder «Kampani kalam» zusammengefasst wurde. Henry Noltie (*1957) vom Royal Botanic Garden Edinburgh hat sich zur Aufgabe gemacht, die einzelnen Künstler zu identifizieren und ihre bisher unbekannte Geschichte zu erzählen. Dazu nutzt er die Unterlagen der Botanischen Gärten von Edinburgh und Kew und versucht, auf verschiedene Stellen verteilte, inhaltlich aber verbundene Gemälde, Herbarbelege und archivierte Manuskripte aus der entsprechenden Zeit wieder zusammenzubringen. Auf diese Weise hat Noltie es zum Beispiel geschafft, Gemälde des Künstlers Vishnu Prasad zu identifizieren, der im 19. Jahrhundert am Calcutta Botanic Garden (heute: Acharya Jagadish Chandra Bose Indian Botanic Garden) tätig war. Martyn Rix, Botaniker und Herausgeber von *Curtis's Botanical Magazine,* hat in seinem Buch *Indian Botanical Art: An Illustrated History* (2021; «Geschichte der botanischen Kunst in Indien») den Fortschritt dieser Rekonstruktionsarbeit aufgezeichnet und Werke dieser kaum bekannten indischen Künstler vorgestellt.

Während historische botanische Illustrationen uns Neues aus der Vergangenheit verraten können, hat die Elektronenmikroskopie die Botanik in die Zukunft katapultiert und letztlich auch eine neue Form der botanischen Bildsprache ermöglicht. In den 1920er-Jahren wurde zuerst die Transmissionselektronenmikroskopie (TEM) entwickelt, etwas später die Rasterelektronenmikroskopie (REM). Sie trugen ab der Mitte des 20. Jahrhunderts zu einer Revolution der Pflanzenwissenschaften bei: Zellstrukturen und Gewebemorphologie ließen sich jetzt in viel stärkerer Auflösung untersuchen, als es mit der klassischen Lichtmikroskopie möglich gewesen war. Man konnte zum Beispiel die Feinstruktur von Blattoberflächen einschließlich der Spaltöffnungen erkennen oder auch Gewebestrukturen im Inneren des Blatts. Vor allem die REM bot Gelegenheit, die Schönheit pflanzlicher Strukturen zu präsentieren, die erst in der Vergrößerung sichtbar wird. Dies zeigt sich beispielhaft im Buch *Seeds: Time Capsules of Life* (2006 und 2014; *Samen: Zeitkapseln des Lebens,* 2024). Darin beschreiben die beiden Autoren, der Künstler Rob Kesseler und der Spezialist für Samenmorphologie Wolfgang Stuppy, die Struktur und Biologie der Samen, illustriert mit Nahaufnahmen und Raster-EM-Aufnahmen.

OBEN

Flower Portraits, Joyce Tenneson (2003)

Fotografien haben dazu beigetragen, die Wunder der Pflanzenwelt zugänglich zu machen.

UNTEN

Gardens of Corfu, Marianne Majerus (2018)

Die Fotografien von Marianne Majerus gewähren den Lesern Zutritt zu romantischen alten Landgütern, Großmutters Gemüsegarten und zeitgenössischen Gärten auf der Insel Korfu.

6 Lehrbücher für zukünftige Generationen von Pflanzenwissenschaftlern

Da die Pflanzenwissenschaften seit den 1950er-Jahren so große Fortschritte machten, benötigte man auch mehr neue Lehrbücher für die Ausbildung zukünftiger Botaniker. Es sind zu viele, um hier alle zu nennen – kein Wunder bei Themen, die von Pflanzenphysiologie, Ökologie, Taxonomie, Genetik, Biochemie, Anatomie und Morphologie bis zur Phytopathologie reichen. Einige Werke sind jedoch wegen ihrer anhaltenden Bedeutung erwähnenswert. Das gilt z. B. für *Lehrbuch der Botanik* (1. Auflage 1894) des deutsch-polnischen Botanikers Eduard Strasburger (1844–1912) – es ist auch heute noch (38. Auflage, 2021) das Standardwerk der Botanik und wurde in etliche Sprachen übersetzt. Ebenso gilt es für *Plant Anatomy* (1953; *Pflanzenanatomie,* 1969) der deutsch-russisch-amerikanischen Botanikerin Katherine Esau (1898–1997). Es ist inzwischen in der 3. Auflage erschienen: *Esau's Plant Anatomy* (2006; *Esaus Pflanzenanatomie,* 2009); Verfasser ist nun Ray F. Evert (*1931).

Plant Physiology von Lincoln Taiz (*1942) und Eduardo Zeiger (Lebensdaten unbekannt) erschien erstmals 1991, doch «der Taiz» war so beliebt, dass er in etlichen Neuauflagen und auch in deutscher Übersetzung herauskam (*Physiologie der Pflanzen,* 2000); die 7. Auflage kam 2023 unter dem Titel *Plant Physiology and Development* («Pflanzenphysiologie und -entwicklung») heraus. Auch das grundlegende Ökologie-Lehrbuch von Eugene Pleasants Odum (1913–2002) – er führte den Begriff «Ökosystem» ein – durchlief etliche Auflagen: *Fundamentals of Ecology* (*Grundlagen der Ökologie,* 1980) erschien erstmals 1953 und kam 2004, also nach Odums Tod, in der 5. Auflage heraus. Wichtig waren ferner *Ecology* (1963; Ökologie, 1967) und *Ecology and our Endangered Life Systems* (1988; *Prinzipien der Ökologie,* 1991). Darin diskutierte Odum, welche ökologischen Auswirkungen menschliche Misswirtschaft und Ressourcenverbrauch auf unseren Planten haben. Im selben Jahr erschien auch *Biodiversity* (1988; *Ende der biologischen Vielfalt?* 1992), herausgegeben von E. O. Wilson (1929–2021), und machte darauf aufmerksam, dass die zunehmende, menschengemachte Umweltbelastung das Verschwinden von Pflanzen- und Tierarten beschleunigte.

7 Botanik für ein breiteres Publikum

Seit 1950 ist eine Vielzahl an populären Sachbüchern erschienen, die sich an Pflanzenliebhaberinnen und Botanikfans wenden. Einige Bücher vermitteln die Schönheit der Pflanzen einfach durch Fotografien. Zu den namhaften Pflanzenfotografen dieser Zeit zählen auch drei Frauen: die beiden US-Amerikanerinnen Imogen Cunningham (1883–1976) und Joyce Tenneson (*1945) sowie die Luxemburgerin Marianne Majerus (*1956). Cunninghams Medium

RECHTS

Imogen Cunningham (1920er-Jahre)

Cunningham verwendet Schwarz-Weiß-Fotografien, um die beeindruckenden Gestalten und Formen der Pflanzen in Szene zu setzen; hier eine Wasserhyazinthe.

DIESE SEITE

Imogen-Cunningham-Plakatwand (links) und Porträt von Imogen Cunningham (unten)

Die US-amerikanische Fotografin Imogen Cunningham ist bekannt für ihre künstlerischen Porträts und die Fotografien botanischer Objekte. Letztere trugen in der Öffentlichkeit dazu bei, Schönheit und Detailreichtum von Pflanzen zu illustrieren. Hier wird eines ihrer Fotos im Rahmen der Aktion «Art Everywhere» ausgestellt, die 2014 in den USA stattfand und Kunstwerke, die sonst nur in Museen zu sehen sind, überall im ganzen Land präsentierte.

DIESE DOPPELSEITE

Marianne Majerus (*1956)

Majerus verwendete natürliches Licht, um die Schönheit der Pflanzen in diesen Gartenlandschaften zu betonen.

DIESE SEITE

***The Pocket Guide to Wild Flowers,* David McClintock und R.S.R. Fitter (1956)**

Seit den 1950er-Jahren gab es immer mehr Naturführer, die Lust auf eine Erkundung der lokalen Fauna und Flora machen sollten.

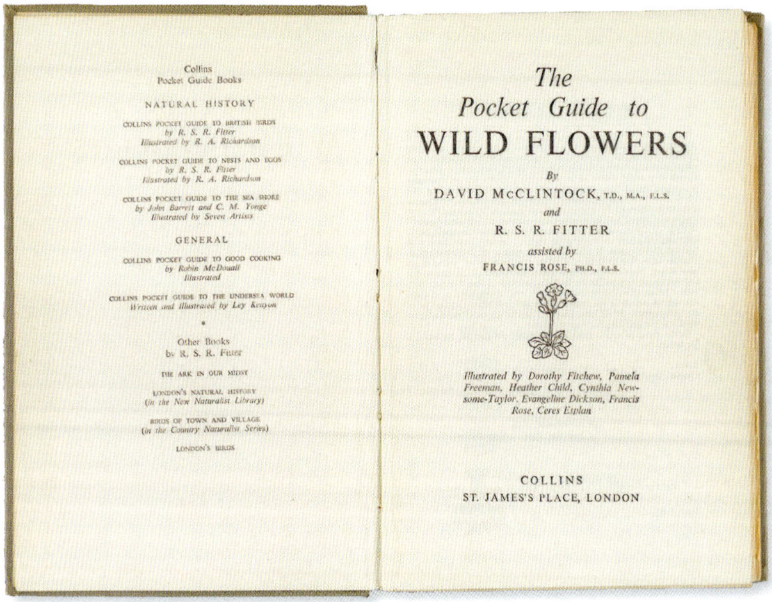

Collins
Pocket Guide Books

NATURAL HISTORY

COLLINS POCKET GUIDE TO BRITISH BIRDS
by R. S. R. Fitter
Illustrated by R. A. Richardson

COLLINS POCKET GUIDE TO NESTS AND EGGS
by R. S. R. Fitter
Illustrated by R. A. Richardson

COLLINS POCKET GUIDE TO THE SEA SHORE
by John Barrett and C. M. Yonge
Illustrated by Seven Artists

GENERAL

COLLINS POCKET GUIDE TO GOOD COOKING
by Robin McDouall
Illustrated

COLLINS POCKET GUIDE TO THE UNDERSEA WORLD
Written and Illustrated by Ley Kenyon

Other Books
by R. S. R. Fitter

THE ARK IN OUR MIDST

LONDON'S NATURAL HISTORY
(in the New Naturalist Library)

BIRDS OF TOWN AND VILLAGE
(in the Country Naturalist Series)

LONDON'S BIRDS

The
Pocket Guide to
WILD FLOWERS

By
DAVID McCLINTOCK, T.D., M.A., F.L.S.
and
R. S. R. FITTER
assisted by
FRANCIS ROSE, PH.D., F.L.S.

Illustrated by Dorothy Fitchew, Pamela Freeman, Heather Child, Cynthia Newsome-Taylor, Evangeline Dickson, Francis Rose, Ceres Esplan

COLLINS
ST. JAMES'S PLACE, LONDON

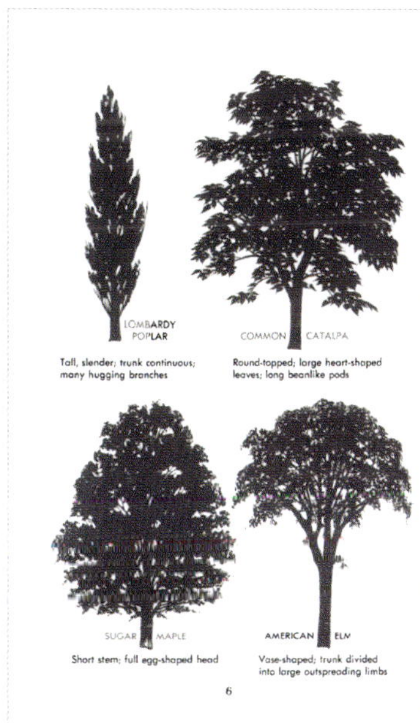

LINKS

***The Concise British Flora in Colour*, W. Keble Martin (1965)**

Keble Martin (1877–1969) war ein anglikanischer Priester, der sich seit Kindertagen für Botanik interessierte und Pflanzen zeichnete. Erst im hohen Alter konnte er seine *Flora* veröffentlichen – sie wurde sofort ein Bestseller.

RECHTS

***The Shell Guide to Flowers of the Countryside*, Geoffrey Grigson, Edith und Rowland Hilder (1955)**

Naturführer wie dieser *Shell Guide* waren um die Mitte des 20. Jh. sehr beliebt.

UNTEN

***A Field Guide to Trees and Shrubs*, George Petrides (Ausgabe von 1972)**

George Petrides' Baumführer enthielt genaue Detailzeichnungen, damit auch Laien Bäume und Sträucher bestimmen konnten.

war die Schwarz-Weiß-Fotografie, um die Details botanischer Texturen und Formen einzufangen; typisch ist das Buch *Imogen Cunningham: Flora* (1996). Auch Tenneson verwendet nur eine begrenzte Farbpalette, insbesondere Sepia- oder Gelbtöne, wie in ihrem Buch *Flower Portraits: The Life Cycle of Beauty.* (2003; «Blumenporträts: der Lebenszyklus der Schönheit»). Ihre Pflanzenporträts fangen die Fragilität des Lebens und die Vergänglichkeit des Pflanzendaseins ein. Marianne Majerus, die als eine der führenden europäischen Gartenfotografinnen gilt, gibt die Farben, Formen und Schönheit der vom Menschen geprägten Landschaften wieder, indem sie natürliches Licht und Schatten einsetzt. Sie hat viele Bücher als Hauptfotografin gestaltet, darunter *The Great Gardens of London* (2015; *London – seine schönsten Gärten,* 2015), *Gardens of Corfu* (2018; «Gärten von Korfu») und *Gardens of the Italian Lakes* (2016; *Gärten an den Italienischen Seen,* 2016).

Ab den 1950er-Jahren lockten neue Naturführer die Menschen hinaus in Wiesen und Wälder, um Wildblumen zu bestimmen. Zu diesen Führern zählte *The Pocket Guide to Wild Flowers* (1956; «Taschenführer Wildblumen») von David McClintock und R. S. R. Fitter (mit über 1400 Abbildungen, davon 600 in Farbe, alle nach lebenden Pflanzen gemalt); *The Concise British Flora in Colour* (1965; «Die kompakte britische Flora in Farbe») von W. Keble Martin mit den wunderbaren, präzisen Illustrationen des Autors (an denen er über 60 Jahre gearbeitet hatte); schließlich *A Field Guide to Trees and Shrubs* (1958; «Ein Feldführer für Bäume und Sträucher») von George A. Petrides. Dieses Buch enthielt Beschreibungen, Abbildungen und Karten, um Anfängern und Fortgeschrittenen beim Bestimmen von nordamerikanischen Bäumen und Sträuchern zu helfen. Autofahrten waren noch nicht alltäglich, und so versuchten die Ölfirmen Ausflugsfahrten auf verschiedenste Weise schmackhaft zu machen – und so natürlich mehr Benzin zu verkaufen. Ein typisches Beispiel ist der britische *The Shell Guide to Flowers of the Countryside* (Erstauflage 1955; «Shell-Führer für Wildblumen») mit den wunderbaren Abbildungen des Illustratorenpaares Rowland und Edith Hilder. Der Klimawandel machte sich noch nicht bemerkbar, auch wenn man in der Wissenschaft damals schon wusste, dass eine Zunahme des atmosphärischen Kohlenstoffdioxidgehalts – zum Beispiel hervorgerufen durch das Verbrennen fossiler Energieträger im Zuge des Autoverkehrs – die Oberflächentemperatur der Erde erhöhen würde.

Es dauerte nicht lange, bis populäre Sachbücher sich mit Umweltthemen beschäftigten. In *Silent Spring* (1962; *Der stumme Frühling,* 1963) thematisierte die Meeresbiologin Rachel Carson (1907–1964) die Gefährdung der Umwelt (auch der Pflanzen) durch Pestizide. Durch ihr Buch bereitete sie den Boden für die Umweltbewegung vor. Danach lenkten immer mehr Bücher die Aufmerksamkeit der Öffentlichkeit auf die Folgen der menschlichen Aktivitäten für die Umwelt – von der Entwaldung und Umweltverschmutzung bis hin zum Klimawandel. So rückte die botanische Künstlerin Margaret Mee (1909–1988) die Zerstörung des Amazonasregenwaldes in den Blick: In *Margaret Mee. In Search of Flowers of the Amazon Forests* (1988; «Margaret Mee. Auf der Suche nach den Blumen der Amazonaswälder») schilderte sie ihre langjährigen Expeditionen – zu Fuß und mit Kanu – im Amazonasgebiet und berichtete von den Auswirkungen des Erzabbaus. Der Buchumschlag zeigt *Gustavia augusta,* einen kleinen in Südamerika heimischen Baum, jedoch nicht vor einem hellen Hintergrund, wie bei botanischen Illustrationen traditionell üblich, sondern vor einer dunklen, schattenhaften Regenwaldszenerie. Mee gestaltete viele Gemälde auf diese unkonventionelle Weise, um das Bewusstsein für den Regenwald, seine Gefährdung und die Schutzbemühungen der frühen Umweltaktivisten zu verstärken.

Seit Längerem konzentrieren Autoren sich darauf, die Vernetzung der Natur herauszustellen. In *Gaia: A New Look at Life on Earth* (1979; *Unsere Erde wird überleben. Gaia: eine optimistische Ökologie,* 1982) vertrat James Lovelock (1919–2022) die Ansicht, man müsse die Erde als Gesamtsystem wie ein Lebewesen betrachten (Gaia-Hypothese). E. O. Wilson beschrieb in *The Diversity of Life* (1992; *Der Wert der Vielfalt,* 1995), wie sich die Diversität der Arten auf der Erde entwickelte, wie diese vernetzt waren und warum der Schutz fragiler Ökosysteme Priorität haben müsse. Doch es folgten zu wenig Taten, sodass Elizabeth Kolbert (1961–) in *The Sixth Extinction: An unnatural history* (2014; *Das sechste Sterben: Wie der Mensch Naturgeschichte schreibt,* 2015) die katastrophalen Auswirkungen des Menschen auf die Umwelt im Detail beschreiben und erklären konnte, warum dies zu einem verbreiteten Artensterben geführt hatte. Allerdings sind nicht alle Umweltsachbücher jüngeren Datums, die mit Pflanzen zu tun haben, im Tenor pessimistisch. In *Braiding Sweetgrass: Indigenous Wisdom, Scientific Knowledge and the Teachings of Plants* (2015; *Geflochtenes Süßgras,* 2021) betont Robin Wall Kimmerer, Botanikerin und Mitglied der Citizen Potawatomi Nation, was wir von den vielfältigen Lebewesen der Erde lernen können, wenn wir nur bereits sind, auf ihre Stimmen zu hören.

GEGENÜBER OBEN

***Silent Spring,* Rachel Carson (1962)**

Nach Carson begannen viele Autorinnen und Autoren darüber aufzuklären, welche Auswirkungen menschliche Tätigkeiten auf die Umwelt hatten.

GEGENÜBER UNTEN

***Margaret Mee. In Search of Flowers of the Amazon Forests,* Margaret Mee (1988)**

Mee setzte ihre Kunst ein, um die Zerstörung des Amazonasregenwalds anzuprangern – auch heute gehen die Abholzungen weiter.

8 Besuch in der botanischen Bibliothek der Zukunft

Wie dieses Kapitel zeigt, besteht die botanische Bibliothek der Gegenwart aus einer bunten Mischung – verschiedenste Autoren, diverse Texte und Illustrationen, gedacht für ein breites Spektrum von Lesern.

Doch was ist mit der Bibliothek der Zukunft? Die Zeiten, in denen handgeschriebene oder gedruckte Werke das wichtigste Mittel waren, um Informationen über Pflanzen zu verbreiten, nähern sich sicherlich dem Ende. Auch wenn gedruckte Bücher vermutlich weiterexistieren werden, ist die Botanik als Fachgebiet tatsächlich auf dem Weg in die digitale Welt – von Floren in E-Buchform und Online-Arten-Checklisten bis zu global zugänglichen virtuellen Herbarien. Inzwischen gibt es auch Apps fürs Smartphone, um Pflanzen mithilfe eines Schnappschusses schnell zu bestimmen. Irgendwann könnte es möglich sein, dass eine solche App – unterstützt durch KI und Maschinenlernen – es allen ermöglicht herauszufinden, ob man gerade eine noch nicht beschriebene Pflanze entdeckt hat. Doch neben dem Schutz der bereits bekannten Arten wird es auch zukünftig Aufgabe der Botaniker sein, mithilfe ausgefeilter taxonomischer Detektivarbeit die bisher unbekannten Pflanzenarten zu beschreiben und in den globalen Stammbaum der Pflanzenfamilien einzuordnen. Das wirkt vielleicht wie ein Rückgriff auf alte Zeiten, aber auch die High-Tech-Botanik benötigt für eine global zugängliche botanische Bibliothek der nächsten Generation diese grundlegenden botanischen Daten.

STICHWORTVERZEICHNIS

Kursiv gesetzte Seitenzahlen verweisen auf Abbildungen.

BILDNACHWEIS

Die Herausgeber danken den folgenden Personen und Institutionen für die Erlaubnis, die Abbildungen in diesem Buch zu reproduzieren. Es wurden alle Anstrengungen unternommen, um korrekte Zuordnungen vorzunehmen. Unbeabsichtigte Fehler oder Auslassungen werden in späteren Ausgaben korrigiert.

Umschlag vorne: GRANGER – Historical Picture Archive/Alamy Stock Photo (*Hortus Eystettensis,* Basilius Besler, 1613)

Umschlag hinten: *De historia stirpium,* Leonhart Fuchs (1542), siehe S. 69

Alamy Stock Photo: 8, 20 rechts, 120–221 (Volgi archive); 15, 77 links, 106 unten, 133, 218 (Science History Images); 39 links (Peter Horree); 39 unten rechts (AF Fotografie); 45 (PBL Collection); 46–49, 81, 95, 96, 116, 160, 177 unten, 215, 216 oben links, 224 (The Picture Art Collection); 62 links (Charles Walker Collection); 84–85, 180–181 (GRANGER – Historical Picture Archive); 40, 90, 173, 179 links, 203 unten rechts, 207 (Penta Springs Limited); 91 unten (World History Archive); 94 oben links (Heritage Image Partnership Ltd); 102 (imageBROKER.com GmbH & Co. KG); 104–105, 171, 182, 183, 189, 206, 223 (Album), 108 (Historic Images); 118–119 (Chronicle); 128 (Zoom Historical); 129, 225 unten (Signal Photos); 142 rechts, 217 oben links (Ian-Dagnall Computing); 144, 225 oben (Yogi Black); 147 rechts, 192 unten (Süddeutsche Zeitung Photo); 163 unten (PRISMA ARCHIVO); 136 links, 164 oben links, 170, 178, 198 oben, 204 rechts (The Natural History Museum); 164 Mitte links, 193, 210 (The History Collection); 164 rechts, 174 (Historic Illustrations); 165, 188, 205 (Florilegius); 166 links (BTEU/AUSMUM); 166 rechts (INTERFOTO); 172 (The Nature Notes); 175 (Artepics); 177 oben, 227 links (Pictorial Press Ltd); 194–195 (Tibbut Archive); 199 (Alto Vintage Images); 202 (History and Art Collection); 203 oben links (MET/BOT); 203 oben rechts (Natural Visions); 203 unten links (Axis Images); 204 oben links (Zuri Swimmer), 208 (19th era), 209 (Marcus Harrison – botanicals), 214 unten (De Luan); 217 oben rechts (sjbooks); 219 oben rechts (WorldPhotos); 226 oben (Eraza Collection); 248 (Guy Bell); 251 oben (Monica Wells); 257 oben (Robert Landau); 261 oben links (NiaBell)

The Armitt Trust: 219 oben links, 219 unten, 220 beide

Biodiversity Heritage Library: 2, 106 oben links, 106 Mitte, 109 beide, 117 links, 127 rechts, 158 rechts, 159, 162, 167–169, 200, 211, 213 rechts, 216 unten beide, 226 unten links, 231, 243

Bodleian Library, Oxford: 101

Brazil Reflora: 242

Bridgeman: 7 (British Library archive); 9, 82 (© NPL – DeA Picture Library); 24 (© Musée Condé, Chantilly); 27, 145, 146 links, 236 (© Natural History Museum, London); 66, 83 oben, 146–147 (Bridgeman images); 83 unten (© Raffaello Bencini); 91 oben (Universal History Archive/UIG); 97 (Royal Collection Trust/© His Majesty King Charles III, 2024); 152 (© Archives Charmet); 153 (Photo © CCI); 155 (© Florilegius); 197 (Art Collection 3); 217 unten (LAYNE KENNEDY/Contributor); 256 (Saint Louis Art Museum/Friends Fund)

Bulfinch Press: 253, 255 oben

Cambridge University Press: 244 links

Columbia University Press: 234 rechts, 235 links, 239

Connoisseur: 240–241

Digital Public Library of America: 226 unten Mitte

Frontiers: 249 oben

Getty Images: 28–31 (Science & Society Picture Library/Contributor), 43 (Art Images), 103 (Historical Picture Archive), 214 oben (English Heritage/Heritage Image), 221–222 (Florilegius/Universal Images Group), 238 (Fairfax Media/The AGE/Contributor), 257 unten (Anthony Barboza/Contributor)

HathiTrust: 10, 148–149, 187, 226 unten rechts

Houghton Mifflin: 261 unten beide

Impress: 255 unten

The Lavenberg Collection of Japanese Prints: 190, 191

Library of Congress: 36, 55 beide, 157

Los Angeles County Museum of Art: 19

Lucy Smith: 249

Marianne Majerus Garden Images: 258 (© MMGI/Marianne Majerus/Sussex Prairies), 259 (© MMGI/Marianne Majerus/Sleightholmedale Lodge, Yorkshire), 260

The Mertz Library of the New York Botanical Garden: 235 rechts

Papadakis Publishers: 254

Phoenix House Ltd: 261 oben rechts

Project Gutenberg: 201

Public Domain: 20 links, 21 unten, 22, 26, 32–33, 35, 41, 42, 53, 56–60, 64, 65 beide, 67–74, 89, 106 oben rechts, 112, 114, 117 rechts, 124–126, 127 links, 131, 134, 135, 136 rechts, 143 links, 150, 151, 158 links, 192 oben, 196, 198 unten

Raby Estates: 141 oben

Royal Botanic Gardens, Kew: 237, 245–247, 251 unten

Royal Collection Trust: 94 rechts, 98, 99, 123, 140

Science and Society Picture Library: 143 rechts (© Science Museum Library/Science & Society Picture Library – All rights reserved)

Sistema Museale di Ateneo, Università degli Studi di Firenze UNIF: 77 rechts, 78 alle

Smithsonian Libraries and Archives: 141 unten

Southern Illinois University: 244

University of Chicago Press: 250

University of Oxford: 232 beide

Wellcome Collection: 18, 25, 34, 44, 79 beide, 80, 88 beide, 161, 213 links, 213 Mitte

Wikimedia Commons: 16, 17, 21 oben, 38, 62 rechts, 107, 110 links, 136 Mitte, 137, 142 links, 163 oben, 179 rechts, 227 rechts

WEITERFÜHRENDE LITERATUR

Anwer, R. *Arab contribution to botany and agriculture.* Adam Publishers & Distributors, New Delhi, 2017

Attenborough, D. *Wunderbare seltene Dinge. Die Darstellung der Natur im Zeitalter der Entdeckungen.* Schirmer Mosel, München, 2008

Beatty, L. *Looking for Theophrastus: travels in search of a lost philosopher.* Atlantic Books, London, 2022

Beil, K. M. *What Linnaeus Saw: A Scientist's Quest to Name Every Living Thing.* Norton Young Readers, New York, 2019

Bensky, D. & Gamble, A. *Materia Medica.* Bacopa, Schiedlberg, 2023

Blunt, W. & Raphael, S. *The Illustrated Herbal.* Lincoln, London, 1979

Blunt, W. *The Art of Botanical Illustration.* Collins, London, 1950

Bowler, P. *Viewegs Geschichte der Umweltwissenschaften. Ein Bild der Naturgeschichte unserer Erde.* Vieweg, Braunschweig, 1997

Bynum, H. & W. *Das Wesen der Pflanze. Botanische Skizzenbücher aus sechs Jahrhunderten.* Haupt, Bern, 2018

Coleman, W. *Biology in the Nineteenth Century.* Cambridge University Press, Cambridge, 1977

Damodaran, V., Winterbottom, A. & Lester, A. (eds.). *The East India Company and the natural world.* Palgrave Macmillan, Basingstoke, 2015

Debus, A. G. *Man and nature in the Renaissance.* Cambridge University Press, Cambridge, 1978

Drake, E. T. *Restless genius: Robert Hooke and his earthly thoughts.* Oxford University Press, New York, 1996

Endersby, J. *Imperial nature: Joseph Hooker and the practices of Victorian science.* University of Chicago Press, Chicago, 2008

Endersby, J. *Orchid: a cultural history.* University of Chicago Press, Chicago, 2016

Fara, P. *Sex, botany and empire: the story of Carl Linnaeus and Joseph Banks.* Icon Books, Duxford, 2003

Grove, R. H. *Green imperialism: colonial expansion, tropical island Edens and the origins of environmentalism, 1600–1860.* Studies in Environment and History. Cambridge University Press, Cambridge, 2010

Hardy, G. & Totelin, L. *Ancient botany.* Routledge, London/New York, 2016

Harris, St. A. *The beauty of the flower: the science and art of botanical illustration.* Reaktion Books, London, 2023

Heilmeyer, M. *Ancient Herbs.* Getty Publications, Los Angeles, 2007

Henderson, L.D.J. «Greek Wild Flowers and Plant Lore in Ancient Greece». H. Baumann, translated and revised by W. T. & E. R. Steam. Herbert Press, London, 1993. Book review in: *Edinburgh Journal of Botany,* 50 (2), S. 241–242

Jardine, N., Secord, J. A. & Spary, E. C. (eds.). *Cultures of natural history.* Cambridge University Press, Cambridge, 1996

Keyser, P. T. & Irby-Massie, G. L. *The encyclopedia of ancient natural scientists. The Greek tradition and its many heirs.* Routledge, London, 2008

Lack, H. W. *Ein Garten Eden. Meisterwerke der botanischen Illustration.* Taschen, London/Köln, 2016

Leith-Ross, P. *The John Tradescants: gardeners to the rose and lily queen.* Owen, London, 2006

Magee, J. *Meisterwerke der Naturgeschichte. Schätze aus der Bibliothek des Natural History Museum, London.* Haupt, Bern, 2016

Mägdefrau, K. *Geschichte der Botanik. Leben und Leistung großer Forscher.* Springer, Berlin/Heidelberg, 2013

Manilal, K. S. *Hortus Malabaricus and the socio-cultural heritage of India.* Indian Association for Angiosperm Taxonomy, Calicut, 2012

Muir, J. *Nature Writings.* Literary Classics of the United States, New York, 1997

Nagar, S. L. B*otanical and medicinal plants as depicted in ancient texts, art & archaeology from dawn of civilization to the modern age.* B.R. Publishing Corporation, New Delhi, 2000

Nutton, V. *Ancient medicine.* 3rd ed. Routledge, London/New York, 2024

Parkinson, A. *Nature's alchemist: John Parkinson, herbalist to Charles I.* Frances Lincoln, London, 2007

Pavord, A. *Wie die Pflanzen zu ihren Namen kamen. Eine Kulturgeschichte der Botanik.* Berlin Verlag, Berlin, 2008

Pickstone, J. V. *Ways of knowing. A new history of science, technology, and medicine.* Manchester University Press, Manchester, 2000

Pietsch, Th. W. (ed.) *Cuvier's History of the Natural Sciences – Twenty-four lessons from Antiquity to the Renaissance.* Muséum national d'Histoire naturelle, Paris, 2012

Rajasekharan, S. & Unnikrishnan Nair, G. S. *Vrikshayurveda – ancient science of plant life and plant care.* Kerala State Biodiversity Board, Thiruvananthapuram, 2017

Singh, A. *Plants in ancient Indian civilizations.* Agam Kala Prakashan, New Delhi, 2008

Turner, G. L. *Essays on the history of the microscope.* Senecio Publ., Oxford, 1980

Botanische Werke online:
www.bgbm.org/de/online-bibliothek-des-bgbm/botanische-werke-online